O2O | 高等院校O2O新形态
立体化系列规划教材

PowerPoint 图文演示技术 | 全彩微课版

南书坡 杨林 刘烨 ◎ 主编
武韡 邓桂兵 邹光勤 ◎ 副主编

人 民 邮 电 出 版 社
北 京

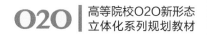

图书在版编目（CIP）数据

PowerPoint图文演示技术 ： 全彩微课版 / 南书坡，杨林，刘烨主编. -- 北京 ： 人民邮电出版社，2019.7（2023.10重印）
高等院校O2O新形态立体化系列规划教材
ISBN 978-7-115-51078-5

Ⅰ. ①P… Ⅱ. ①南… ②杨… ③刘… Ⅲ. ①图形软件－高等学校－教材 Ⅳ. ①TP391.412

中国版本图书馆CIP数据核字(2019)第065029号

内 容 提 要

本书全面细致地讲解了 PPT 的设计及制作方法，让初学者也能快速掌握其原理，制作出高端、精彩的 PPT 作品。全书共 9 章，包括 PPT 制作的前期准备、PPT 的构思、PPT 的版式设计、PPT 配色、PPT 文字的使用、PPT 中各种图形对象的使用、PPT 动画与多媒体设计，以及 PPT 放映等内容。

全书精心组织内容，每章配以“拓展课堂”栏目和“高手点拨”等板块，并且在大量软件操作的步骤旁及 PPT 的动画制作旁配有二维码。读者扫描二维码即可查看对应的操作视频及动画效果，以便更好地学习和理解本书内容。

本书可作为各行各业需要使用 PPT 或希望学习 PPT 制作方法的读者的参考用书，也可作为院校教学辅导书或相关培训班教材。

◆ 主　　编　南书坡　杨　林　刘　烨
副 主 编　武　韡　邓桂兵　邹光勤
责任编辑　古显义
责任印制　马振武

◆ 人民邮电出版社出版发行　　北京市丰台区成寿寺路 11 号
邮编　100164　　电子邮件　315@ptpress.com.cn
网址　http://www.ptpress.com.cn
北京虎彩文化传播有限公司印刷

◆ 开本：700×1000　1/16
印张：12.5　　　　2019 年 7 月第 1 版
字数：231 千字　　　　2023 年10月北京第 5 次印刷

定价：54.00 元

读者服务热线：(010)81055256　印装质量热线：(010)81055316
反盗版热线：(010)81055315
广告经营许可证：京东市监广登字 20170147 号

前言

Preface

一、本书怎样平衡思路讲解与操作讲解？

早些年，市场上的PowerPoint书籍绝大部分都是“软件说明书”，教大家如何操作PowerPoint软件（人们习惯称其为PPT），以及如何使用它制作出PPT演示文稿。但是，我们学会了这些操作技能后，就能真正制作出好的PPT作品了吗？或者说就能设计出高质量的PPT了吗？近几年，市场上的PPT书籍开始从教科书向讲思路、讲理念转变，特别是一些拥有高人气的自媒体的兴起，更使这种转变愈演愈烈。但是，我们又会面对新的问题，有了思路和理念，就能制作出与预期完全相同的PPT吗？

基于上述情况，本书对内容讲解方法重新进行了评估和平衡。本书以设计理念和设计思路为主，以操作实现为辅，对PPT的设计和制作进行了详细介绍，确保读者不仅能够吸收先进的制作理念，而且拥有实际的软件操作技能，从而真正实现将思路和理念转换成PPT作品的目的。

二、本书保留了什么？去掉了什么？

PPT制作的内容非常多，如果全部介绍，那么书的篇幅会动辄数百页，而且里面充斥着各种无用的或读者已经掌握的基础知识。本书编者在对读者需求进行调研后，重新整合了内容框架，摒弃了绝大部分关于软件的基础理论知识，以及各种天花乱坠的设计理念。本书从读者的实际需求出发，以确保读者学会并掌握PPT的设计及制作为前提，保留了围绕PPT设计与制作紧密相关的精华内容，如制作前的准备工作、版式设计、文字的使用、各种图形对象的使用、动画与多媒体的设计，以及PPT放映等内容。通过学习这些内容，以及先进的PPT设计与制作理念，读者可在短时间内成长为PPT设计与制作的高手。

三、本书适合你看吗？

本书注重设计思路和制作理念，但也没有忽视操作执行，因此，如果你有一定的软件使用基础，但对PPT设计没有任何概念，那么本书是适合你的！

如果你是学生，想要学习更先进的PPT设计理念与制作方法，那么本书是适合你的！

如果你是教师或培训师，想要在课堂上向学生或客户传授更多实用的PPT设计与制作的理念及方法，那么本书是适合你的！

如果你是白领人士，在工作中有很多与PPT打交道的地方，那么本书高度提取的内容，能够快速提升你的PPT制作与设计能力，从而提升你的职业竞争力。本书将是你职业晋升路上的“加速器”！

四、本书还有哪些附加价值？

为了让读者花一本书的钱得到远超一本书的价值，本书编者对图书的附加价值进行了深度挖掘，不仅通过各种栏目拓展延伸了知识内容，而且提供了所有涉及PPT制作的素材和效果文件。另外，编者还将所有操作录制成生动形象的视频文件，读者可通过扫描封面二维码或直接登录“微课云课堂”（www.ryweike.com）后，用手机号码注册，在用户中心输入本书激活码（c99d7081）的方式查看，进一步学习和掌握本书内容。

五、本书有哪些参编人员？

本书由河南师范大学新联学院南书坡、湖北汽车工业学院杨林、武汉职业技术学院刘烨任主编，由湖北三峡职业技术学院武韡、长江职业学院邓桂兵、双流区公兴小学邹光勤任副主编。

尽管本书在编写与出版过程中要求精益求精，但由于编者水平有限，书中难免有不足之处，恳请广大读者批评指正。

编者

2018年12月

目录

Contents

第01章 磨刀不误砍柴工——前期准备

第02章 与众不同——构思你的PPT

第03章 让PPT更专业——版式设计

第04章 PPT的卓越之本——配色

第05章 PPT最亲密的伙伴——文字

第06章 PPT点睛之笔——表格、图表和形状

第07章 PPT的筋脉所在——图片

第08章 让PPT炫起来——动画与多媒体

第09章 Show出你的PPT

第01章

磨刀不误砍柴工——前期准备

本章导读

俗话说，磨刀不误砍柴工。如果我们在动手制作PPT之前，能够提前做好相应的准备工作，如素材的整理、软件的设置、听众的分析、整体构思的建立等，那么将会大大提升制作PPT的效率。本章将讲解PPT制作前的各项准备工作，以及一个好的PPT是如何炼成的。

1.1 好的PPT是怎样的

现在，不管是学生、白领人士还是公司老板，都少不了使用PPT。随着PPT越来越流行，职场人员能够制作出让人眼前一亮的高质量PPT，可在职场中大放异彩。那么，好的PPT应该怎么做？有没有什么方法可依呢？下面将一一进行解答。

1.1.1 真正认识PPT

做PPT一直是职场中一项极其重要的技能。无论是项目报告、商业策划、产品介绍还是梳理流程，大多数都需要运用到PPT。既然PPT在学习与工作中使用的场景如此之多，PPT的重要性就不言而喻了。下面将从两个方面带领大家真正认识PPT。

1. PPT不是Word的翻版

我们可能经常会听到这样的言论："PPT很简单，就是把Word里面的文字进行复制、粘贴。"这其实是对PPT的一种错误的认识。如果直接对文字进行复制、粘贴操作就能达到演示的效果，那么PPT就没有存在的必要了。

PPT的本质在于可视化，就是要把原来看不见、摸不着、晦涩难懂的抽象文字转换为由图片、图表、动画等所构成的生动场景，以求通俗易懂、栩栩如生。图1-1所示为对同一文档利用Word和PPT分别进行展示的对比效果，显而易见，相对于密密麻麻的文字，一目了然的PPT更利于观看。

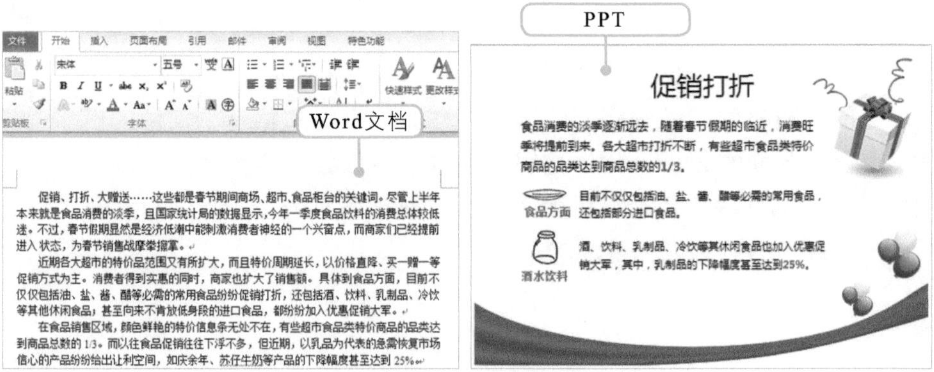

图1-1 Word与PPT的展示效果对比

将文字进行可视化表达的意义主要体现在以下3个方面。

- **便于理解**：文字是相对抽象的，读者在阅读时需要将其转换成自己的语言，并上下联想，从而寻找其中的逻辑关系。但如果是看电影，而不是阅读文字，那么整个体验过程就轻松多了，只需要跟着故事的发展顺理成章地享受情节就行。而PPT在这方面就能够把文字变得像电影一般生动。

- 放松身心：PPT生动的动画展示、丰富的图形对象、方便的放映方法，不仅能让演讲者或放映者自如操作，更能让观众在轻松的环境下欣赏和阅读PPT内容，在欢欣愉悦的过程中获取有价值的信息。
- 容易记忆：形象化后的PPT，可以让观众轻松记住其中的图形、逻辑或结论，甚至一段时间后，人们仍然能够记忆犹新。图1-2所示为形象化PPT前后的对比效果。左图的PPT，人们或许只能记得是一大段文字，而右图的PPT却能让人们记住一些相关结论，如该集团拥有子公司4个、员工3000余人等。

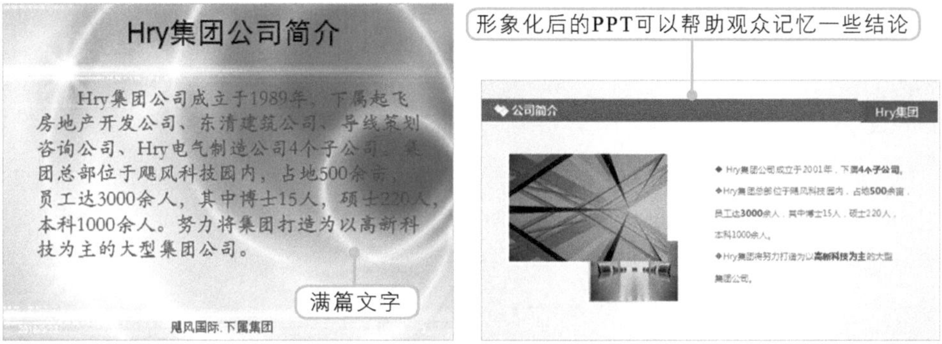

图1-2　形象化后的PPT前后对比效果

2. PPT的分类

PPT主要应用于公司的公共场合或进行工作汇报时。使用PPT时，不同场合所使用的PPT类型也会有所不同。按照不同的分类标准，PPT可以分为多种不同的类型，如图1-3所示。

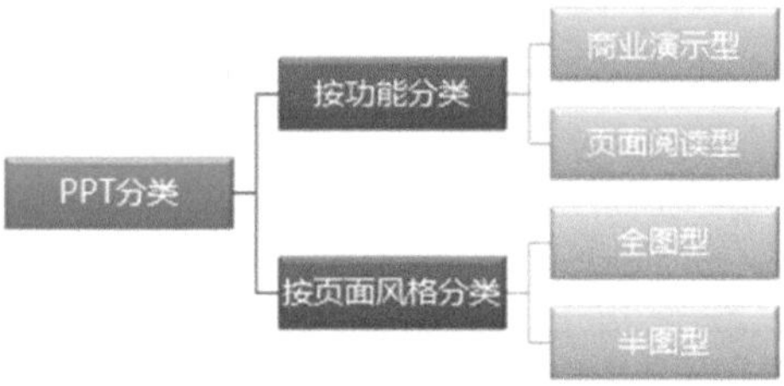

图1-3　PPT的分类

- 商业演示型PPT：商业演示型PPT主要用于产品推广，它能将一些产品的特点、优势、销售方式等内容用形象具体的形式表现出来。该类型的PPT侧重于演讲，PPT更多地是起到辅助作用，因此，需要页面简洁，只保留关键点，最好不要出现过多的理论或概念性的文字，绝大部分内容都由演讲人进行阐述。这种PPT应图片多一些，文字少一些，如图1-4所示。
- 页面阅读型PPT：页面阅读型PPT应该信息框架清晰，页面内容丰富，保证阅读者能充分理解，如图1-5所示。因此，页面阅读型PPT的文字内容会多一些，图片、图表或动画等内容都是为文字服务的，只起辅助阅读的作用。

图1-4　商业演示型PPT

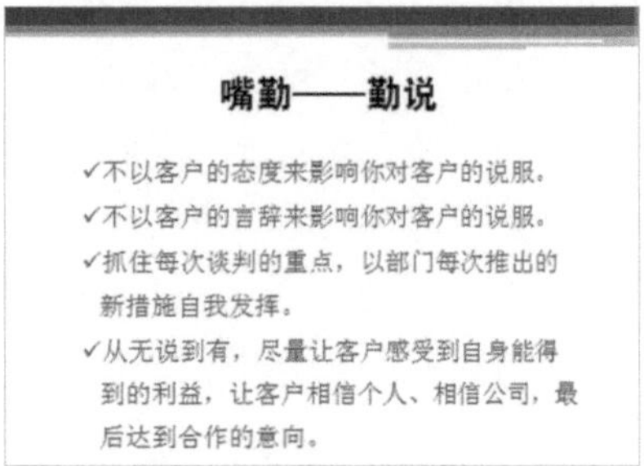

图1-5　页面阅读型PPT

- 全图型PPT：相信很多观众都曾看过这样的PPT，即一页PPT的背景都是由图片所构成的，上面只有简单的几句话，简练而又不失美观。以这种风格设计的PPT就称为全图型PPT，如图1-6所示。该类型PPT的特点非常鲜明，它的背景由一幅偌大的图片构成，并配有少量的文字进行说明，有时甚至不配文字。
- 半图型PPT：有时受限于图片尺寸或质量问题而无法制作全图型PPT，则可以考虑设计成半图型PPT。这类PPT不仅能充分利用素材，也能让版面显得更有层次，还能够提升幻灯片的视觉效果，如图1-7所示。

图1-6　全图型PPT

图1-7　半图型PPT

1.1.2　为什么你做不好PPT

为什么做不好PPT？在讨论这一问题之前，还是先搞清楚问题究竟出在哪里？很多人会觉得做不好PPT的原因在于没有精美的模板，缺少基本的制作技巧，不会排版，不会使用动画。难道这些都是做不好PPT的真正原因吗？

答案是否定的。事实上，影响PPT质量好坏的主要因素有两个：第一，PPT的内容；第二，PPT的设计。

1. PPT的内容

PPT美观是基础，提供有价值的内容才是让PPT成为职场有利武器的关键。只有这样的PPT，才能刺激观众产生就内容进行沟通的欲望，从而让观众有效记住

PPT所要传递的信息。图1-8左图的PPT结构简约，通过配图和寥寥几字就让人了解了团队各成员的基本情况；相比之下，右图的PTT中大量文字只能让人感到枯燥和乏味，甚至可能不清楚团队情况。

图1-8　PPT内容好坏反映出来的版面效果

2. PPT的设计

设计，即视觉表达上是否有美感。PPT是否美观，可以从字体、配色、图表、形状/图标、动画等方面进行判断。

- 字体：字体对PPT的风格有直接影响，不同字体会产生不同的效果。比如草书代表古典、优雅，宋体代表严谨、正式等。选对字体，PPT质量就会有质的飞跃。
- 配色：配色是设计PPT时很难把握的元素，特别对于没有受过专业培训的人而言更是如此。但色彩在PPT中的地位举足轻重，好的配色能给人以喜悦、高兴、震撼、沉重、严肃等各种感觉，不好的配色则可能直接毁掉整个PPT。
- 图表：图表是一种将枯燥数据变为生动信息的有利工具。在PPT中高效地使用图表，就能够让阅读者轻松接收图表反映出来的信息。
- 形状/图标：各种几何类基础形状，或者由形状组合或编辑得到的图标，都是提升PPT质量的帮手。它们不仅能起到丰富版面的作用，还能直接强化内容、吸引注意力等。图1-8所示的左侧PPT中几个彩色图标和下方线条的运用，没有它们，PPT的内容并不会缺失，但有了它们，PPT就变得非常有吸引力了。
- 动画：PPT最具特色的功能就是动画，它能让各类静态元素以动态方式展示，是PPT最精彩的地方之一。但在使用动画时也有许多需要注意的地方，而这些影响PPT设计的对象，本书将在后面章节一一介绍，这里就不过多讲解了。

1.1.3　如何才能做好PPT

要想做出高质量的PPT，首先要提升自己的美感，即对美有一定的认识和见解，然后提升逻辑，逻辑体现的是个人对业务的把控能力和对某些事物的洞察力，这不是一朝一夕就能达成的，需要长时间的摸索和培训。那么，如何才能提升PPT的制作能力呢？可以从以下3个方面着手。

- **模仿：**很多人第一次做的PPT很简陋，并不美观，于是就萌生了“还是找别人的模板来套用吧，总比自己做的要好看”这样的想法。实际上，网上那些高质量的PPT作品，绝大部分并非原创作品，大多是精心模仿别人的风格和设计，再植入自己的内容，一点一滴改造而成的。因此，在自己没有足够能力的前提下，模仿别人的作品比自己创新更好。模仿多了，慢慢就会产生自己做PPT的灵感了。
- **创新：**在大量模仿及借鉴别人的优秀作品后，自己就会慢慢积累起各种宝贵的经验，并能熟练掌握幻灯片中的设计技巧。哪怕是仅仅增加一条线，也能产生新的视觉效果，如图1-9所示。

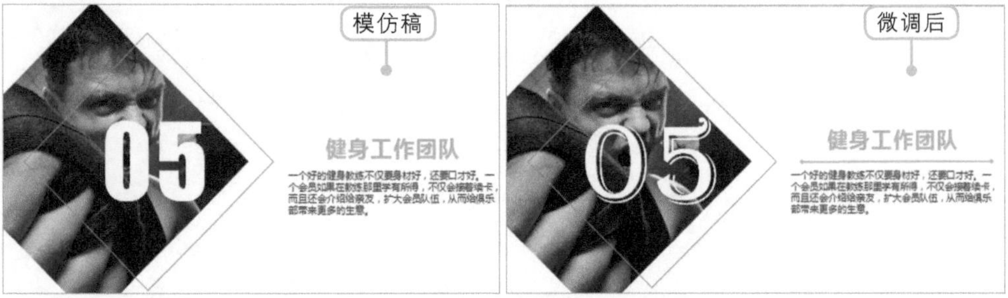

图1-9　借鉴与创新

- **创意：**图1-10所示为全图型的PPT，右图的PPT借鉴了左图的版式，但同时更改了文字的字体样式和布局，采用更适合当前图片的显示方式，从而创造出一个新的作品。所谓创意，就是在不断累积的灵感基础上将别人的东西转换为自己的经验和技能，从无到有设计出属于自己的PPT。

图1-10　从灵感开始创意

1.1.4　新手制作PPT常见错误

PPT最主要的功能就是为了更好地表达我们的观点。我们不要仅仅为了好看而使用各种花式的背景。这是新手制作PPT时最常犯的错误之一。下面将制作PPT的常见错误总结如下，大家应当引以为戒。

- **把PPT当Word：**有时为了节约时间，设计者直接把Word的内容复制到PPT上，没有提炼，使得整张幻灯片上都是密密麻麻的文字，基本上与直接在Word

中阅读没有区别。

- 前景和背景颜色相似：没有注意投影和计算机显示的差异，幻灯片中很多文字的颜色和背景色用了近似色，导致幻灯片内容不清晰。
- 图表堆砌：在幻灯片的每个页面上都堆积了大量图表，却没有说明这些数据反映了什么趋势，内容过于繁杂。
- 风格不一：看到别人的公司主题模板很漂亮，借用时没有考虑和自己公司的Logo风格统一。
- 借鉴不当：虽然是模仿及借鉴他人的PPT，但由于环境不同，得到的效果完全达不到预期。比如制作庆典活动的PPT，若借鉴的是低调严肃的色彩搭配，那么自然无法展现喜庆的气氛。
- 五颜六色：觉得自己的PPT颜色太单调而加入大量颜色，导致设计出的每个页面都花花绿绿的，让观众失去继续听讲的兴趣。
- 滥用模板：看到自己喜欢的模板，想用到PPT里，却没有考虑是否和自己的PPT主题相符。
- 低劣图片：想给PPT配图来增加活力，却没找到合适的图，导致低劣的图片降低了PPT的档次。
- 滥用美图：滥用个人非常喜欢的美图，却没有考虑是否和PPT主题呼应，让观众注意力分散。
- 排版混乱：没有注意整个PPT的字体大小、段落排版、项目编号的统一，甚至故意求异为美。
- 滥用特效：刚学会一些特效制作，总想用到PPT中，结果反而冲淡了主题。

高手点拨

制作PPT时，我们可能会犯很多错误，如文字太多、错用模板、风格混搭、错用图片等，它们都有几个共同点，即杂、乱、繁、过。因此，我们制作PPT的目标是尽可能地规避这些错误，并将齐、整、简、适作为设计的最终目标。

1.2 PPT必备的四大要素

在实际工作中，很多制作者都觉得让PPT达到自己期望的效果很难，做出来的PPT不好看，不实用，有时甚至让观众犯困，其关键在于没有弄明白PPT制作的几个关键点。理解并掌握这些关键点之后，PPT的质量就会得到大幅提升。下面就具体介绍设计与制作PPT的几个关键点。

1.2.1 目标明确

任何工作没有目标，就像没有方向的船，永远无法到达彼岸。大海的航行靠灯塔，做好PPT则要有目标。做PPT的第一件事，不是急于去找这个PPT中所要展示的素材，而是应该弄明白自己为什么要做这个PPT，即做PPT的目标到底是什么。

我要做一个好看的PPT，我要做一个很酷炫的PPT，这些都不是制作PPT的目标。要想找到制作PPT的真正目标，需要认真思考图1-11所示的3个问题。

图1-11　制作PPT的真正目标

真正弄明白上述3个问题之后，我们就能找到制作PPT的目标了。需要注意的是，制作的PPT至少应该让观众对内容感兴趣，而不是对PPT的排版、色彩、动画感兴趣。唯有内容吸引人，才有可能达到真正的设计目标。

1.2.2 形式合理

PPT文件主要有两种用法：第一，辅助现场演讲的演示；第二，直接发送给受众，让其自己阅读。要保证达到理想的效果，就必须针对不同的用法选用合理的形式。

- **辅助现场演示的PPT：**演讲型PPT的重点是演讲人，PPT只是作为一个辅助工具，起的是“提纲挈领”的作用。因此，演讲型PPT中是不会出现大段文字的，而PPT中所有的图片及文字都为演讲者服务。所以，PPT的制作一定要遵循简洁、清晰的原则，多用图表及图示，少用文字。这个观点大家一定要明确。这样观众可以一边看，一边听演讲人阐述。演讲、演示相得益彰。
- **发送给别人阅读的PPT：**一个专业的阅读型PPT，应该是一个整体架构清晰、页面简洁易读的PPT。PPT中的幻灯片都要有清晰的阅读顺序，逻辑性要求更高，这样才能保证阅读者能读懂内容。这种PPT里面应尽量减少分散阅读者注意力的版面修饰，动画、特效的使用更要谨慎，因为这些特效可能会让阅读者“走神”，而忽略了PPT的内容。简单来说，就是“一切从简”。

1.2.3 逻辑清晰

PPT始终只是逻辑与思维的呈现工具。如果想让别人看懂你的PPT，首先你要具备“把事情讲清楚”的能力。这个能力的建立，就需要我们在PPT中创建一个清晰、谨慎的逻辑。具体创建方法可以分为以下两种。

- 幻灯片的结构逻辑：一份完整的PPT应包含封面页、目录页、内容页及结束页。我们要根据PPT要呈现的全部信息，有逻辑地搭建PPT的框架、内容。我们可以利用SmartArt图来进行PPT逻辑的梳理。假设某广告公司的小王应上级要求，需要做一场活动策划的PPT，他将PPT内容梳理成图1-12所示的框架。该框架的逻辑结构十分清晰，其中，紫色方块描述的内容可作为PPT的目录，而蓝色方块描述的内容则可作为幻灯片的内容版块。

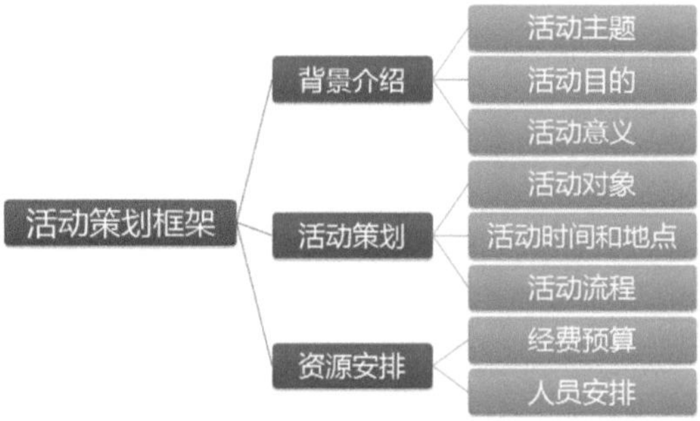

图1-12　PPT框架的梳理

- 麦肯锡分析法：PPT不仅要讲出逻辑，而且还要让观众“看”懂逻辑，尤其是需要带领观众一起剖析避不开的复杂问题时，就需要利用麦肯锡分析法。它能够协助制作者厘清思路，剖析事件的原由，从而寻觅处理计划。图1-13所示为麦肯锡分析法案例，通过制作的这张PPT，可以很好地把思考逻辑用图形化方式表达出来，让人一目了然。

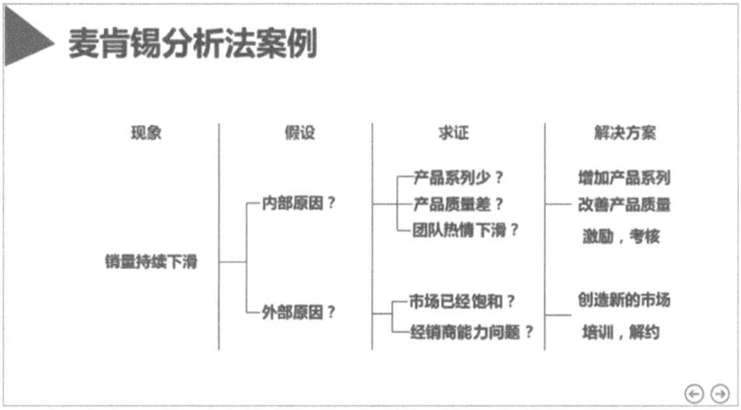

图1-13　麦肯锡分析法案例

1.2.4 美观大方

并不是所有的PPT都要制作得震撼人心、美轮美奂的。实际上，大多数情况下，PPT只要做得美观大方就行，这可以从色彩和布局两方面着手。

- 色彩：PowerPoint 2010软件默认提供了50多种主题模板，每一种模板都搭配了几十种不同的配色方案。图1-14所示为幻灯片应用“复合”主题样式后的颜色搭配效果。配色方案所应用的颜色都属于“规范色”，而且看起来很舒服，也很协调。如果觉得这些默认色彩不符合自己的设计理念，则可以参照第04章“PPT的卓越之本——配色”来进行自行配色。

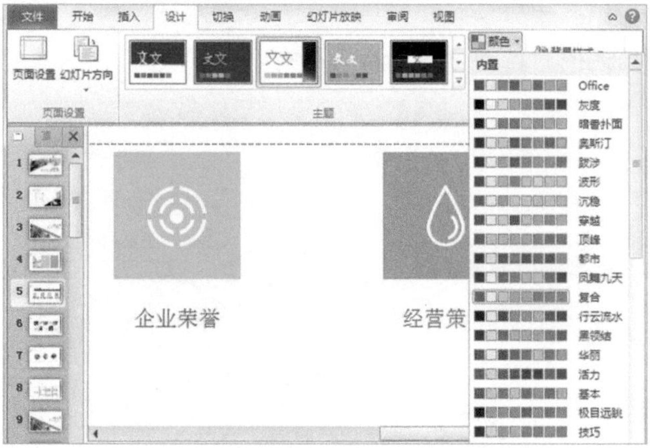

图1-14　使用PPT的“复合”主题样式

- 布局：一个质量好的PPT，除了有不错的配色外，布局也很重要。PPT的布局是指根据演示内容来确定PPT的基本结构，一般包括封面页、目录页、内容页及结束页，也就是我们通常所说的总分总结构。这一步是制作PPT的关键，如果布局没有计划，就容易造成内容的遗漏，同时让观众觉得逻辑混乱。图1-15所示为“自我工作总结”PPT中的目录页，其确定PPT主体分为哪几个部分，然后分部分叙述，保证逻辑清晰，内容充实。

图1-15　PPT的目录页

高手点拨

在PPT基本结构中，各页面的含义有所不同。其中，封面页有标题，让人一看就能知道PPT要讲解的内容；目录页主要起一个提纲挈领的作用，让观众可以清晰地知道整个PPT的结构内容；过渡页的作用类似于目录页，它是两个章节的分隔，主要起承上启下的作用；内容页就是PPT要讲述的具体内容，可采用包含、并列、递进等方式来展开；结束页一般用于表达致意。

1.3 不可不知的分析准备

在制作PPT之前应做好充分的准备工作，比如分析观众的行业、学历，勘察放映环境，考虑演示内容及演示时间等。这些问题都直接关系到PPT内容的设计与制作。下面就来介绍这些不可不知的准备工作。

1.3.1 分析观众和演示者

在设计PPT时一定要牢记一点，即PPT制作出来是为了满足观众的需求。因此，在设计PPT之前，对观众和演示者这两个主体的信息一定要充分地了解，这样在展示时就会越精准，效果就会越好。

- 观众：了解观众的信息，有利于制作出大部分人喜欢的PPT风格。观众信息包括相关背景、行业、学历、经历等最基本的数据，甚至还包括观众的人数、在公司的职务背景、喜爱的PPT风格等。
- 演示者：当制作者和演示者不是同一人时，了解演示人的信息有助于确定PPT的风格，为PPT的制作提供大致思路。演示人的信息包括职业、职位、年龄及喜爱的PPT风格等。

1.3.2 勘察放映环境

演示现场对PPT的展示效果是否有影响呢？答案是肯定的。演示地点和演示环境对PPT的整个展示效果都有直接的影响，具体如下。

- 演示地点：为了保证演示效果，演示者应提前或预约演示地点，如果有条件，演示者还可以前往演示地点测试演示效果，查看环境光线强度及其他现场情况。经常使用的演示地点一般有会议室、酒店、大型会场及教室等，如图1-16所示。

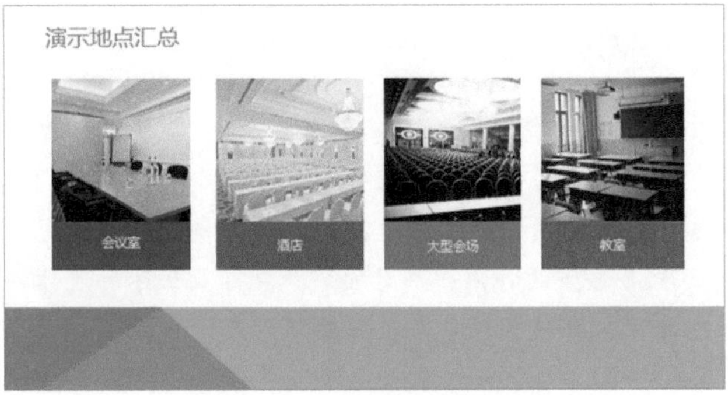

图1-16　常用的PPT演示地点

- 演示环境：演示环境对PPT的呈现效果也会有影响。当环境光线较亮时，建议幻灯片使用浅色的背景；当环境光线较暗时，则建议幻灯片使用深色背景。除此之外，对于演示时使用的硬件设备和最后一排观众的距离等因素也应加以考虑。

1.3.3　分析演示内容

在动手制作PPT之前，可以先了解与演示内容相关的信息，如文字内容、素材图片等，这样可以减少前期素材的收集与整理时间。

- 文本素材：在制作PPT之前，需要整理的文本素材有原始文档（一般为Word格式的文档）、PPT辅助资料（如相关数据信息）等。另外，还应当考虑素材、文字是否可以删减，PPT页数是否有要求等。
- 视觉素材：视觉素材主要包括设计PPT时所使用的图片、视频、模板、字体、Logo及是否需要购买版权素材等内容。

1.3.4　分析演示时间

在动手设计PPT之前，除了要分析观众、演示者、演示内容、演示环境和地点外，还要分析PPT的演示时间。演示时间分为演示时长和制作时长两部分，如图1-17所示。其中，了解PPT的演示时长，对于把控PPT的总页数有帮助；而了解PPT的制作时长，则可以对文稿的提交时间做到心中有数。

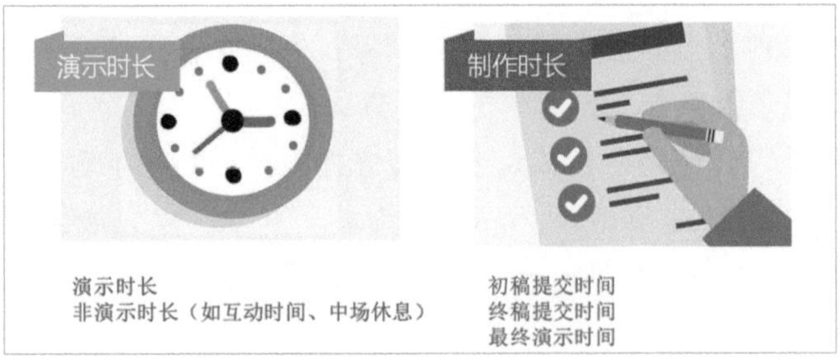

图1-17　演示时间分析要点

1.4 高效办公的软件设置

由于不同用户自身的操作习惯、行业需要等客观因素，会导致对PPT的软件操作环境有不同的需求。针对这种情况，PPT的制作软件允许用户自行对软件进行设置，比如将常用的按钮添加到快速访问工具栏，自定义功能区等。下面分别介绍它们的设置方法。

1.4.1 自定义快速访问工具栏

快速访问工具栏可以显示一些高频率使用的按钮。在制作PPT的过程中，可以将这些经常用到的按钮添加到快速访问工具栏中，避免经常在各个选项卡之间来回切换。下面介绍将按钮添加到快速访问工具栏中的不同方法及调整该工具栏位置的方法，具体操作如下。

扫一扫观看视频

STEP 01 启动PPT的制作软件PowerPoint 2010后，选择【文件】/【选项】命令，如图1-18所示。

STEP 02 打开“PowerPoint 选项”对话框，选择左侧的“快速访问工具栏”选项，在右侧的“从下列位置选择命令”下拉列表框中选择“常用命令”选项，在下方的列表框中选择“文本框”选项，单击“添加”按钮，如图1-19所示。

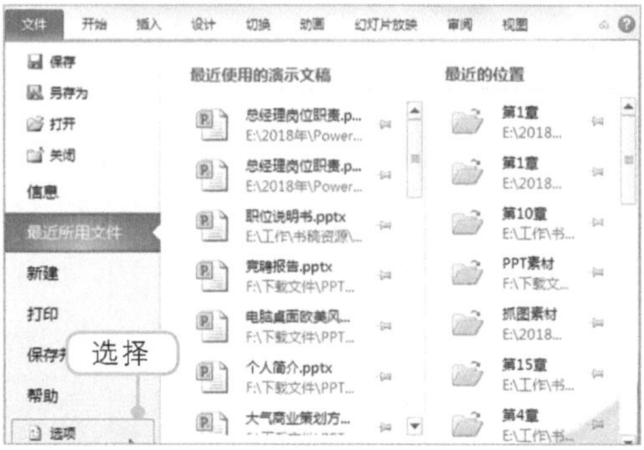

图1-18 选择“选项”命令

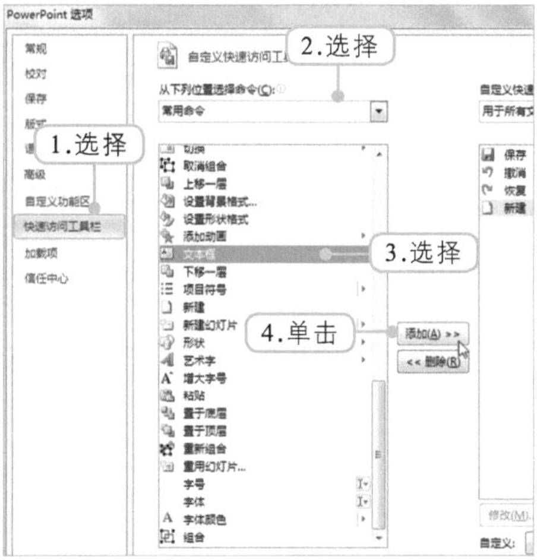

图1-19 添加“文本框”命令

STEP 03 此时，“文本框”命令将以按钮的形式添加到快速访问工具栏中。按照相同的操作方法，继续将“形状”“字体”命令添加到快速访问工具栏中，如图1-20所示，最后单击“确定”按钮。

STEP 04 返回PowerPoint 2010的操作界面，在功能区上方的快速访问工具栏中显示了新添加的3个按钮，如图1-21所示。

图1-20 继续添加命令

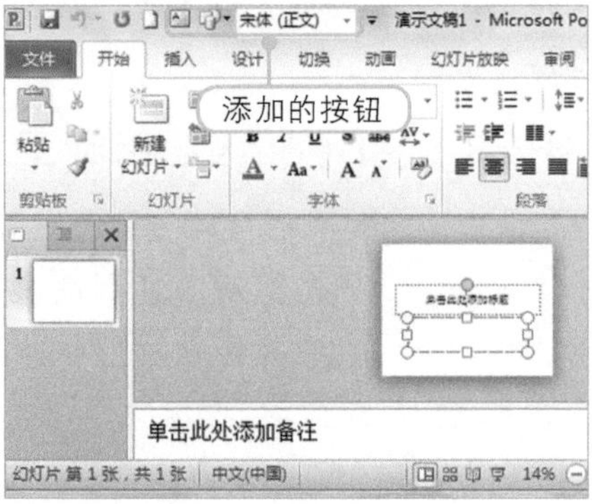

图1-21 查看添加的常用操作

STEP 05 单击快速访问工具栏中的下拉按钮，在弹出的下拉列表中选择“在功能区下方显示”命令，如图1-22所示。

STEP 06 此时，快速访问工具栏将显示在功能区的下方，如图1-23所示。

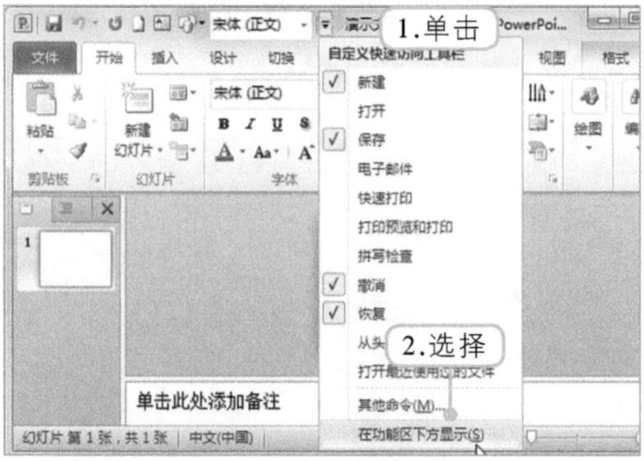

图1-22 选择“在功能区下方显示”命令

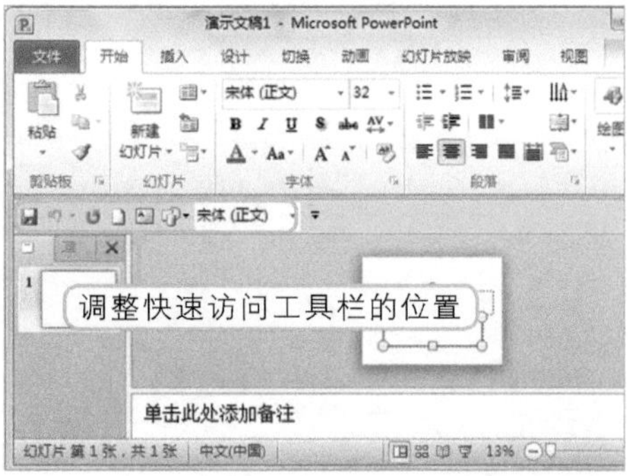

图1-23 调整快速访问工具栏的显示位置

STEP 07 选择幻灯片中的任意占位符，在【绘图工具 格式】/【排列】组中单击“对齐”下拉按钮，在弹出的下拉列表中的“顶端对齐”选项上单击鼠标右键，在弹出的快捷菜单中选择“添加到快速访问工具栏”命令，如图1-24所示。

STEP 08 此时，所选择的“顶端对齐”命令也添加到了快速访问工具栏中，效果如图1-25所示。这是快速将现有按钮添加到快速访问工具栏中的方法。

图1-24　利用鼠标右键添加命令

图1-25　查看效果

高手点拨

在快速访问工具栏中的任意一个命令上单击鼠标右键，然后在弹出的快捷菜单中选择“从快速访问工具栏删除”命令，即可将所添加的命令删除。需要注意的是，快速访问工具栏中的命令不是添加得越多就越方便，应遵循“少而精”原则，实用最关键。

1.4.2　自定义功能区

PPT的功能区由“开始”“插入”“设计”“切换”“动画”“幻灯片放映”“审阅”“视图”等多个选项卡组成。每个选项卡中都集合了相关功能的按钮和参数，但是这些选项卡中并没有完全显示PPT所有的功能按钮，此时就可以对功能区进行自定义设置，包括在其中新建选项卡、新建组并添加新的按钮，还可以根据操作习惯调整选项卡的位置等。

1. 添加选项卡和功能按钮

有些功能强大的按钮或经常使用的按钮并没有出现在功能区中，需要手动添加才能使用。下面以添加与形状组合相关的几个布尔计算按钮为例，介绍添加选项卡和功能按钮的方法，具体操作如下。

STEP 01 启动PowerPoint 2010，在功能区的任意位置单击鼠标右键，在弹出的快捷菜单中选择“自定义功能区”命令，如图1-26所示。

扫一扫观看视频

STEP 02 打开“PowerPoint选项”对话框，单击右下角的“新建选项卡”按钮，选择新建的选项，单击“重命名”按钮，打开“重命名”对话框，在“显示名称”文本框中输入“布尔计算”，单击“确定”按钮，如图1-27所示。

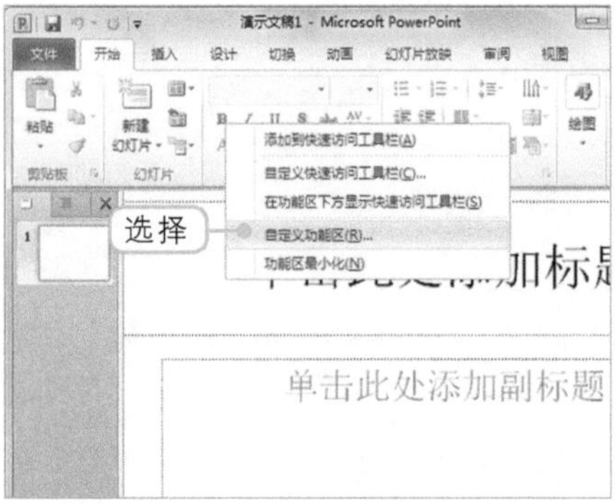

图1-26　选择“自定义功能区”命令

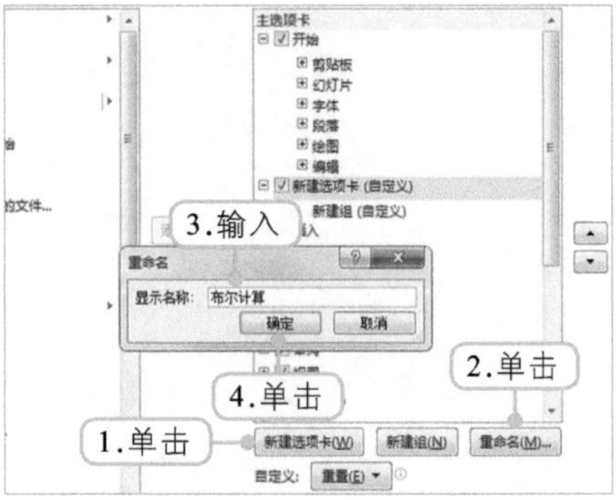

图1-27　新建并重命名选项卡

STEP 03 选择新建的“布尔计算（自定义）”选项下的“新建组（自定义）”选项，单击“重命名”按钮，打开“重命名”对话框，在“符号”列表框中选择图1-28所示的图标，在“显示名称”文本框中输入“布尔计算”，单击“确定”按钮。

STEP 04 选择新建的“布尔计算（自定义）”组，在“从下列位置选择命令”下拉列表中选择“所有命令”选项，在下方的列表框中选择“形状剪除”选项，单击“添加”按钮将其添加到右侧的“布尔计算（自定义）”组中，如图1-29所示。

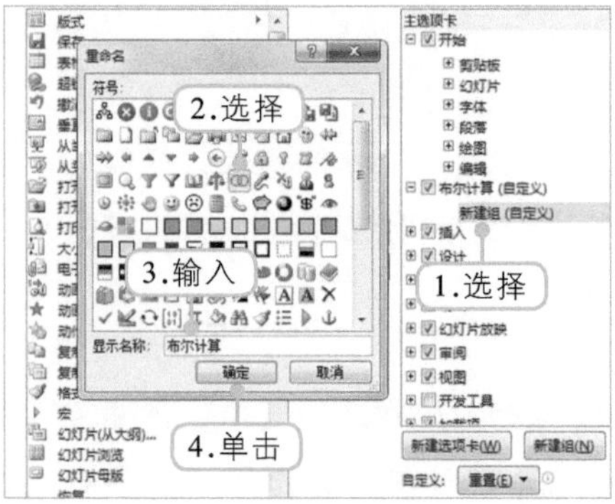

图1-28　重命名组

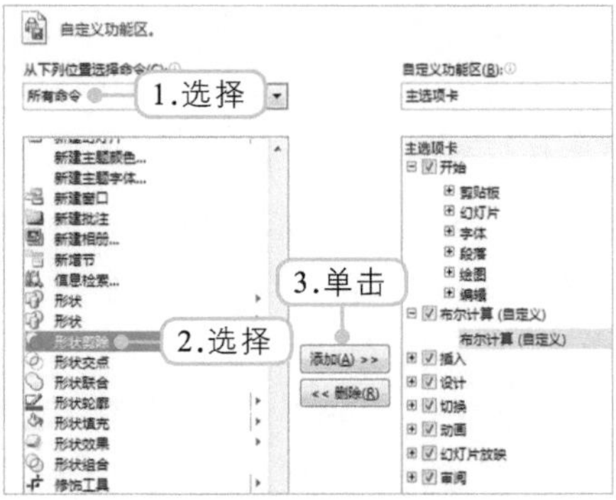

图1-29　添加按钮

STEP 05 按相同的方法，继续将“形状交点”“形状联合”和“形状组合”按钮添加到“布尔计算（自定义）”组中，完成后单击“确定”按钮，如图1-30所示。

STEP 06 此时，PowerPoint功能区中将显示“布尔计算”选项卡，其中包含一个“布尔计算”组，组中则显示添加的几个按钮。在幻灯片中绘制任意两个图形并将其选择后，即可激活这几个按钮，如图1-31所示。这些按钮在编辑形状图形时非常有用，本书将在第06章中详细介绍它们的用法。

图1-30　添加按钮

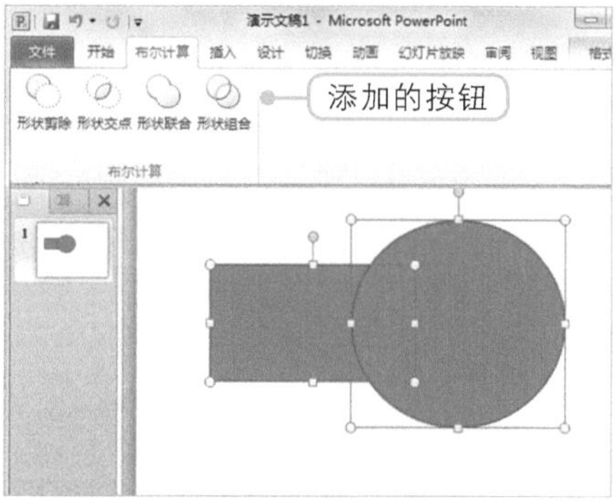

图1-31　查看效果

2. 调整选项卡位置

选项卡的位置会影响操作效率，因此用户可以根据需要进行调整，其方法为：打开“PowerPoint选项”对话框，选择需要调整位置的选项卡，然后单击“上移”按钮▲或“下移”按钮▼即可，如图1-32所示。

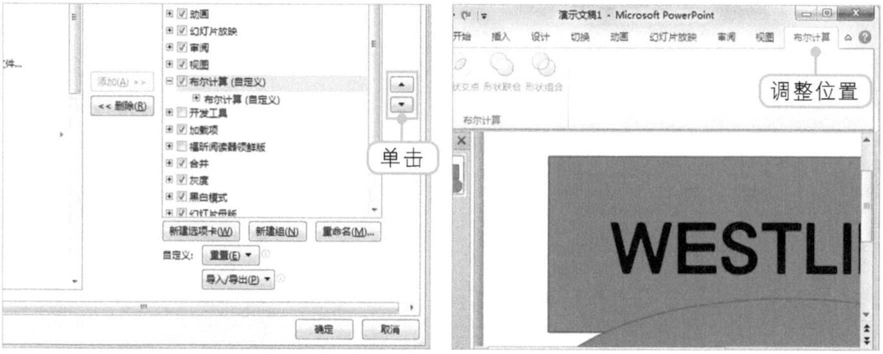

图1-32　调整选项卡位置

1.5 拓展课堂

在使用PowerPoint时，有些操作需要执行多个步骤才能实现，但如果使用快捷键，则可一步到位。如新建空白演示文稿，需要在“文件”选项卡中选择“新建”选项，然后选择“空白演示文稿”选项进行创建，这些操作实际上只需要按【Ctrl+N】组合键就行了。由此可见，快捷键对工作效率的影响也是非常直接的，熟悉并灵活运用快捷键也是对软件是否熟悉的一种体现。下面将PowerPoint 2010中常用的快捷键归纳到表1-1中，以供参考。

表1-1　快捷键汇总

状态	快捷键	作用
编辑状态	【Ctrl+N】	新建空白演示文稿
	【Ctrl+S】	保存演示文稿
	【Ctrl+W】	关闭当前文件
	【Ctrl+O】	打开演示文稿
	【Ctrl+A】	选择全部对象或幻灯片
	【Ctrl+X】	剪切选择的对象
	【Ctrl+C】	复制选择的对象
	【Ctrl+V】	粘贴对象
	【Ctrl+Shift+C】	复制对象格式
	【Ctrl+Shift+V】	粘贴对象格式
	【Alt+F9】	显示（隐藏）参考线
	【Ctrl+M】	添加新幻灯片
	【Ctrl+Z】	撤销上一步操作
	【Ctrl+Y】	重复最后一步操作
	【Ctrl+T】	打开“字体”对话框
	【Ctrl+B】	加粗或取消加粗文本
	【Ctrl+I】	倾斜或取消倾斜文本
	【Ctrl+U】	为文本添加或取消下划线
	【Ctrl+L】	段落左对齐
	【Ctrl+E】	段落居中对齐
	【Ctrl+R】	段落右对齐
	【Ctrl+J】	段落两端对齐
	【Ctrl+G】	组合对象
	【Ctrl+Shift+G】	取消组合
	【F5】	从头开始放映幻灯片
	【Shift+F5】	从当前幻灯片开始播放
	【Shift+方向键】	缩放操作
放映状态	【Home】	切换到首页
	【End】	切换到末页
	【N】、【↓】、【→】、【PageDown】、【Enter】或【空格】	放映下一页
	【P】、【↑】、【←】或【PageUp】	放映上一页
	【Ctrl+M】	显示（隐藏）画笔痕迹
	【Ctrl+P】	使用画笔
	【Ctrl+A】	显示鼠标指针
	【Ctrl+H】	隐藏鼠标指针
	【Ctrl+E】	使用橡皮擦

第02章

与众不同——构思你的PPT

本章导读

假设领导给我们安排了一个任务，要将一叠厚厚的资料整理为PPT，这时我们应该怎么办呢？首先我们需要做的并不是立马着手制作PPT，而是应该站在整个商业演示的角度去规划和思考。为什么制作PPT之前要先构思呢？其实，这和上台演讲之前需要准备演讲稿是一样的道理，只有在充分准备之后才能发挥最大的魅力，才能让观众产生共鸣，从而达到演示的目的。

2.1 商业PPT的整理与构思

商业PPT的内容肯定是先于形式的，PPT的形式是为了更好地展现内容，那么，如何才能让PPT的内容很好地展示给观众呢？首先应分析整个PPT的逻辑，厘清思路，然后将整个逻辑形象化，最后才是对PPT进行制作和美化。

2.1.1 什么是PPT的整体构思

实质上，PPT的作用就像是讲一个故事，或者看一场电影。一个好的故事，往往会有一个主角，用一条或两条线索来支撑跌宕起伏的故事情节。这就好比是我们制作的PPT，要想让客户或观众理解所讲的内容，并认同和信服，那么就需要找到一条能够串联所有材料的好线索。因此，PPT的整体构思过程就是找到属于自己的PPT线索的过程。

当然，不同的对象、不同的演示场合、不同的材料所能找到的线索会有所不同。只有找对了线索，才能让整个PPT变得流畅且有说服力。那么，什么可以成为线索呢？常见的线索有时间线、空间线、结构线和商业文案提纲等。

- 时间线：时间线一般是依据时间的先后顺序，将一方面或多方面的事件串联起来，形成相对完整的记录。公司介绍用时间线来组织最为恰当，如“过去、现在、未来”“历史、现状、远景”“项目的关键里程碑”等，如图2-1所示。

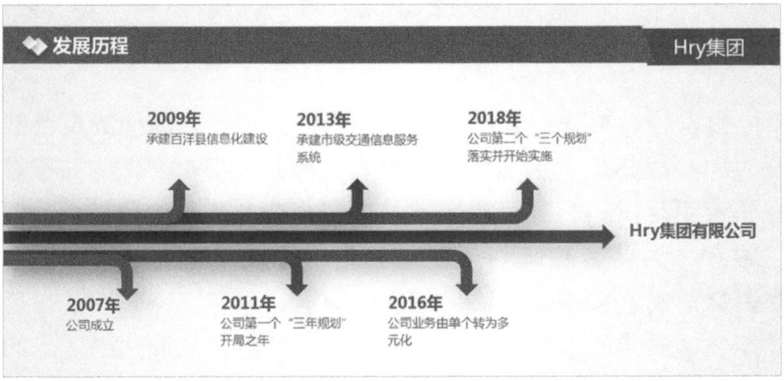

图2-1　时间线

- 空间线：我们常说的空间线，主要是指产品的市场分布区域，包括本地、全国及世界范围。图2-2所示为公司会员在全国范围内的市场分布情况。而广义的空间线应该包括一切有空间感的线索，如生产流水线、大楼导航图等。

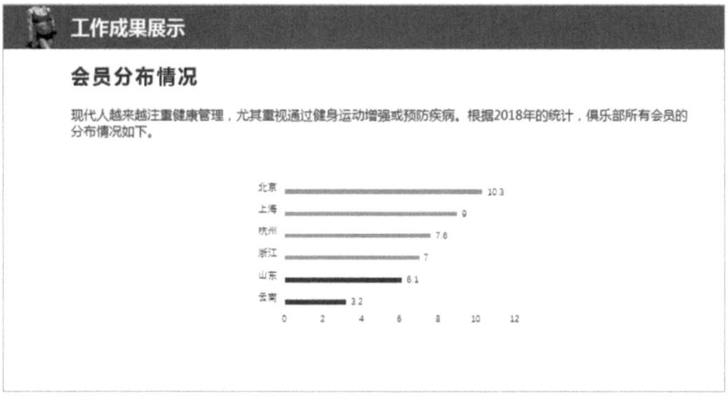

图2-2　空间线

- 结构线：结构线是指将PPT的内容分解为一系列的单元，并可以根据需要互换顺序，例如，公司介绍可以按业务领域线分类，如图2-3所示。除此之外，还可以按产品单元线、客户类型线、组织部门线等分类来讲解。

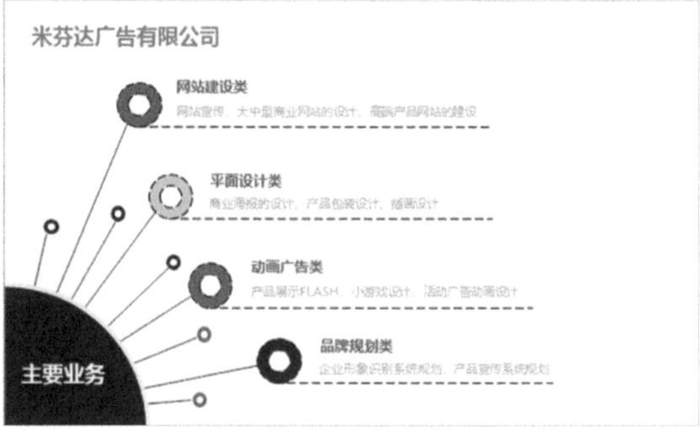

图2-3　结构线

- 商业文案提纲：在大部分商业场合中，会有很多大家熟悉的文档结构可以套用，如战略规划、产品培训、商业计划、工作总结汇报等，这些文案里面都有现成的且规范的提纲可以使用。图2-4所示为年度工作总结的提纲展示。

图2-4　年度工作总结提纲

2.1.2 让PPT线索可视化

PPT的整体构思完成后，就需要将构思结果直观地反映出来，最终效果便体现在PPT的目录页中。做好一个目录页，能让观众知道将要准备讲解的内容，这对PPT的好坏有直接影响。一般来说，PPT目录页中的项目不宜超过7个，3～5个较为合适，而且对于目录版式的设计也更容易。

下面将对整体构思好的PPT线索进行可视化，即按照构思好的线索对目录页进行设计，具体操作如下。

扫一扫观看视频

STEP 01 启动PowerPoint 2010后，打开演示文稿“目录可视化”（素材参见：素材文件\第02章\目录可视化.pptx），其中，第2张幻灯片整理出了一条线索以用于制作PPT，如图2-5所示。

STEP 02 在【开始】/【幻灯片】组中单击“新建幻灯片”下拉按钮，在弹出的下拉列表中选择“空白”选项，如图2-6所示。

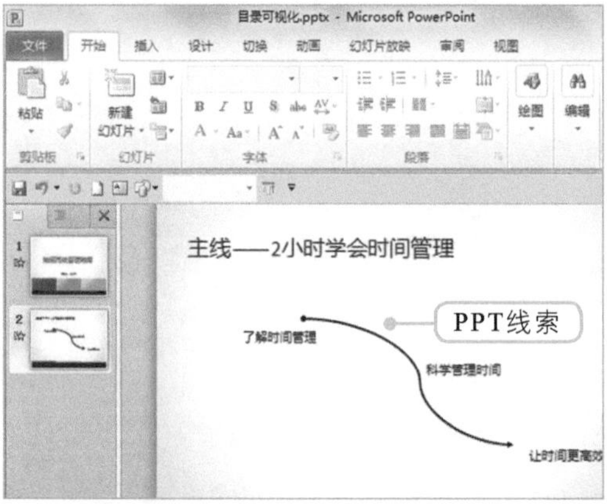

图2-5 查看PPT的线索

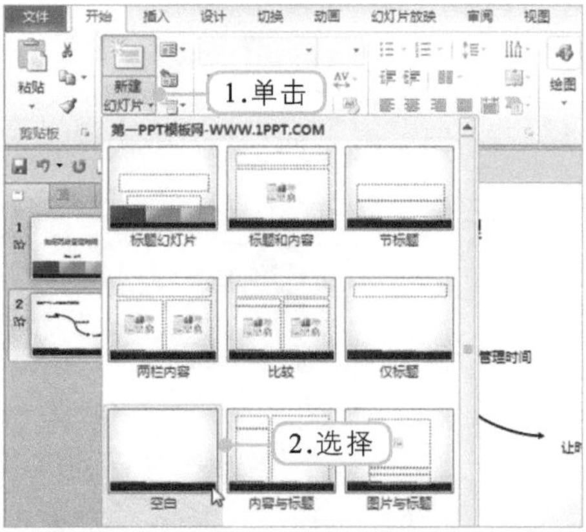

图2-6 新建空白幻灯片

STEP 03 单击快速访问工具栏中的“文本框”按钮，在新建的空白幻灯片中单击鼠标，并输入文本“2小时学会时间管理”，最后将文本格式设置为“思源黑体CN Regular，36，深黄”，并适当调整文本框的位置，如图2-7所示。

高手点拨

默认情况下，快速访问工具栏中只有“新建”“保存”“撤销”“恢复”4个按钮，“文本框”按钮是自定义添加的，因此，快速访问工具栏中的布局会因用户的设置而有所不同。当在快速访问工具栏中未找到“文本框”按钮时，可以在【插入】/【文本】组中进行查找。

STEP 04 单击快速访问工具栏中的“形状”下拉按钮，在弹出的下拉列表中选择“最近使用的形状”栏中的“椭圆”选项，如图2-8所示。

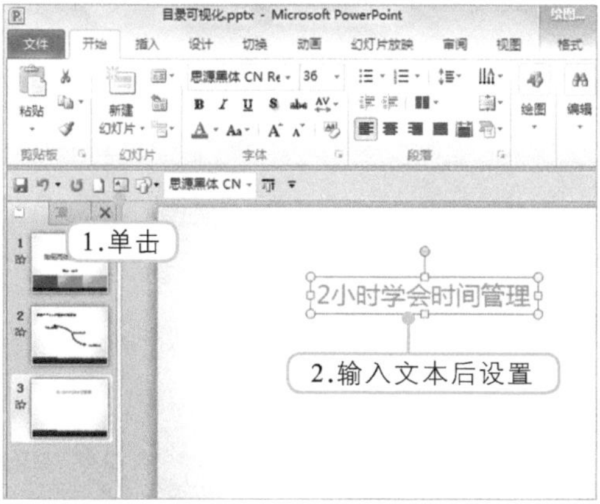

图2-7 输入并设置文本

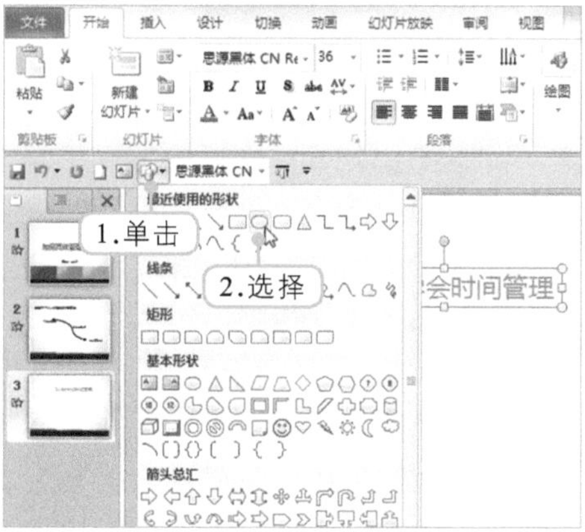

图2-8 插入形状

STEP 05 将鼠标指针定位至第3张幻灯片，按住【Shift】键的同时绘制一个正圆，并将其大小设置为“6厘米”，如图2-9所示。

STEP 06 按照相同的操作方法，继续在第3张幻灯片中绘制一个大小为“6厘米”的弦形，如图2-10所示。

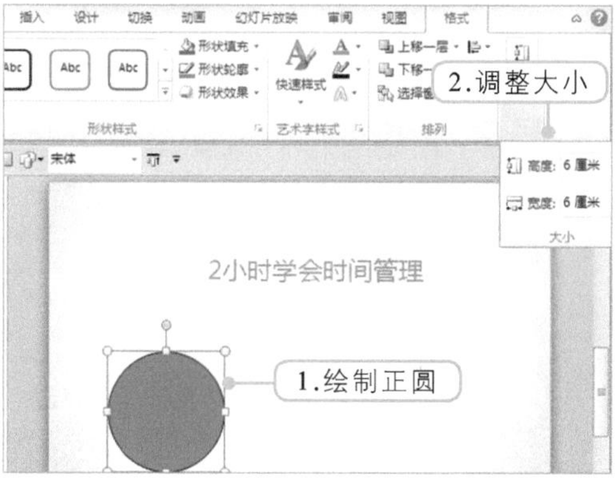

图2-9 绘制正圆

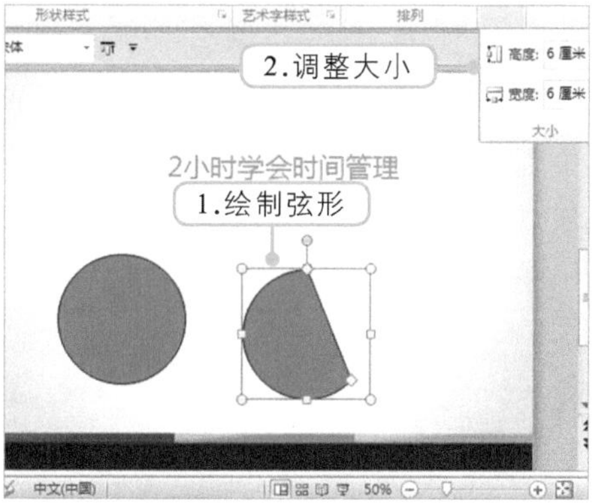

图2-10 绘制弦形

STEP 07 将绘制好的弦形移至正圆上，使其与正圆重合，然后选择弦形，单击【绘图工具 格式】/【插入形状】组中的“编辑形状”下拉按钮，在弹出的下拉列表中选择“编辑顶点”选项，如图2-11所示。

STEP 08 此时，绘制的弦形上将会出现4个小黑点，用于调整弦形的形状。在弦形的直线位置上单击鼠标右键，在弹出的快捷菜单中选择“添加顶点”命令，然后在添加的顶点上单击鼠标右键，在弹出的快捷菜单中选择“平滑顶点”命令，如图2-12所示。

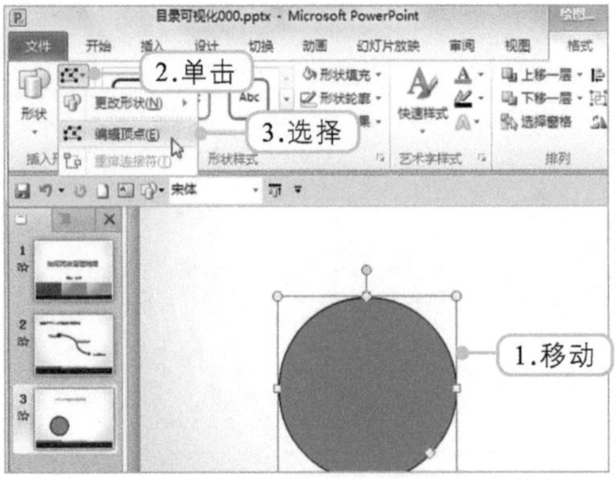

图2-11　编辑弦形形状的顶点

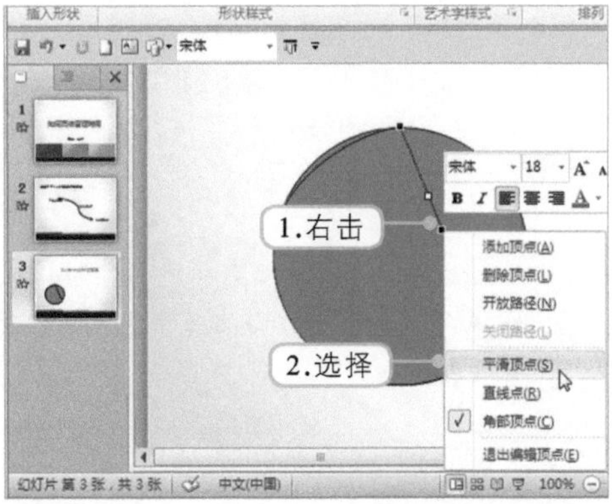

图2-12　添加平滑顶点

STEP 09 选择添加的平滑顶点，然后拖动显示的白色控制点，使弦形形状的直线变成弯曲的曲线，如图2-13所示。

STEP 10 同时选择绘制的正圆和弦形，然后在【绘图工具　格式】/【排列】组中单击“旋转”下拉按钮，在弹出的下拉列表中选择“其他旋转选项”命令，打开“设置形状格式”对话框，在“大小”选项卡的“尺寸和旋转”栏中的“旋转”数值框中输入“110°”，然后单击“关闭”按钮，如图2-14所示。

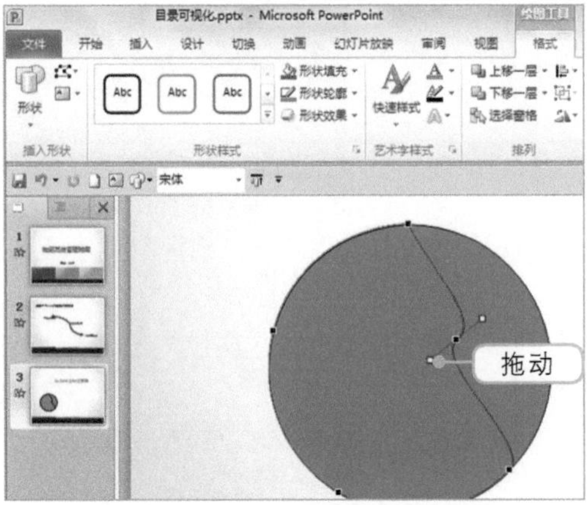

图2-13　调整弦形的形状

图2-14　调整形状的旋转角度

STEP 11 利用【绘图工具　格式】/【形状样式】组，将正圆格式设置为“深黄（R:191、G:144、B:0）填充、深黄轮廓”，将弦形格式设置为“白色填充，深黄轮廓”。

STEP 12 选择设置好的形状，然后利用【Ctrl+C】和【Ctrl+V】组合键复制及粘贴出两个完全相同的形状，并适当调整3个形状的排列位置，使其横向分布，顶端对齐，效果如图2-15所示。

STEP 13 选择从左至右的第2个形状，然后将正圆格式设置为“白色填充、深黄轮廓”，将弦形格式设置为“深黄填充，深黄轮廓”，如图2-16所示。

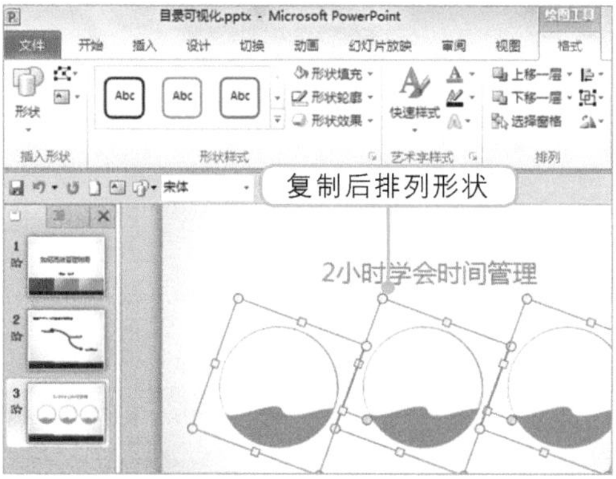

图2-15　复制形状并调整显示位置

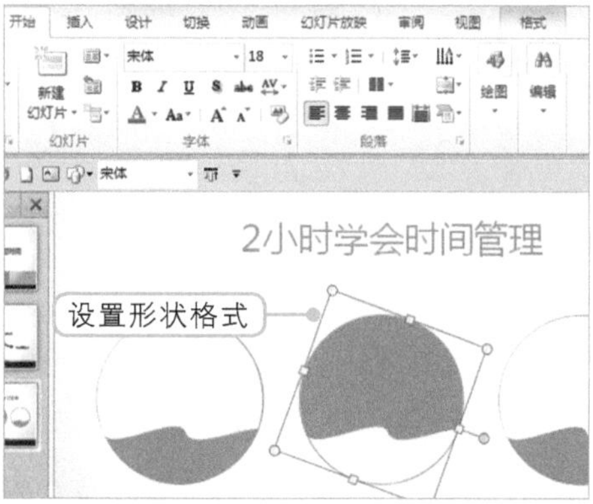

图2-16　设置正圆和弦形的样式

STEP 14 在幻灯片中插入文本框，并输入文本“了解时间管理”，然后将其文本格式设置为“思源黑体CN Bold、18、加粗、深黄”，最后在设置好的文本框上单击鼠标右键，在弹出的快捷菜单中选择“设置为默认文本框”命令，如图2-17所示。

STEP 15 此时，在幻灯片中插入其他文本框后，将自动应用默认文本框的样式。继续在幻灯片中插入文本框，如图2-18所示。其中“1h”文本框中的字体颜色为“白色”。

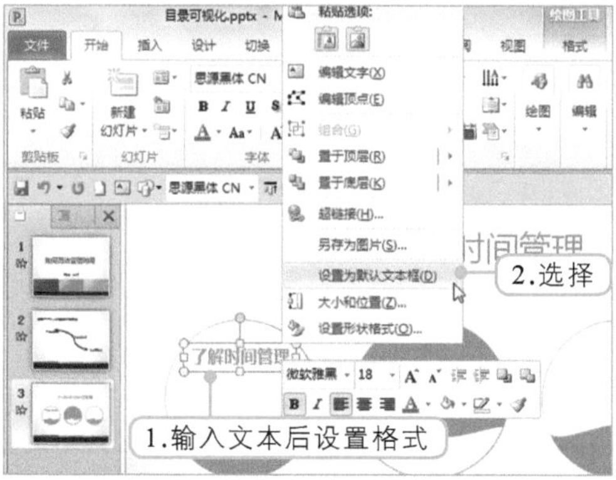

图2-17　设置为默认文本框

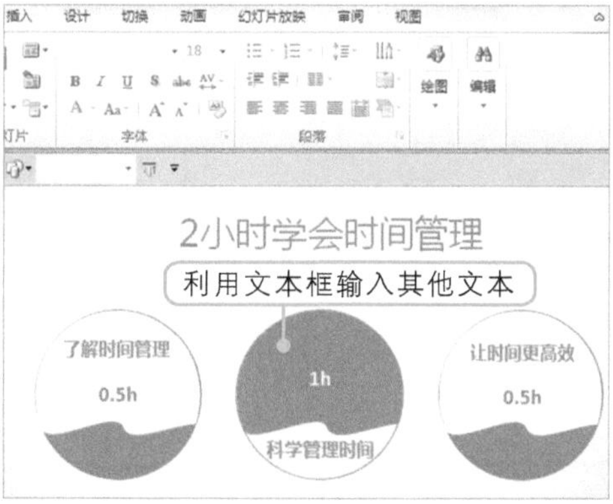

图2-18　继续添加文本框

STEP 16 将第2张幻灯片删除。至此，PPT整体构思的线索就通过形状的样式进行了可视化显示。

高手点拨

将PPT整体构思的线索进行可视化时，除了用形状来表示外，还可以采用纯文字、线条、图片等多种方式。

2.1.3 整理PPT构思的建议

要做好PPT，并不像关注PPT本身那么简单。毕竟，PPT只是一个辅助工具，真正有价值的是要传达的内容和思想。而如何传达才能让观众更容易理解和接受，这才是制作PPT的关键。因此，制作PPT前一般都需要进行整体构思，通过规划来为具体的内容提供有效保障。下面是关于PPT整体构思的几点建议。

- **关闭计算机：**大部分制作人员犯了一个根本性的错误，就是大部分的时间坐在计算机前面，琢磨着怎么讲，讲什么。又或者是总是依赖别人的模板，有的甚至直接进行复制、粘贴操作，完全没有进行独立思考，那怎么行呢？要想成为PPT高手，就必须启动自己的大脑，要想启动大脑就一定要关闭计算机，尝试用笔在纸上“模拟”出设计思路。
- **拟定大纲：**设计思路的最好呈现效果就是大纲，大纲的制作方法有多种，常用的大纲有Word、思维导图、手稿等形式。不管采用何种方式，制作过程就是把整体设计思路逐步清晰化的过程。
- **把控全局：**一般情况下，我们会在普通视图模式下一页一页地翻看幻灯片，这样很难找出整个幻灯片的线索。因此，建议从普通视图切换到浏览视图。图2-19所示即为普通视图与浏览视图的对比。只有在浏览视图中才能进行整体观察，从而发现PPT结构上的问题，比如，目标是否明确，逻辑是否清晰，内容是否有缺失等。

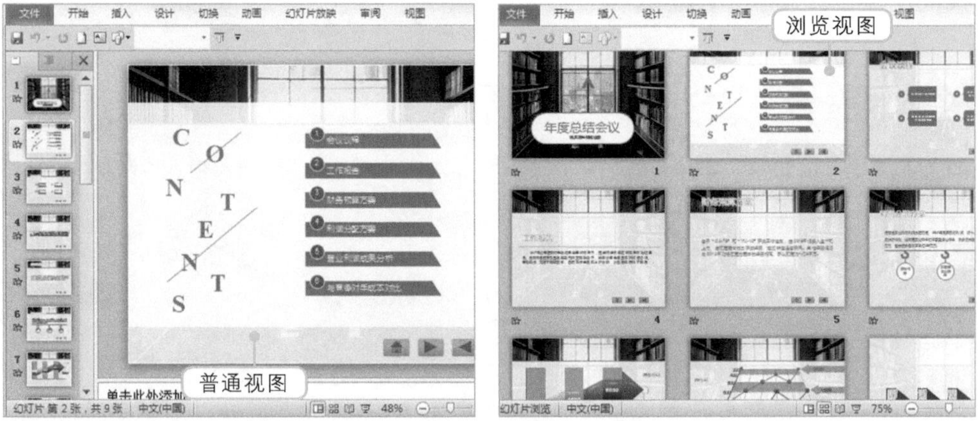

图2-19 不同视图模式下的幻灯片

2.2 在PPT中建立逻辑

制作一份高质量的PPT就好比是制作一道美味佳肴，要首先精心挑选食材，然后进行烹饪。挑选食材的过程类似于组织PPT素材的过程，必须认真研究PPT素材之间的逻辑，只有支持演示或汇报论点的且对实现沟通目标有利的素材才能使用，不可随意地将素材堆积到PPT中。

2.2.1 金字塔逻辑结构

在组织PPT素材时，除了要研究PPT素材的表达方式外（如用图片、文字还是形状等），对素材在逻辑上的严谨性也不能忽视，因为幻灯片的说服力是建立在逻辑上的。在PPT中建立逻辑的方法有很多，这里重点介绍金字塔结构。

一般，在PPT中用金字塔结构呈现的逻辑最清晰，重点最突出。金字塔结构具有以下3种特征，其结构图示如图2-20所示。

- 第一特征：金字塔结构中，任何级别的内容都必须是下级内容的总结。
- 第二特征：金字塔中，每个分组的内容都必须是相同类型的。
- 第三特征：金字塔中，每个分组的内容都必须按逻辑进行组织。

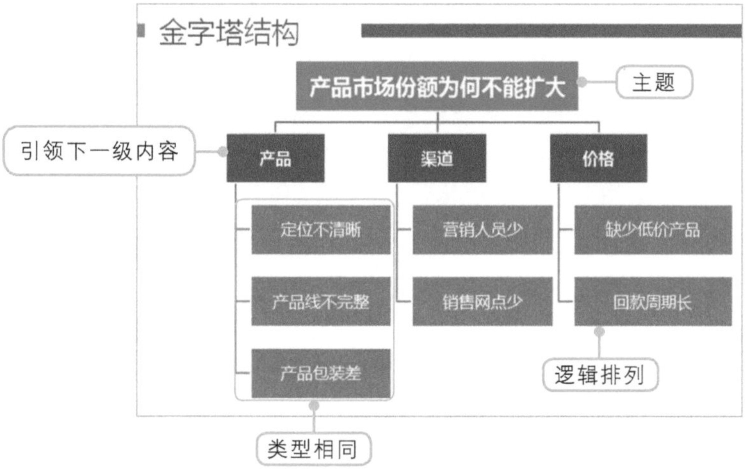

图2-20　金字塔结构的图示

2.2.2 金字塔与PPT的关系

PPT的结构是把内容有机地组织在一起，帮助观众更好掌握信息的方式。前面已经提过，PPT最实用的结构就是总分总结构。从文体角度上说，PPT做成的报告更像是说明文，即说明一个事实，然后基于这些事实提出观点。在这个结构中，总分总分别对应的是概述、分论点和总结。这样的结构显然能很好地调动观众的兴趣。

这种总分总结构的PPT设计的过程，实质上就是金字塔结构创建的过程，其中的对应关系如图2-21所示。

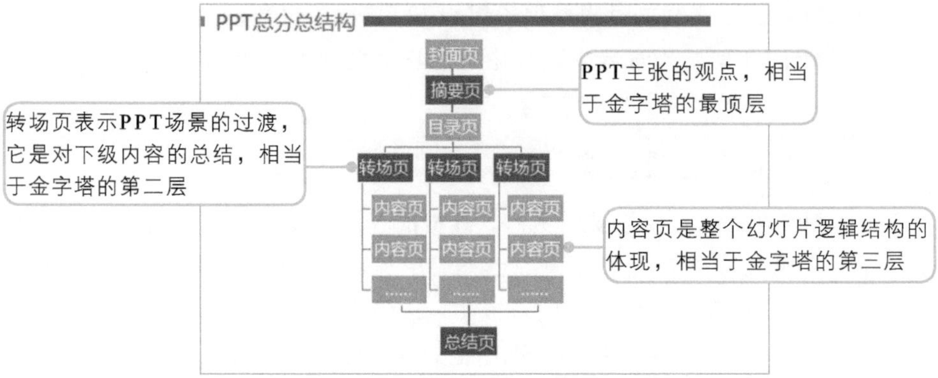

图2-21　金字塔与PPT的关系

弄清楚金字塔与PPT之间的关系后，就可以提炼和筛选素材来构建属于自己的PPT逻辑金字塔结构。构建金字塔结构的方法通常有两种，即自上而下法和自下而上法。

- 自上而下法：先抛出结论，然后列出观点来支持自己的结论，再层层详细展开，如图2-22所示。如果自己对业务很熟悉，采用这种方法较为合适，比如，写年终总结报告时，我们基本都知道要写的主题是什么，此时应对平时的业绩、工作中遇到的问题、来年的规划等有个大概的构思。这时，就可以采用自上而下法构建金字塔结构，从而可以条理清晰地表明自己的想法，如图2-23所示。

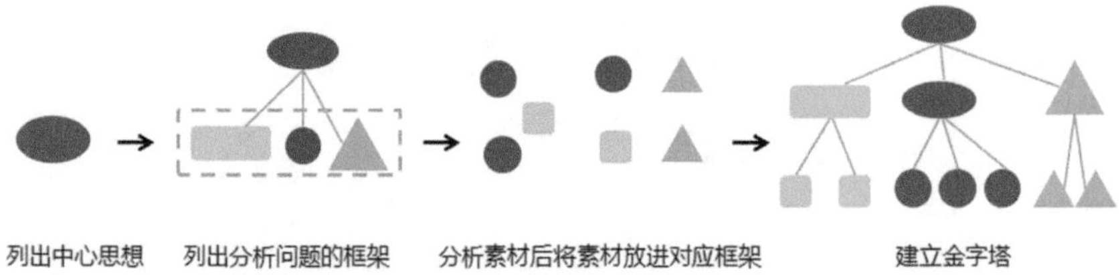

图2-22　采用自上而下法建立金字塔结构

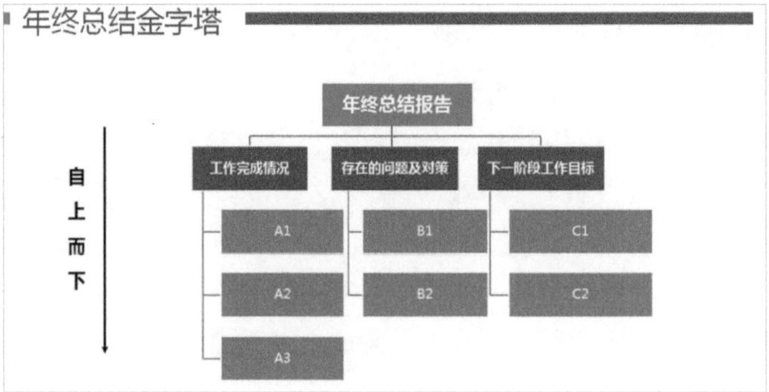

图2-23　年终总结报告的金字塔结构

- **自下而上法**：当对PPT想要表达的内容不清楚，或者是思绪比较混乱时，可选择自下而上的方法来构建金字塔结构。即先归类分组，每一组中的思想必须按照逻辑顺序排列，然后概括每组的思想，最后提炼主题，完善整个思考过程。图2-24所示即为自下而上法的创建过程。假设，我们想卖掉旧车，但又不知道卖旧车需要做哪些准备，这种情况下就可以采用自下而上的方法来构建金字塔。具体来说，首先将我们能想到的、可以准备的事情逐个罗列出来，然后把这些事情按组分类，最后逐个检查。旧车售卖的金字塔结构如图2-25所示。

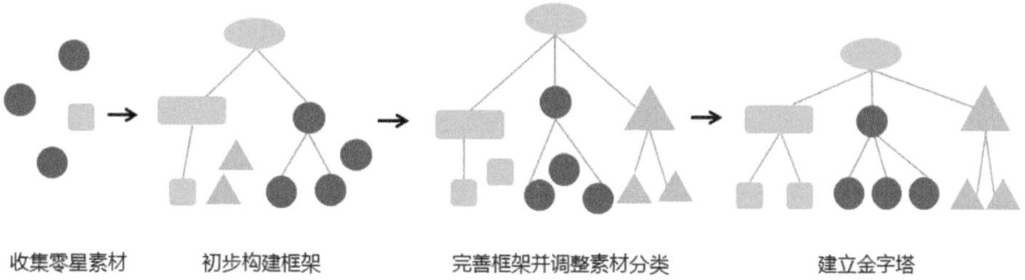

图2-24　采用自下而上法建立金字塔结构

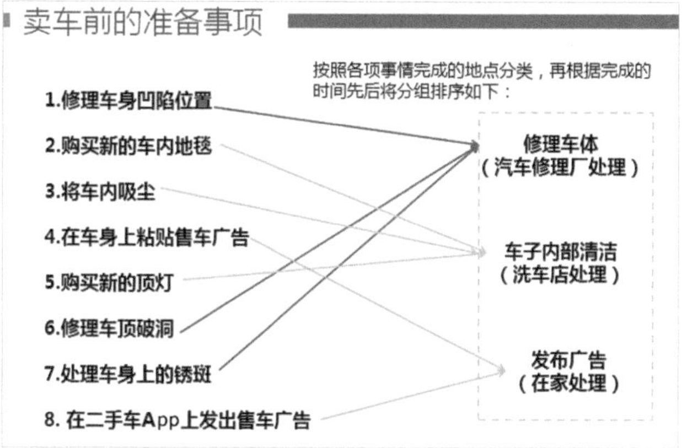

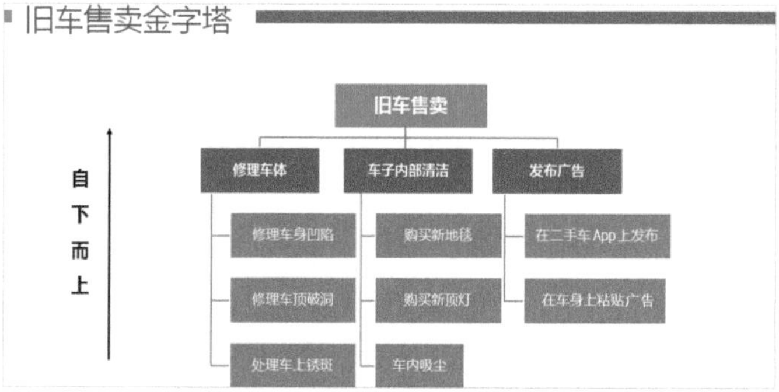

图2-25　旧车售卖的金字塔结构

2.2.3 常用PPT逻辑结构

大部分刚开始制作幻灯片的用户往往比较注重功能的掌握和视觉效果的提升，而忽视了整个幻灯片的逻辑结构，做出来的幻灯片有时会让观众无法看懂。下面给大家分享几个常用的PPT逻辑结构，使制作出的PPT能够合乎商业逻辑的要求。

1. AIDA结构

AIDA结构展示了幻灯片设计过程中的4个发展阶段，如图2-26所示，它们相互关联，缺一不可。该结构的特点在于，能够吸引观众的注意，诱导观众产生兴趣和激发观众继续听下去的欲望。

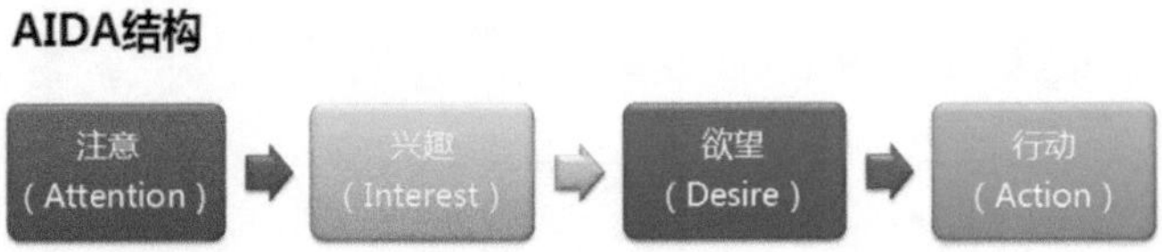

图2-26　AIDA结构

假设要做一个产品推广的PPT，首先可以通过该产品的卖点来吸引观众的注意，当成功吸引听众的兴趣后，就可以接着讲述产品的优势，让观众继续深入了解产品信息，最后介绍产品的价值，激发听众继续听下去的欲望。

2. SCQA结构

SCQA结构更多的是用于分析问题层面。首先描述一下情景（Situation），然后就是冲突（Confliction）。所谓的冲突，就是问题背后出现真正冲突的原因是什么，提出为什么会产生这个冲突（即问题，Question），最后提出解决方案（即答案，Answer），如图2-27所示。这种逻辑结构的特点是，某个实际的情景存在不合理情况时，为了改善这种不合理，需要做哪些事情。

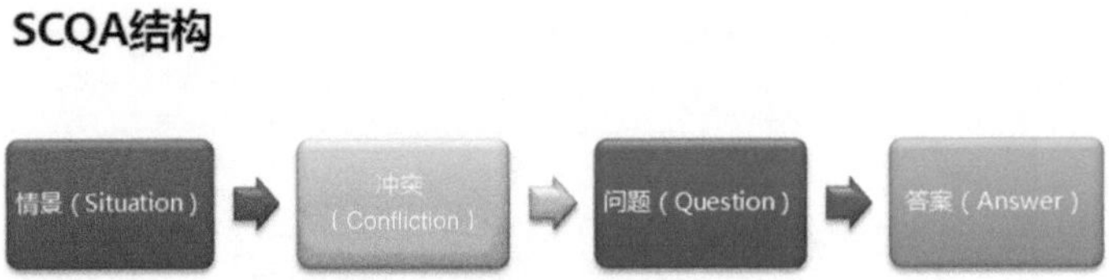

图2-27　SCQA结构

假设要做一个关于销售激励的PPT，主题是“关于把公司的销售激励制度从提成制改为奖金制的提议”。这个报告的目的很明确，直接给出了答案（Answer），首先对公司一直使用提成制来激励销售队伍的情况进行一个概述，这就是情景（Situation），接下来对提成制在公司业务迅猛发展时产生的很多激励上的不公平进行描述，这就是冲突（Confliction）。

高手点拨

SCQA结构是“结构化表达”工具，它有4种不同的用法：标准式（SCA）、开门见山式（ASC）、突出忧虑式（CSA）、突出信心式（QSCA）。

3. PREP结构

PREP结构的4个英文字母分别代表观点（Point）、理由（Reason）、案例（Example）、观点（Point），如图2-28所示。PREP结构的关键是，开门见山，说出自己的观点，接着说出足够充分的理由来阐述这一观点，然后用案例去证实自己的观点（案例部分最好讲述自己的经历或故事，这样会更有说服力），最后再重复和强调一下提出的观点。

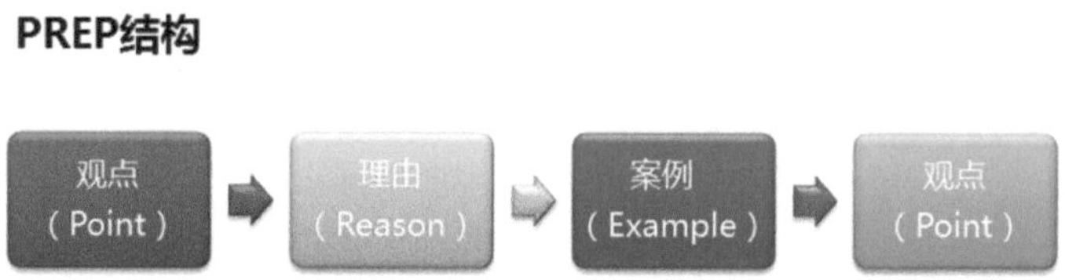

图2-28 PREP结构

假设PPT要证实的观点（Point）是“10月份财务部工作完成得很好，公司应对该部门的员工给予奖励”，此时就要提出理由（Reason）来论证观点，比如考核指标超额完成，积极配合公司的重要项目等，然后列举实例（Example），介绍为配合公司的项目，财务部是如何开展工作的，最后回到奖励财务部员工这一观点（Point）。

4. 时间结构

时间一般是指过去、现在、未来，如图2-29所示，时间结构就是按时间轴来陈述的。时间结构的意义在于，通过时间线索，可以将不同的事物或者故事联系起来，并赋予清晰的逻辑。

比如，个人竞聘时，我们可以先从进入公司的这些经历说起，什么时间加入的公司，在过去做出了哪些成绩；现在正在做什么，做得怎么样；将来，如果我能够脱颖而出顺利上岗，我会怎么做。采用这样的PPT逻辑结构就变得非常清晰、明了。

图2-29 时间结构

2.3 在PPT中设置主题

在日常办公中，经常会看到不同主题的幻灯片，如果我们要使用一种主题来统一幻灯片，应该怎么办呢?下面将对PowerPoint 2010主题的应用与设置方法进行介绍。

2.3.1 应用预设的主题样式

主题可为演示文稿提供完整的幻灯片设计，包括背景设计、字体样式、颜色和布局设计。PowerPoint 2010提供了30多种主题样式，使用系统预设的主题样式后，可以快速美化和统一幻灯片的风格。下面将对演示文稿应用预设的“奥斯汀”主题，具体操作如下。

扫一扫观看视频

STEP 01 打开演示文稿“应用预设主题样式”（素材参见：素材文件\第02章\应用预设主题样式.pptx），如图2-30所示。

STEP 02 在【设计】/【主题】组中的“所有主题”列表中选择“奥斯汀”选项，如图2-31所示。

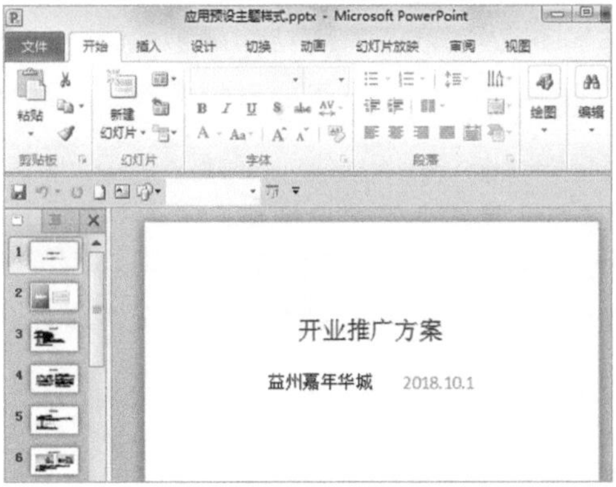

图2-30 打开演示文稿

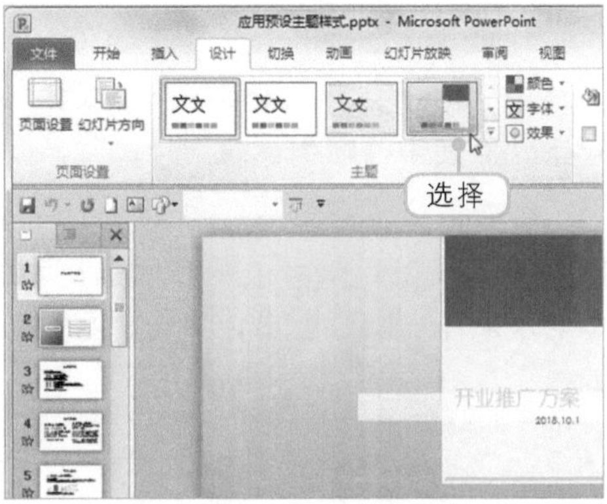

图2-31 选择主题样式

STEP 03 此时，演示文稿中的每一张幻灯片都应用了所选的主题样式，幻灯片的风格也变得一致了，效果如图2-32所示。

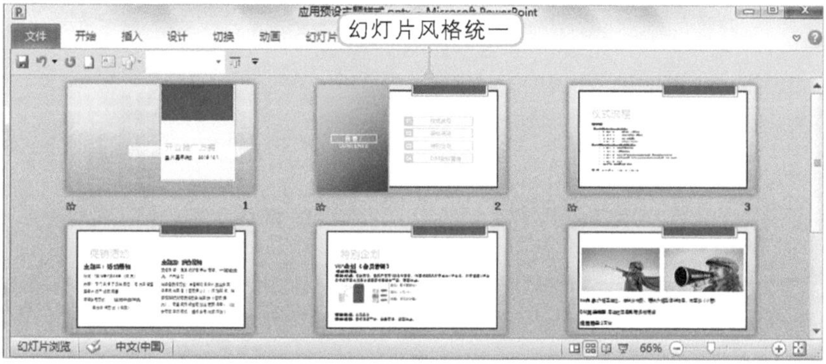

图2-32　应用预设样式后的幻灯片

2.3.2　对幻灯片主题进行修改

对幻灯片主题的修改，主要是指对主题的颜色和字体进行修改。下面将对应用预设的“奥斯汀”主题的幻灯片的颜色进行修改，然后对字体进行修改，具体操作如下。

扫一扫观看视频

STEP 01 打开演示文稿“应用预设主题样式-副本”（素材参见：素材文件\第02章\应用预设主题样式-副本.pptx），如图2-33所示。

STEP 02 在【设计】/【主题】组中单击“颜色”下拉按钮，在弹出的下拉列表中选择“新建主题颜色”命令，如图2-34所示。

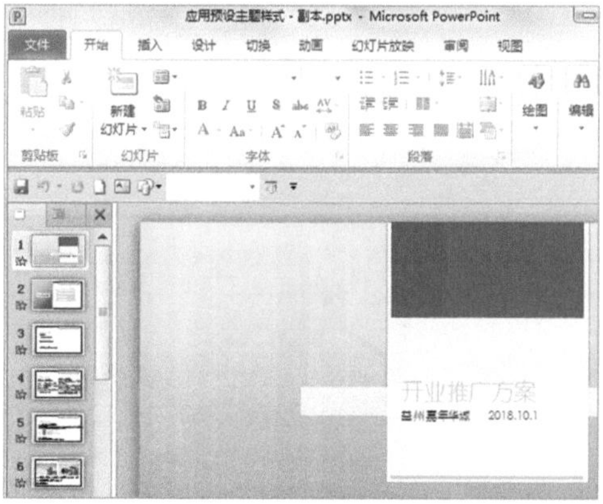

图2-33　打开演示文稿

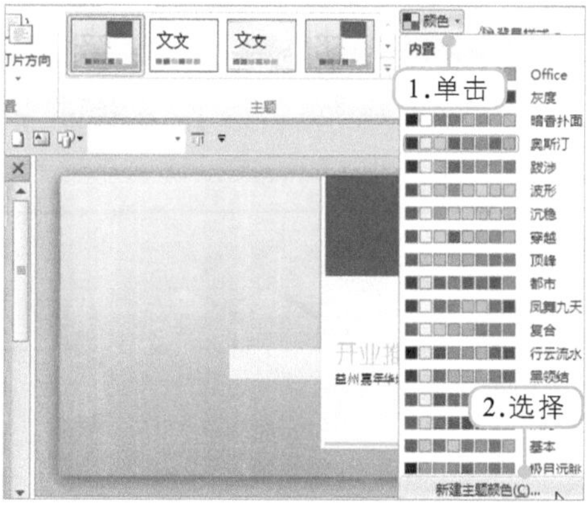

图2-34　新建主题颜色

STEP 03 打开“新建主题颜色”对话框，在“主题颜色”栏中单击某设置项颜色按钮上的下三角按钮可打开颜色下拉列表，在列表中选择某个颜色选项即可更改主题颜色。这里单击“强调文字颜色1”按钮，在弹出的下拉列表中选择“橙色，强调文字颜色3”选项，如图2-35所示。

STEP 04 在“名称”文本框中输入“文字颜色修改”，然后单击“保存”按钮，如图2-36所示。

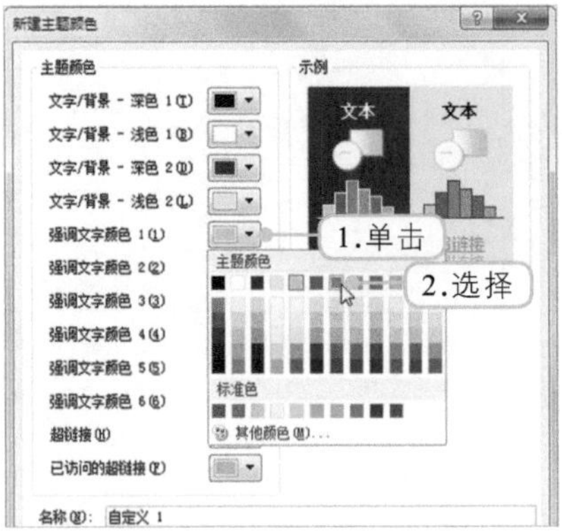

图2-35 修改强调文字颜色1

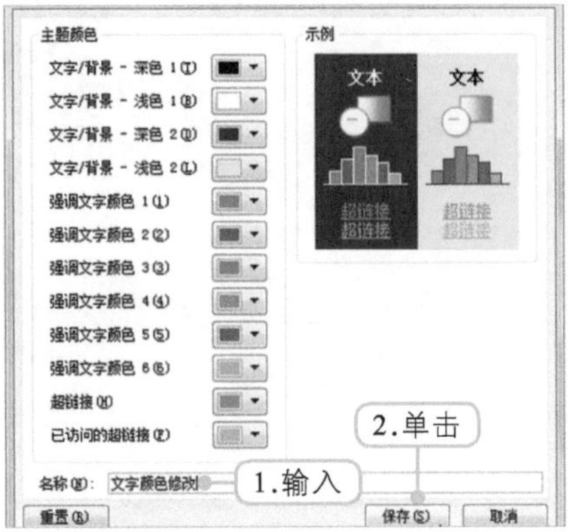

图2-36 保存修改内容

高手点拨

对幻灯片应用主题样式后，在“主题”组中单击“颜色”下拉按钮，在弹出的下拉列表中内置了多种颜色方案，若选择其中任意一种方案，此时幻灯片的背景填充颜色、标题文字颜色及内容文字的颜色将随之改变。

STEP 05 返回PowerPoint操作界面，此时幻灯片中的“强调文字颜色1”样式将自动应用修改后的橙色。再次单击“颜色”下拉按钮，在弹出的下拉列表框中可以查看新定义的“文字颜色修改”方案，如图2-37所示。

STEP 06 在“主题”组中单击“字体”下拉按钮，在弹出的下拉列表中选择“新建主题字体”命令，如图2-38所示。

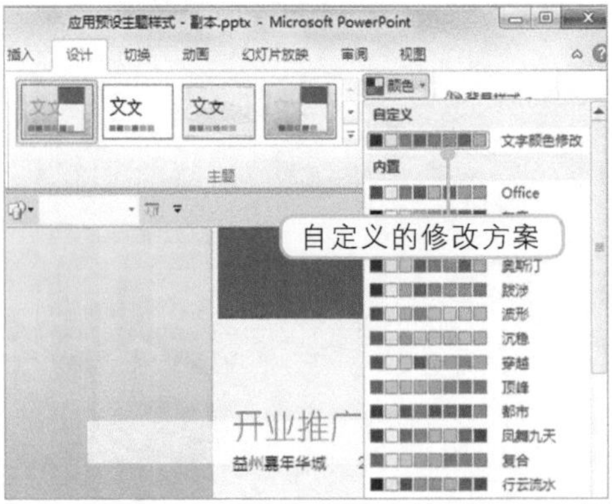

图2-37 查看自定义的颜色方案

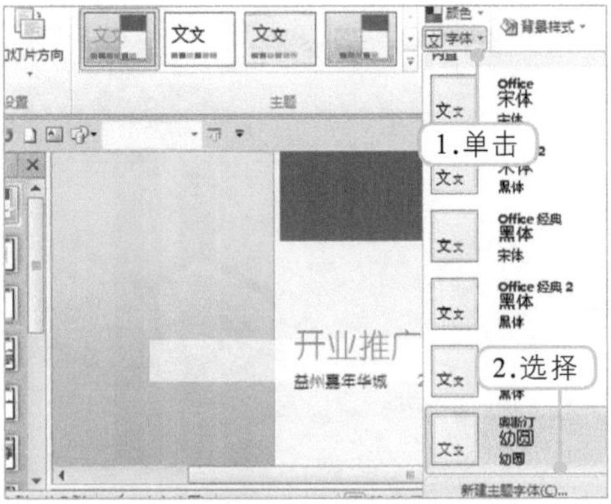

图2-38 新建主题字体

STEP 07 打开“新建主题字体”对话框，在“中文”栏中的“标题字体(中文)”下拉列表中选择“思源黑体 CN Regular”选项，然后在“名称”文本框中输入“修改标题字体”，最后单击“保存”按钮，如图2-39所示。

STEP 08 返回PowerPoint操作界面，此时，演示文稿中含标题占位符的幻灯片标题字体均自动更改为“思源黑体 CN Regular”，效果如图2-40所示。

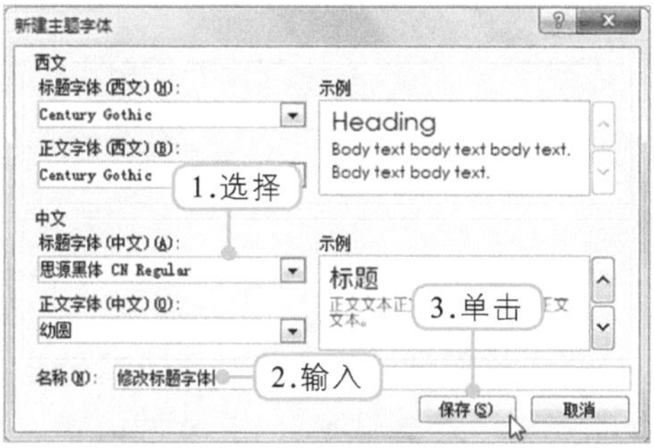

图2-39　修改标题字体

图2-40　标题字体更改后的效果

高手点拨

在PPT中修改主题的颜色和字体后，可以将修改后的主题进行保存，方便下次应用到幻灯片中。将修改后的主题进行保存的方法为，在“主题”组中的“所有主题”列表中选择“保存当前主题”命令，打开“保存当前主题”对话框，在其中保持默认路径和保存类型不变，然后在“文件名”文本框中输入主题名称，最后单击“保存”按钮。下次使用时，直接在“所有主题”列表框中选择自定义的主题即可应用到幻灯片中。

2.4 拓展课堂

下面主要介绍编辑自定义的主题与常用PPT逻辑结构的相关拓展知识。

1. 编辑自定义的主题

在PowerPoint 2010中可以对自定义主题的颜色和字体进行修改。修改自定义主题字体的方法为，在【设计】/【主题】组中单击“字体”下拉按钮，在弹出的下拉列表框中的“自定义”栏中的某个自定义主题字体选项上单击鼠标右键，在弹出的快捷菜单中选择“编辑”命令，打开“编辑主题字体”对话框，便可对主题字体进行修改，如图2-41所示。

修改自定义主题颜色的方法与修改自定义主题字体的方法基本相同，这里不再赘述。

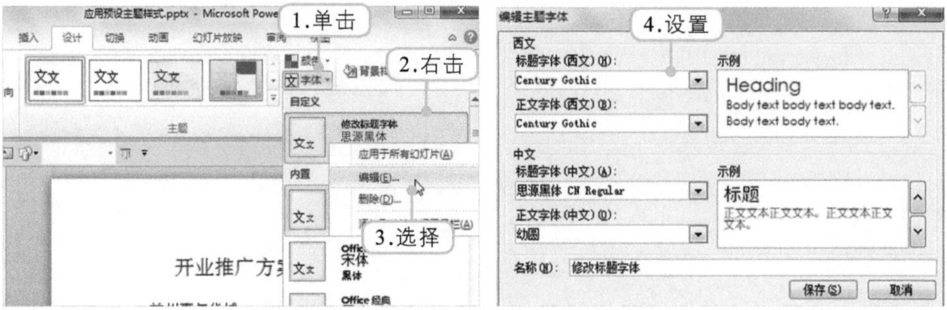

图2-41　修改自定义主题字体

2. PPT常用逻辑结构

PPT的逻辑一般包含主线逻辑和单页幻灯片逻辑两种，其中，主线逻辑是整个PPT的框架，通常体现在PPT的目录页，而单页幻灯片逻辑就是PPT正文的内容。在主线逻辑中，主要有3种常见的逻辑结构，如图2-42所示。

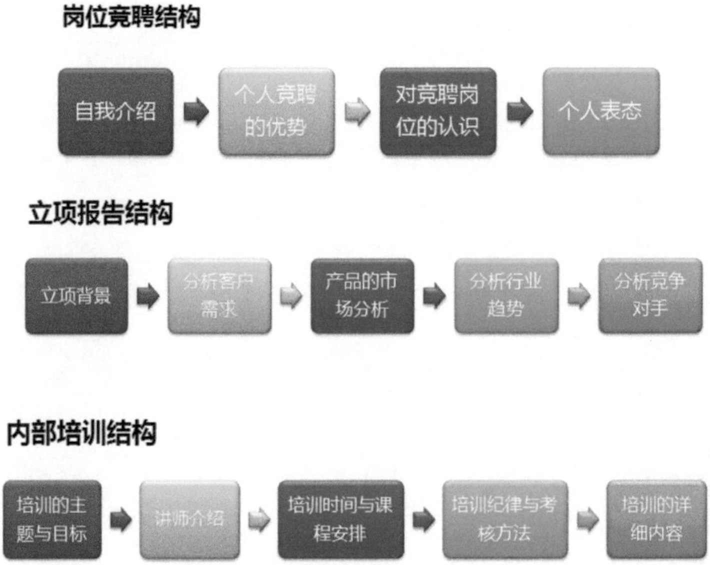

图2-42　PPT常用的主线逻辑结构

第 03 章

让PPT更专业——版式设计

本章导读

高质量的PPT不仅要有清晰的逻辑支撑来完成信息的传递，同时还应具备足够的美感来提升观众的视觉体验，这样的PPT才能打动人，才具有说服力。想要做出这样的PPT，我们除了要花时间在PPT的目标、结构和逻辑上以外，还应在设计上下足功夫。

换句话说，我们既要当编剧，对PPT的内容和逻辑进行策划编排，又要做好设计工作，即对幻灯片进行美化制作。通过前面的学习，我们已经掌握了编剧工作的精髓，下面将对设计工作进行学习，主要包括版式设计原则、版式设计技巧、排版设计误区等内容。

3.1 商业PPT版式设计原则

好的PPT各有各的特色，做得不好的PPT，往往都有一些通病，例如文字布满整个页面，表格数据密密麻麻，图片遍布页面四方等。那么在设计PPT时，如何才能有效避免这些通病呢？掌握了以下8项基本设计原则，也许不能让PPT做到完美，但是可以让PPT显得更专业、统一、有趣。

3.1.1 文字设计原则

在PPT的设计过程中，文字和图片缺一不可，尤其是文字，它可以帮助我们传达信息。恰到好处的文字内容和外观，往往能在和观众交流时起到决定性的作用。那么，在设计PPT时该选用什么字体？字号多大合适呢？下面就一起来看看PPT中的文字都有哪些设计原则。

1. 字体设计

选择字体之前，应先考虑哪些字体具有阅读性，而不是单纯的好看。一般来说，在PPT中，应尽量选择易识别的字体，不要使用书法类字体，除非是与书法相关的内容或者有特殊要求。下面推荐几种字体搭配，供大家参考。

- 标题字体：标题通常是PPT的重点，所以通常应选择一种有力量、粗犷的字体。在PPT中，适合做标题的字体很多，最常用的字体有思源雅黑、方正兰亭特黑等。图3-1所示为PPT标题使用了思源黑体字体并加粗后的效果。

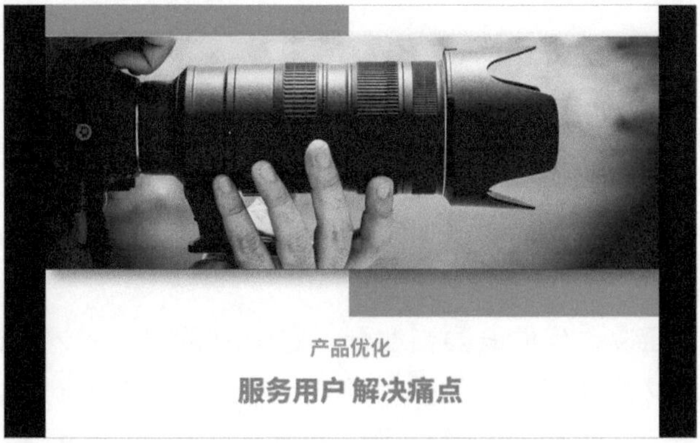

图3-1 标题字体的设计

- 正文字体：PPT正文文本的字号通常比较小，因此对于内页的正文字体的选择有所不同，一般以简洁、气质、纤细、易识别为原则。可以用于正文的字体有很多，比较常用的有方正兰亭黑体、思源黑体、苹方字体常规等。图3-2所示为PPT正文中采用方正兰亭黑体的效果。

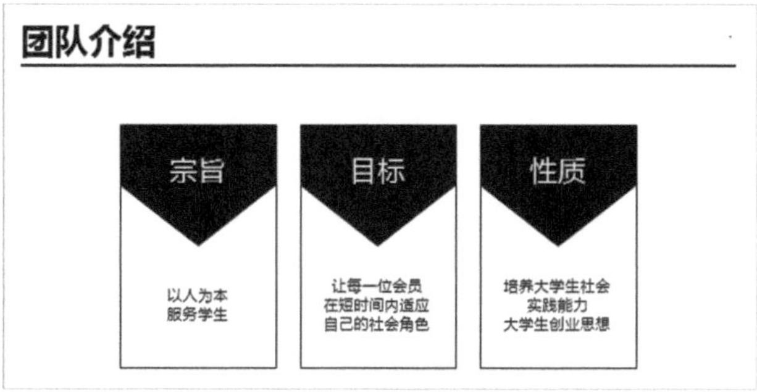

图3-2　正文字体的设计

- 字体搭配：在PPT字体的搭配上，一般遵循“少即是多”的原则，一页PPT建议最多使用两种字体，多了就会显得特别繁杂。一般来说，一旦确定了正文字体，那么可以直接增大该字体字号或者使用粗体作为标题。例如，使用思源黑体CN Bold加粗作为标题，思源黑体CN Light就作为正文字体。图3-3列举了两种字体搭配方式，供大家参考。

图3-3　不同的字体搭配方式

高手点拨

PPT字体是为内容服务的，并不是字体用得越多，幻灯片的传递效果就越好。在选择PPT字体时，应以标题鲜明、正文易读为基准。对于一些需要强调的重点内容，可以选择字线较粗的字体，也可以通过文字加粗或更改字体颜色等方式来吸引注意力。因此，使用不同字体可起到美化版面的作用，而不应适得其反。

2. 字号设计

PPT中默认的字号范围是8~96号，到底该如何选择字号呢？字号的选择要看PPT的实际使用情况。比如，PPT用于投影时，字号最小不要低于28号；而作为阅读用的PPT文档，字号最小应设置为10.5号。

在PPT的默认设置中，标题字号为44号，一级文本为32号，二级文本为28号……共有5级文本。虽然级别多，但建议最多用到二级文本。下面提供了3种方法来确定PPT字号的选择。

- 方法一：将幻灯片缩小到66%的大小，如果仍能看清楚幻灯片上的文字，那么观众也可以看清楚。
- 方法二：站在演示厅最后一排的位置，确认后排观众也能看清楚幻灯片上的文字，那么这个字号就比较合适。
- 方法三：把观众的最大年龄除以2，就是建议的所采用的幻灯片字号。

3.1.2 对齐原则

PPT版式设计的第一原则是对齐，对齐包括左右对齐、居中对齐及页面内所有元素的对齐。将页面内的所有要素对齐以后，会发现页面显得很专业。图3-4所示为页面元素对齐后的前后对比，其中，没有对齐的页面元素比较孤立，且没有关联，不便于阅读，而对齐的页面则阅读性更强，且更美观。

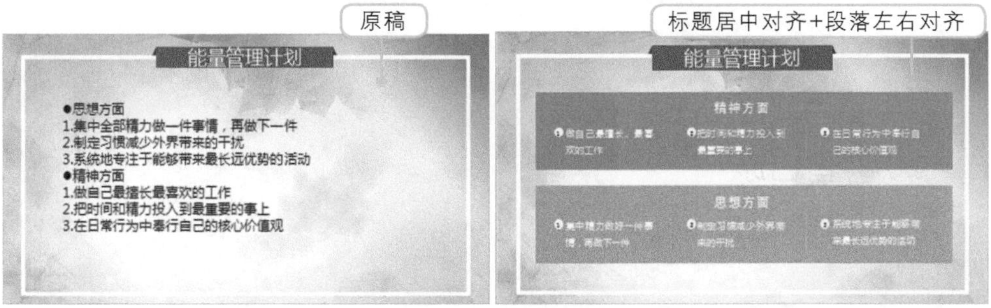

图3-4　页面元素对齐后的前后对比

3.1.3 对比原则

PPT版式设计的对比原则，是指设计者有意地增加幻灯片中不同等级元素之间的差异性，或相同，或者完全不同。图3-5所示的版式简洁大气，但过于平淡，没有层次感，而图3-6所示的版式利用对比原则后，段落间的层次就突显出来了。

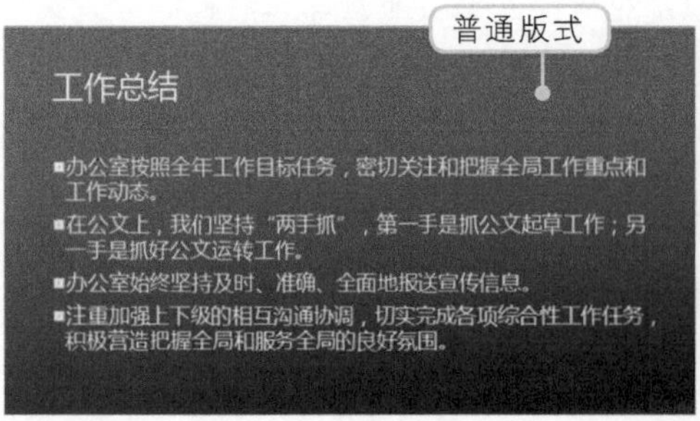

图3-5　普通版式

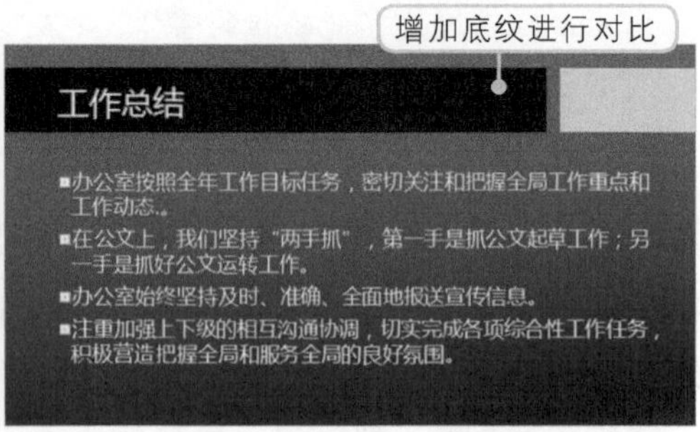

图3-6　应用对比原则后

3.1.4 重复原则

PPT版式设计的重复原则，是指分析PPT中的元素等级后，选择相同等级的元素来重复。例如，单张幻灯片中正文部分的字体、大小应体现重复性原则，以保证幻灯片的稳定性；对于较为复杂的幻灯片而言，转场页属于同一等级，因此转场页也应具有某些重复的特征。图3-7所示的转场页中除数字和文字外，其他特征都是相同的。

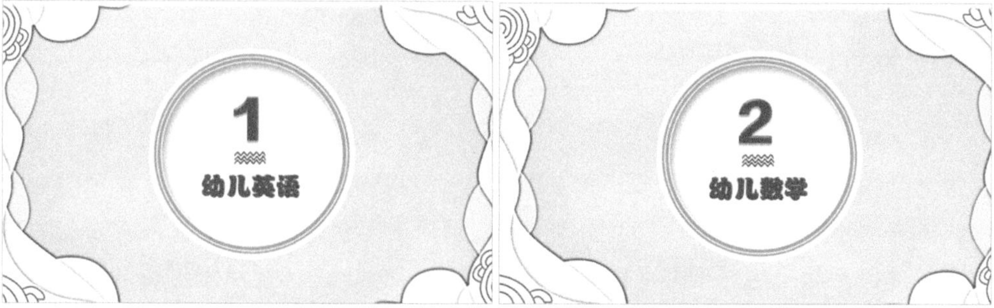

图3-7 转场页应用重复原则后的效果对比

3.1.5 留白原则

千万不要把PPT当成Word来用，如果幻灯片中的内容可以提炼，就一定要提炼。如果提炼不了，就应采用缩小字号的方式留下相应的空白，给予想象空间。使用留白原则后，通过查看页面的前后对比效果，明显右侧页面的阅读性更强，并且这样可以让观众的眼睛得到休息，充分发挥大脑的想象力，如图3-8所示。

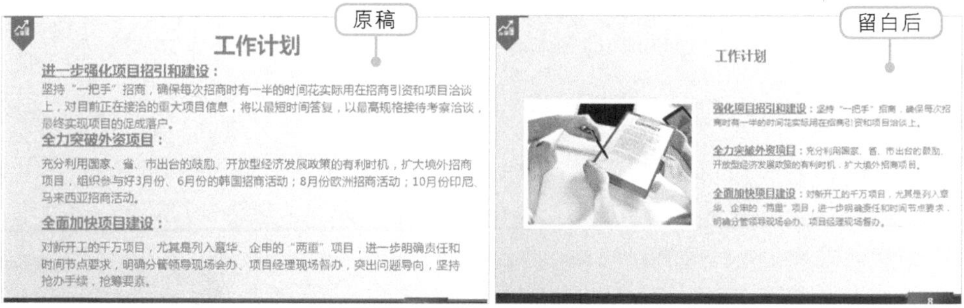

图3-8 页面应用留白原则后的效果对比

3.1.6 分离原则

PPT版式设计中的分离原则，是指将相关元素组织到一起，形成一个独立的视觉单元，让读者更清晰地了解PPT结构，如图3-9所示。如果文字内容太多，可以分成若干小段落，段落与段落之间的距离要大于段落内的行距。

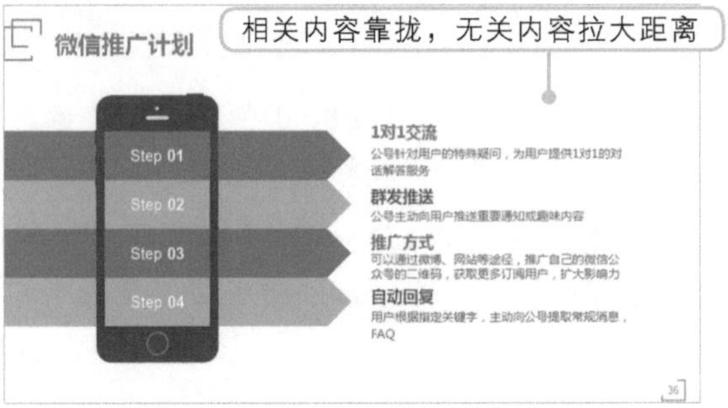

图3-9　页面应用分离原则后的效果

3.1.7　降噪原则

降噪原则在PPT中主要是指版式、字体、颜色的使用种类不要过多。过多的信息皆为“噪”，会使读者在阅读时失去重点。在降噪原则下，一般要求单张幻灯片的色彩不超过3种，整个PPT的字体不超过3种。需要注意的是，降噪并不是一味地做减法，而是要确保一目了然做“加减乘除”。图3-10所示为对幻灯片中的文字和图片进行降噪的前后对比效果。

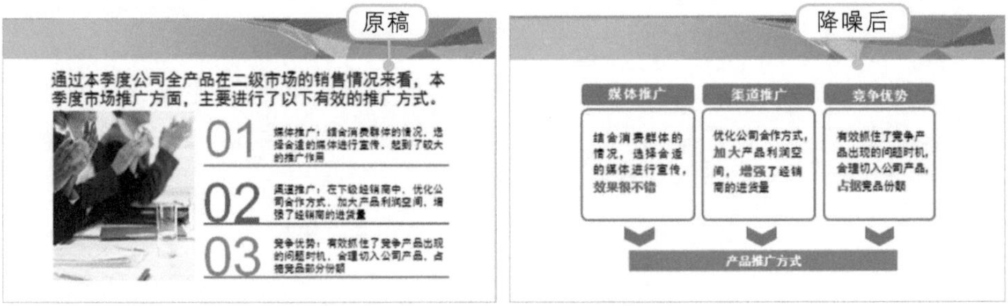

图3-10　页面应用降噪原则后的对比效果

3.1.8　差异原则

如果在PPT中进行一味的重复，也会让页面显得单调。如果页面上的相似元素太多，可以让重点信息进行突出显示，实现差异化效果。图3-11所示为通过不同的字体颜色来体现差异原则。

图3-11　不同颜色字体带来的差异效果

3.2 PPT版式还可以这样设计

在设计和制作PPT的过程中，排版是非常关键的一个环节。排版好的作品会给人一种整齐感和美感，更重要的是，它能清晰地展示幻灯片中的信息，并能够让观众所接受。而排版不好的PPT则会让观众感觉内容杂乱，不知所云。下面将对PPT中的封面页、目录页、内容页、过渡页等页面的排版方法进行介绍，使制作出的幻灯片可以牢牢地抓住观众的眼球。

3.2.1 让人眼前一亮的封面页

封面页一般在整个PPT中起引导的作用。一个好的封面页往往可以唤起观众的热情，让观众开始就愿意留在现场并渴望看到后面的内容，而不会出现精神不集中、思路发散的情况。那么，封面页要如何设计才能吸引观众呢？下面提供了3种设计思路供大家参考。

- 从简单开始：图3-12所示为利用PowerPoint 2010的预设主题制作的一个关于员工素质介绍的封面页。该封面页采用了简单的背景和文字特效，背景采用了黑白相间的圆点和渐变的填充效果，不会显得太单调。

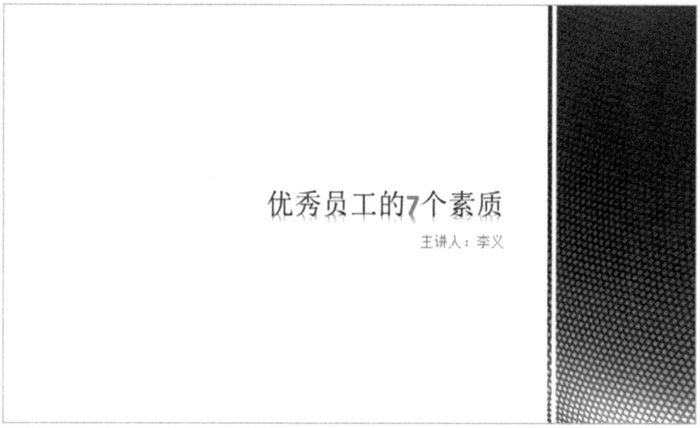

图3-12 简单的封面页

- 复杂一点：复杂一点的封面页一般由图片和文字构成。图3-13所示的封面页中，上半部分的图片版面是与主题“团队合作”相关的内容，而下半部分则采用色块加上文字的方式，其中，色块采用的是与图片主色调一致的蓝色，而文字则采用黄色。

图3-13　复杂一点的封面页

高手点拨

很多封面页一眼就能看出套用了软件默认的版式，这种封面页难免会显得单调。可以采用图片与文字相结合的设计思路来制作封面页，看上去就会与众不同。图3-14所示为依据黄金分割的比例，采用上下结构、左右结构，把封面分割成图片区域和文字区域的效果。

图3-14　图片加文字的封面页

- **再复杂一点：**当采用图片与文字相结合的方式进行PPT封面页设计时，可以在版式中添加一些色彩做一些变形效果。例如，几条弧线就会使版面显得有设计感，也可以在背景图上划分出一些半透明区域，使文字部分突出显示，如图3-15所示。

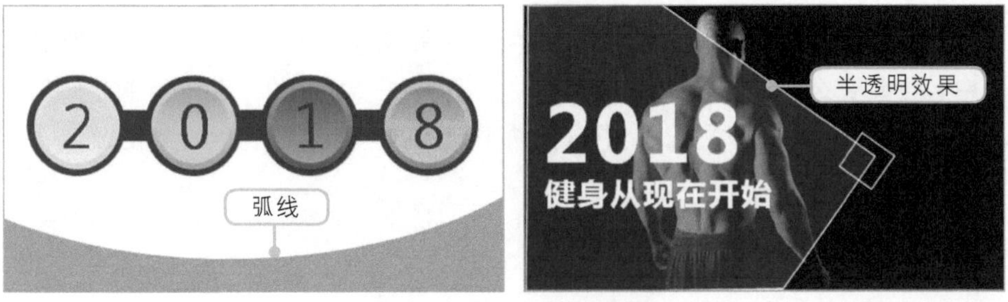

图3-15　更复杂一点的封面页

3.2.2 逻辑清晰的目录页

目录页就好比一场演讲的开场白，其重要性不言而喻。目录设计的关键是展示整个PPT的结构和内容。常见的目录页的设计思路有以下3种，供大家参考。

- **项目符号型目录：** 项目符号型目录是最常见的目录样式。图3-16所示为普通项目符号与采用自定义的数字项目符号的目录页效果。

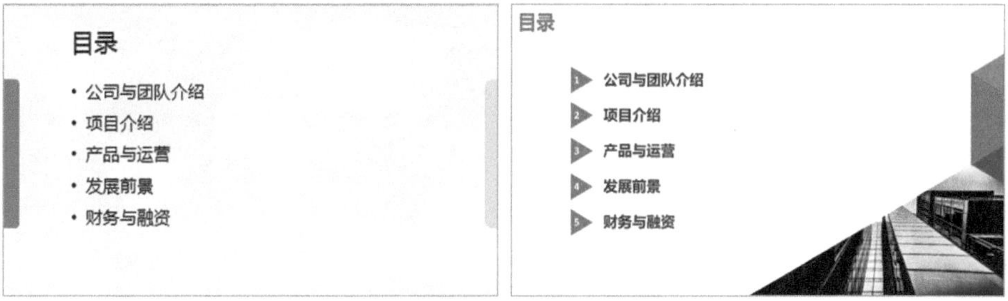

图3-16 项目符号型目录

- **流程箭头型目录：** 如果要介绍的PPT内容有时间先后顺序，则可以利用PowerPoint 2010提供的SmartArt流程图来制作目录。图3-17所示为利用SmartArt的流程箭头来设计的目录。
- **图片列表型目录：** 图片列表型的目录应以图片为主，辅以简短的标题。在选择图片时，一般选择与主题相关的图片，关联性不一定很高，因此可选范围很广，从而方便、快速地制作出富有特色的目录页，如图3-18所示。

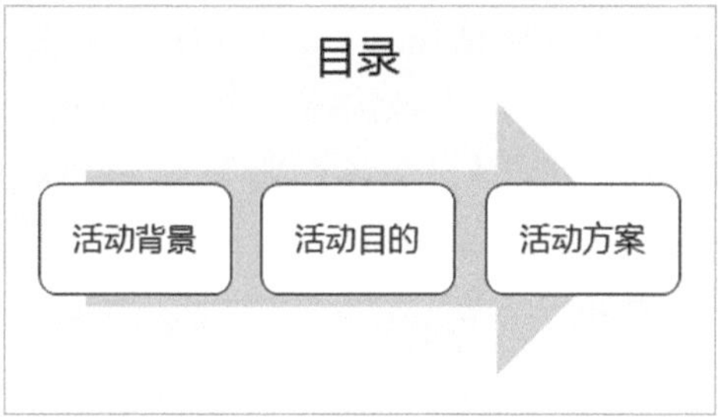

图3-17 流程箭头型目录

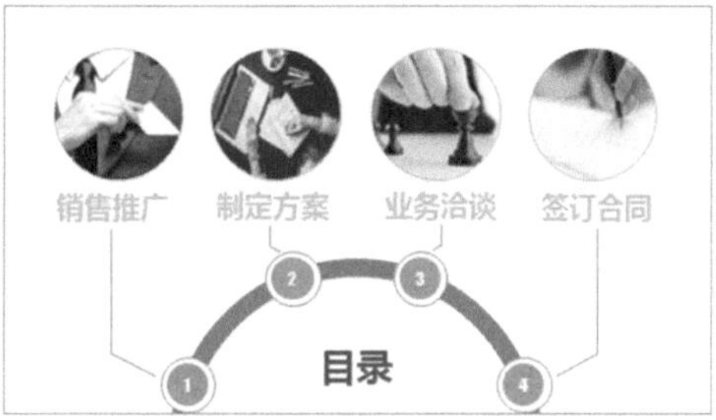

图3-18 图片列表型目录

3.2.3 让排版突出重点的内容页

在制作PPT内容页时，经常会遇到一大段文字的情况，此刻，一些用户往往不知道该从何下手，如何取舍，如何归纳及厘清逻辑。遇到这种情况时，可以采用“一个中心思想三个论点”的思路进行设计，即在一页幻灯片中，只列举一个中心思想，然后通过三个论点，分别从时间、地域或其他角度去组织和论证。

图3-19所示为PPT内容页的3种设计思路，页面中最显眼的位置放中心思想，

把分论点放在中心点附近，这样观众第一眼便可以看到幻灯片所要表达的中心思想，然后去看幻灯片的分论点和具体的文字阐述。

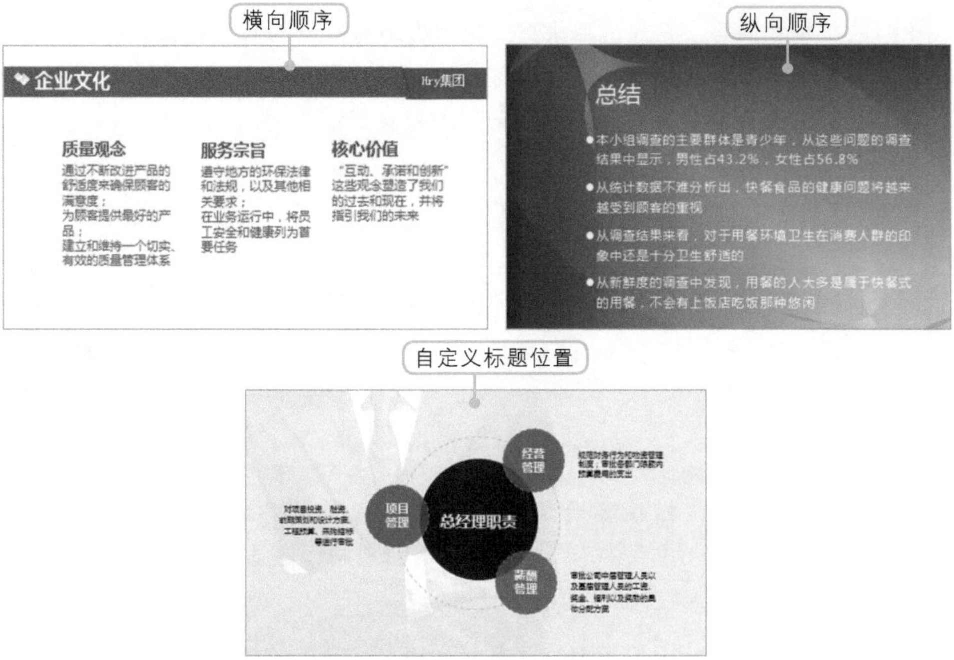

图3-19　PPT内容页设计展示

高手点拨

幻灯片中默认的标题和内容占位符的形状都是矩形，这些形状是可以改变的。当应用PPT中的某一版式后，选择标题占位符，然后在【绘图工具 格式】/【插入形状】组中单击“编辑形状”按钮，在弹出的下拉列表中选择“更改形状”选项，再在打开的子列表中选择所需的形状样式，即可将原有矩形样式进行改变。

下面将通过一个案例来介绍幻灯片内容页的设计方法，具体操作如下。

扫一扫观看视频

STEP 01 启动PowerPoint 2010后，打开“PPT内页的制作”演示文稿（素材参见：素材文件\第03章\PPT内页的制作.pptx），如图3-20所示。

STEP 02 按【Ctrl+A】组合键，全选幻灯片中的所有对象后，在“字体”组中的“字体”下拉列表框中选择“思源黑体 CN Regular”选项，将文本框中的所有字体设置为“思源黑体 CN Regular”。

STEP 03 选择幻灯片中的标题文本框，将标题字体格式设置为“28，加粗”，并将文本设置为“左对齐”，如图3-21所示。

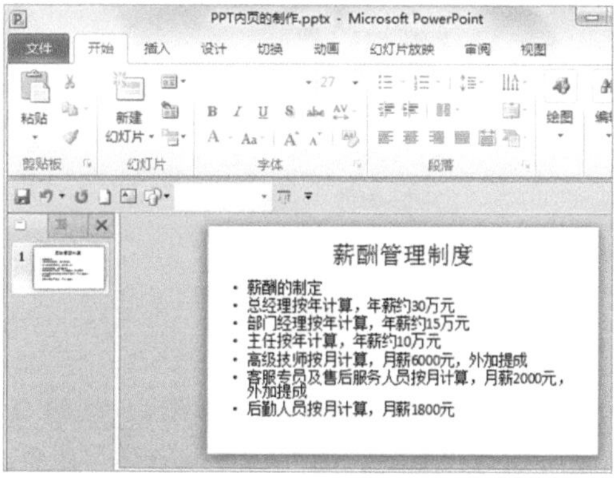

图3-20　打开演示文稿

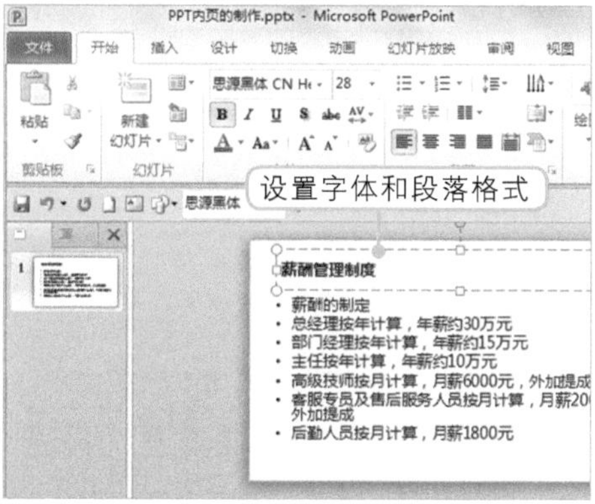

图3-21　设置字体和段落格式

STEP 04 选择标题文本，单击“字体”组中的“展开”按钮，打开“字体”对话框，在“字符间距”选项卡的“间距”下拉列表框中选择“加宽”选项，在右侧的“度量值”数值框中输入“2.3”，然后单击“确定”按钮，如图3-22所示。

STEP 05 拖动正文文本框中的控制点，使文本框的高度缩小，然后选择第1段文本，并按住鼠标左键不放将其拖至正文文本框以外，如图3-23所示。

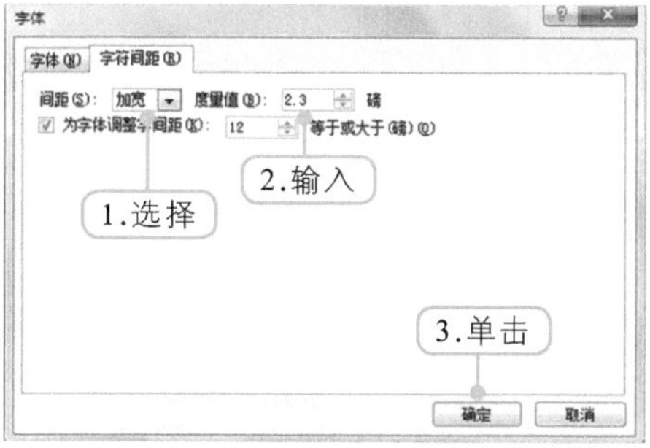

图3-22　调整标题字符间距

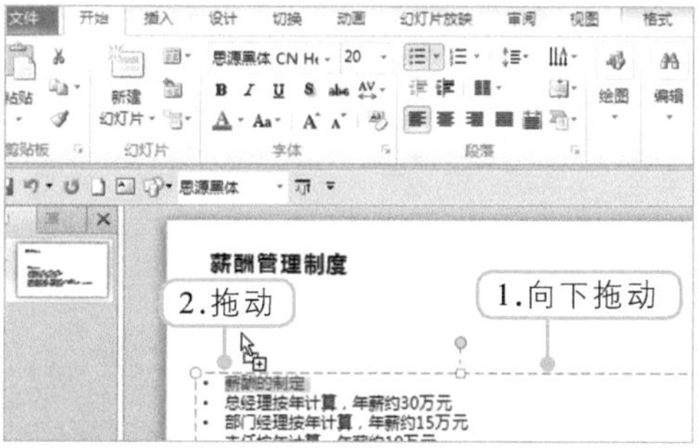

图3-23　单独显示文字内容

STEP 06 此时，所选的第1段文本将单独显示在另一个文本框中，将文本框大小调整为“高度：1.11厘米；宽度：4.08厘米”，然后将字号调整为“20”，如图3-24所示。

STEP 07 单击快速访问工具栏中的“形状”下拉按钮，在弹出的下拉列表中选择“矩形”栏中的“矩形”选项。

STEP 08 将鼠标指针定位至“薪酬的制定”所在文本框的左侧，然后拖动鼠标绘制一个“高度：1.11厘米；宽度：0.2厘米”的矩形，效果如图3-25所示。

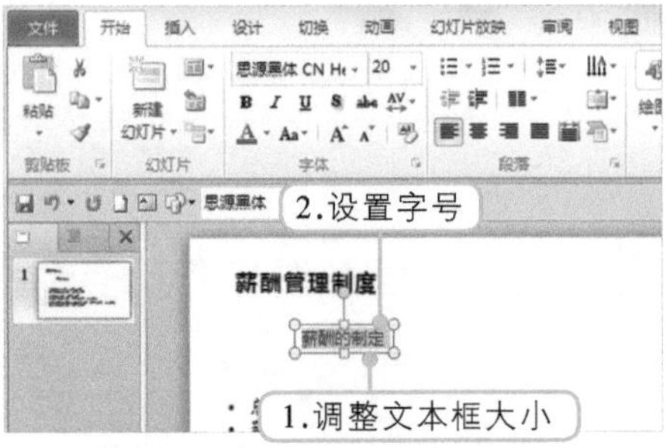

图3-24　设置文本框大小和字号

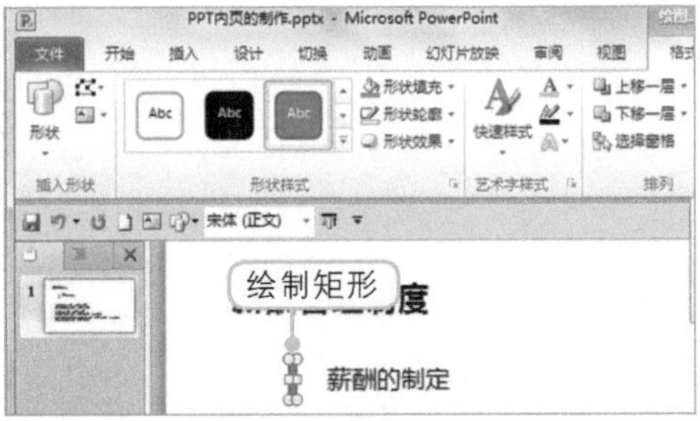

图3-25　绘制矩形

STEP 09 按住【Shift】键的同时加选新添加的文本框，然后在【绘图工具 格式】/【形状样式】组中将绘制的矩形和新建文本框填充为“深青（R:0; B:149; G:137）”，将轮廓颜色设置为“无”。同时，利用“艺术字样式”组，将文本框中的字体颜色填充为“标准色”中的“橙色”样式，如图3-26所示。

STEP 10 对齐是幻灯片版式设计的首要原则，所以这里采用中心对齐的布局方式来对幻灯片内容进行排版。首先将正文中的内容进行精简，按沿页面中间对齐的方式来排列文本内容。其中，左侧文字格式为“18、右对齐、加粗”，并适当增加字符间距；右侧文字格式为“14、左对齐”，最终效果如图3-27所示。

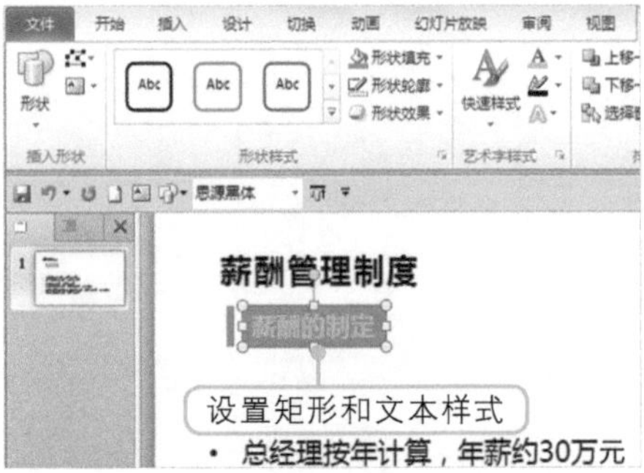

图3-26　设置矩形和文本框

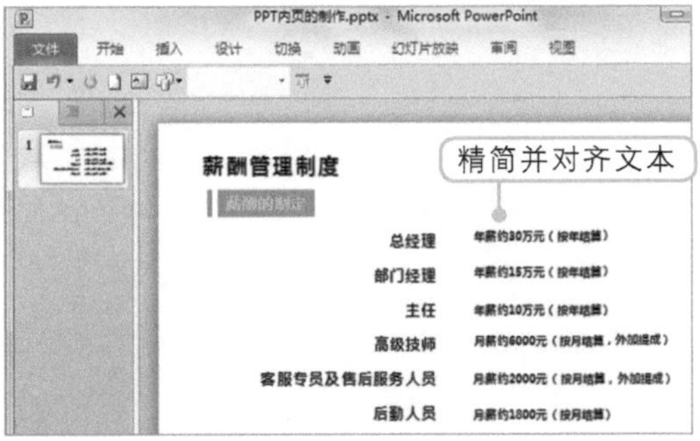

图3-27　精简正文内容并设置格式后的效果

高手点拨

图3-27所示的文本内容之间的间距若采用手动方式进行调整会很麻烦，此时，可以使用PowerPoint的对齐功能，该功能可以快速且准确地对齐幻灯片中的任何元素。方法为，在幻灯片中选择要对齐的多个元素后，单击“排列”组中的“对齐”按钮，弹出的下拉列表框中提供了“左对齐”“右对齐”“顶端对齐”“底端对齐”“横向对齐”等多种对齐方式，选择所需选项后即可应用到幻灯片中。

STEP 11 在幻灯片中的内容页中间位置绘制一条粗3磅、灰色的直线，然后绘制6个大小为“0.39厘米”的正圆，并将其填充为“深青”色，最后利用“对齐”按钮，将6个正圆横向分布在绘制的直线上，如图3-28所示，使观众可以看到内容的具体对应关系。

STEP 12 运用对比、重复的设计原则，为重点内容设置其他的颜色，以起到重点突出的效果，这里将左侧文字颜色更改为“深青”，将右侧数字及其后的文字颜色也更改为“深青”，如图3-29所示。

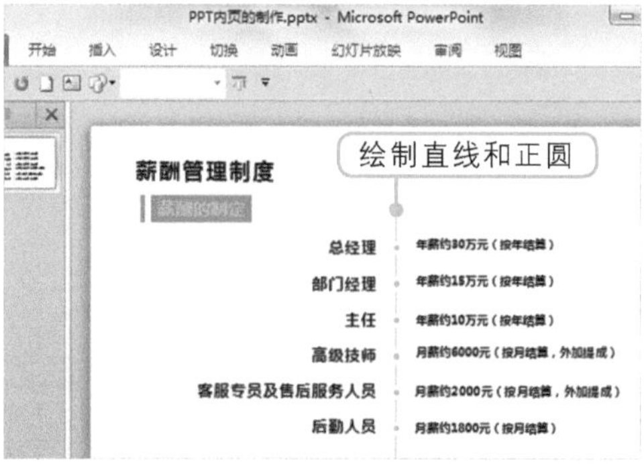

图3-28　绘制直线和正圆

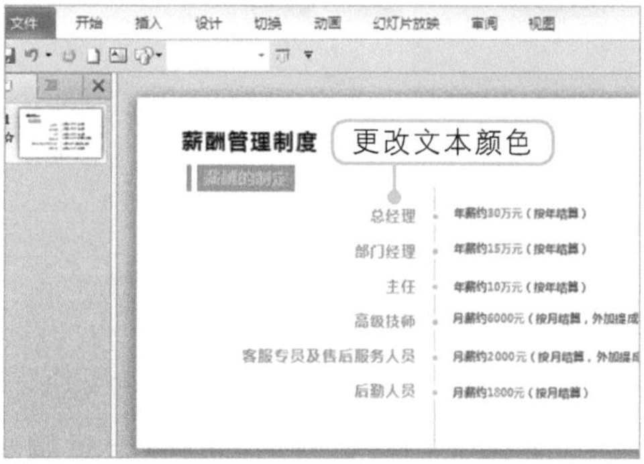

图3-29　突出显示重要内容

STEP 13 绘制6条直线，将其分别移动至右侧文本框的下方，然后将直线格式设置为“灰色、1磅、方点虚线”，最后同时选择绘制的6条直线，单击“排列”组中的“对齐”按钮，在弹出的下拉列表中选择“纵向分布”选项，如图3-30所示。

STEP 14 此时，所选虚线将按纵向分布方式进行排列，如图3-31所示，从而实现用线条将没关联但又挨得很近的元素区别开来。这是设计幻灯片内页时的一项常用技巧，特别是对于文字内容较多的幻灯片比较适用。

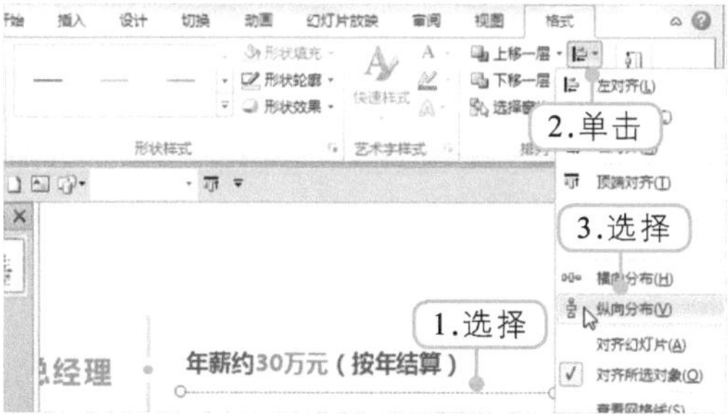

图3-30　调整虚线的对齐方式

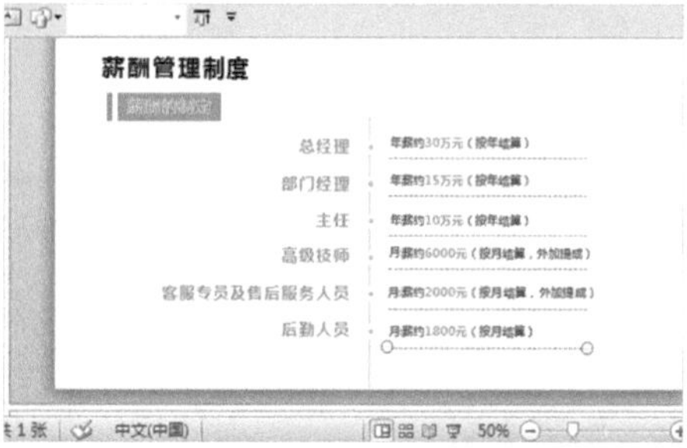

图3-31　查看最终效果

3.2.4　最易忽视的转场页

转场页主要用于场景和场景之间的过渡，即PPT的一个结构单元结束后向另一个单元格切换。由此可见，转场页的重要性不如封面页和目录页，有些相对简单的PPT则直接省略掉了“转场页”。那么，该如何设计转场页呢？设计转场页的关键是要与目录风格保持一致。下面提供了3种设计思路供大家参考。

- 从目录中提取文字：从目录中提取一段文字，是做转场页最简单、便捷的方式，如图3-32所示。

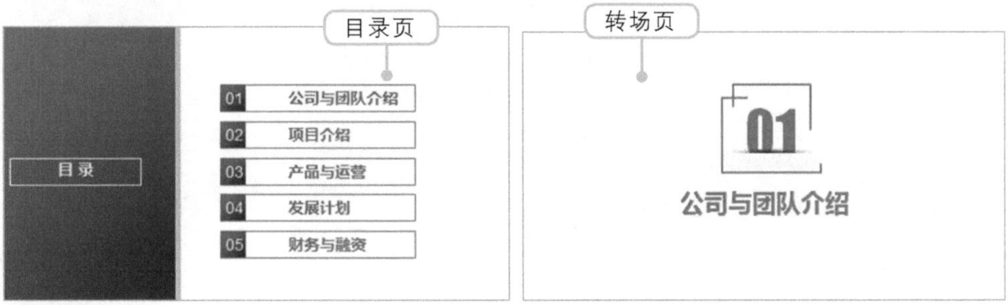

图3-32　从目录中提取文字

- 突出显示当前内容：对于列表样式的目录页，可以为文本增加字号或使字体颜色变淡，从而突显当前内容，还可以为当前内容添加底纹。图3-33所示为更改了字号和字体颜色，并增加一个蓝色色块的转场页。

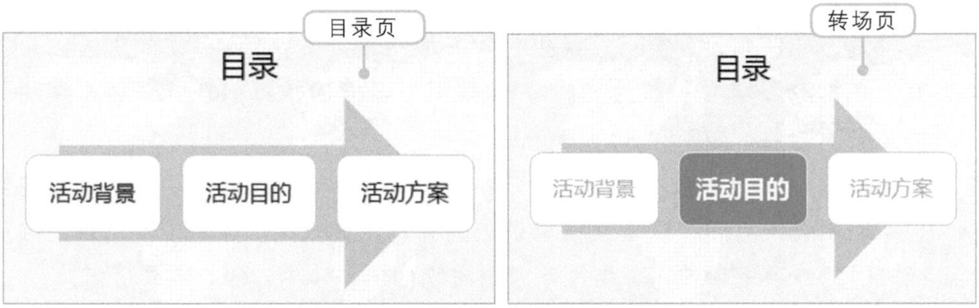

图3-33　突出显示当前内容的转场页

- 放大目录中的图片：如果在目录中应用了图片，那么，在设计转场页时，可以将图片放大作为转场页的背景，然后在图片上添加透明色块，这样就可以轻松制作一个与目录风格一致的转场页了，如图3-34所示。

高手点拨

在设计幻灯片的转场页时，除了采用图片+透明色块的模式外，还可以添加一些形状边框，如矩形边框、倒三角形边框、椭圆边框等，来增加幻灯片的趣味感和艺术感。

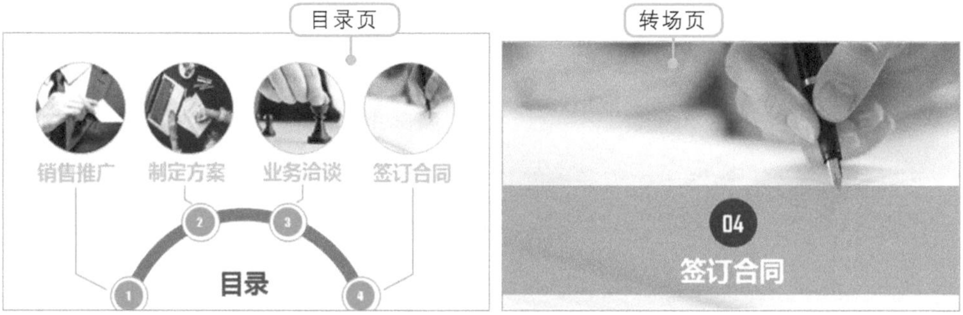

图3-34　放大目录中图片的转场页

3.2.5　锦上添花的结束页

在构思或制作PPT时，可能会花很多时间去设计一个封面，但有时却忽视了PPT结束页的重要性。很多时候，PPT结束页都会采用最常见的结尾方式（如谢谢、谢谢大家、谢谢聆听、谢谢观赏、THANKS、Thank you等）简单带过。这种过于同质化的结束页，自然使观众对结尾“漠不关心”。那么，PPT的最后一页都能做什么呢?

PPT结束页的设计与PPT的风格密切相关。比如，展示的是一份报告型的PPT，观众都是一些领导、客户，那么，这种类型PPT的最后一页就不适合设计为搞笑、趣味风格。下面介绍几种不同风格PPT结束页的设计效果。

- 演讲型PPT：演讲型PPT是平时我们接触比较多的类型，主要包括自我介绍、产品推广、毕业答辩等。对于自我介绍型的PPT，在一开场的时候就向别人展示自己的信息，但经过十多分钟的演讲后，别人可能没有记下或者忘记了你的名字等信息，因此，建议在PPT的最后一页加上个人信息及联系方式来加深观众的印象，如图3-35所示。
- 报告型PPT：报告型PPT一般常用于个人工作情况总结和公司的年度报告等，内容通常都是对公司遇到的机遇与挑战、公司业绩的展示、个人发展情况的说明之类的信息。此时，PPT结束页应多用一些鼓励或展现凝聚力的话语，也可表达个人对明年的期望，如图3-36所示。

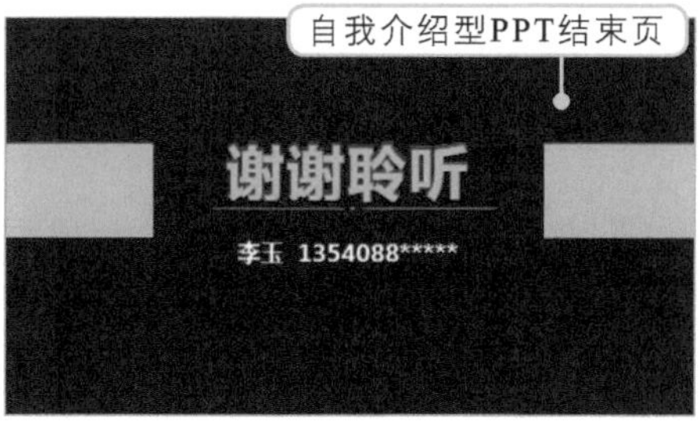

图3-35　演讲型PPT结束页

图3-36　报告型PPT结束页

3.3 PPT排版设计误区

PPT排版是PPT设计中最重要的组成部分之一，它不仅是将漂亮的字体放在适合的背景上这么简单。设计出优秀的版面也不是一件易事，过于注意细节或过于突出重点都不行。下面为大家总结了PPT排版中常见的几个误区供参考。

3.3.1 拥挤的文字

拥挤的文字，这是很容易忽略的一种错误，字间距过于拥挤会降低文字的可读性。有的字体本身会比较稀疏，或者过于紧凑，需适当调整至易于阅读的状态，如图3-37所示。通过“字体”对话框中的“字符间距”选项卡，可以调整字符之间的距离。

图3-37　不同字符间距的对比

3.3.2 密集的段落

行间距也是影响可读性的重要因素，过于紧凑会难于识别，而一味地拉开间距会在视觉上产生不好的效果。一般将行间距设置为1.2~1.5倍。图3-38所示为不同行距的对比效果。

调整行距的方法为：在“段落”组中单击“行距”下拉按钮，在弹出的下拉列表中选择所需行距选项即可。如果提供的行距不能满足设计需求，则可以选择“行距选项”命令，在打开的“段落”对话框中进行自定义设置，如图3-39所示。

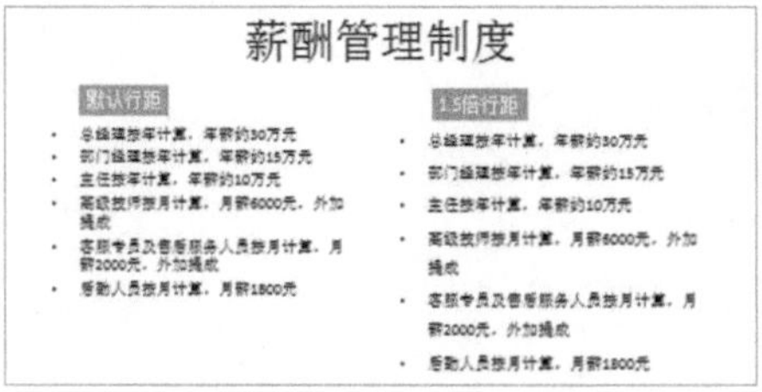

图3-38　不同行距对比效果

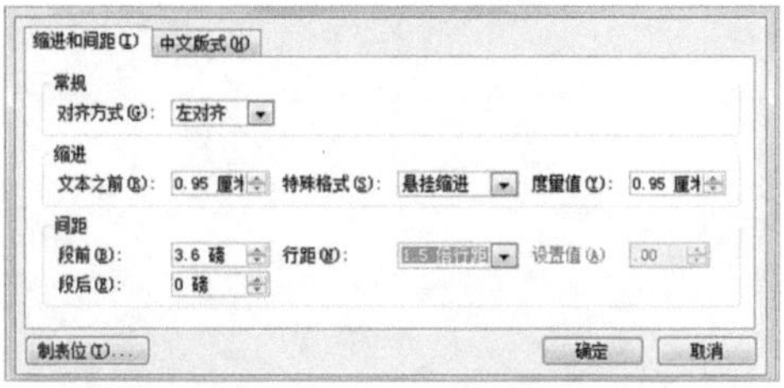

图3-39　缩进与段间距的设置

3.3.3 忽视可读性

影响幻灯片中文本可读性的因素很多，例如，在黑色的背景上采用白色的字体，对比就很明显，从而能保证其可读性。但如果字体过于纤细，视觉上的辨识度就很低，又或者在很亮的图片上直接输入文字也是无法识别的，如图3-40所示。

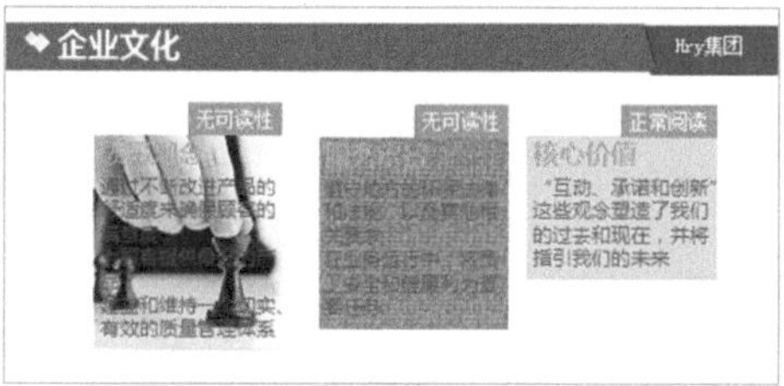

图3-40 可读性差的幻灯片页面

高手点拨

背景色是影响文本阅读的主要因素之一，除此之外，文本的颜色也会影响可读性。一般情况下，正文的文本不宜使用太纯的颜色，特别是大红色、大黄色等，显得过于鲜艳又刺眼。这一点大家在制作幻灯片时应特别注意。

3.3.4 藏头露尾

“藏头”通常是指在幻灯片内容页中，第一行文字的前面几个文字比其他行文字更长，这时如果不是文字内容特别重要，会显得突兀。一般在PPT中，所有行的文字内容都是对齐的，即需要“藏头”。

“露尾”是指段落最后仅有一两个词构成的短行情况，非常不美观。此时，最好的解决方案是微调段落宽度、间距，使之不单独成行或列。图3-41所示为短行与正常行的对比效果。

图3-41 短行与正常行的对比效果

3.3.5 过度强调

在制作幻灯片时，有时会通过对文字采取倾斜、加粗、加下划线、增大字号、更改字体颜色等方式强化部分内容，让重点从整个设计中脱颖而出。但是切记不要将所有的强调方式都用在同一个段落中，否则会让幻灯片看起来凌乱不堪，完全找不出重点。图3-42所示为过度强调与正常突出重点的对比效果。

图3-42　过度强调与正常突出重点的对比效果

3.4 提高PPT排版效率

细节决定成败，在设计PPT的过程中，很多平常容易忽视的细节，往往会降低效率。这也是为什么别人花两个小时就能完成的PPT，而有些人却要花两天的时间。下面将分享一些PPT排版的小技巧，通过这些小技巧可以提高PPT的制作效率。

3.4.1 格式刷的妙用

PPT中有把超实用的刷子——格式刷。PPT格式刷可以将某个对象所设置的格式应用到另一个对象上。单击一次格式刷只能用一次；如果双击格式刷，便可以重复使用，取消时按【Esc】键就可以了。

下面将通过统一幻灯片中文字的字体格式为例来介绍格式刷的使用方法，具体操作如下。

扫一扫观看视频

STEP 01 启动PowerPoint 2010软件，新建一个空白演示文稿，在第1张幻灯片中的标题占位符和副标题占位符中输入文本内容，如图3-43所示。

STEP 02 将标题文本的字体格式设置为“思源黑体 CN Regular、38”，选择设置后的标题占位符，也可以选择该占位符中的文本，然后单击【开始】/【剪贴板】组中的“格式刷”按钮，如图3-44所示。

图3-43　在幻灯片中输入文本

图3-44　单击“格式刷”按钮

STEP 03 将鼠标指针移至幻灯片中的副标题上，此时，鼠标指针右侧会出现一个刷子形状，表示进入格式复制状态，单击副标题，即可将标题文本的字体格式自动复制到副标题文本上，效果如图3-45所示。

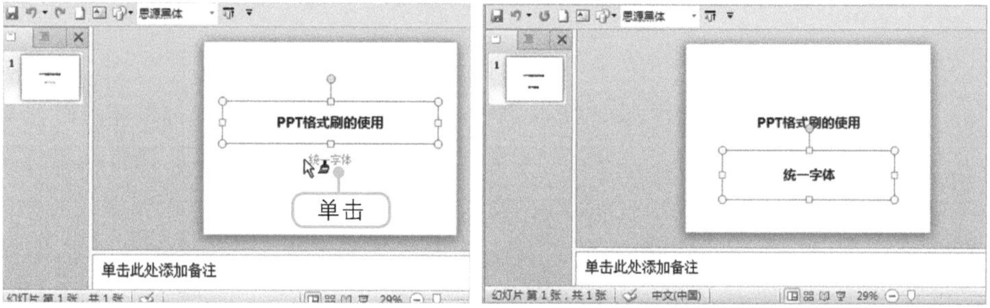

图3-45　应用标题字体格式

3.4.2　利用母版进行全局修改

PPT中的母版和版式功能十分好用，一次编辑永久使用，可以最大限度地减少重复编辑操作。除此之外，母版的操作与普通视图下对幻灯片的操作是完全一样的，唯一的区别是，编辑后的母版可以实现统一幻灯片风格的效果。

利用母版对幻灯片进行全局修改的操作很多，如统一幻灯片背景、插入幻灯片编号和日期、统一字体等。

1. 统一幻灯片背景

幻灯片背景的统一将直接影响整个PPT是否具有统一的效果。下面以图片作为幻灯片背景为例，介绍如何在母版中统一幻灯片背景，具体操作如下。

扫一扫观看视频

STEP 01 启动PowerPoint 2010软件，新建一个空白演示文稿，在【视图】/【母版视图】组中单击“幻灯片母版”按钮，如图3-46所示。

STEP 02 此时，进入母版视图编辑状态，选择左侧列表中的第1张幻灯片，单击“背景”组中的“背景样式”下拉按钮，在弹出的下拉列表中选择“设置背景格式”命令，如图3-47所示。

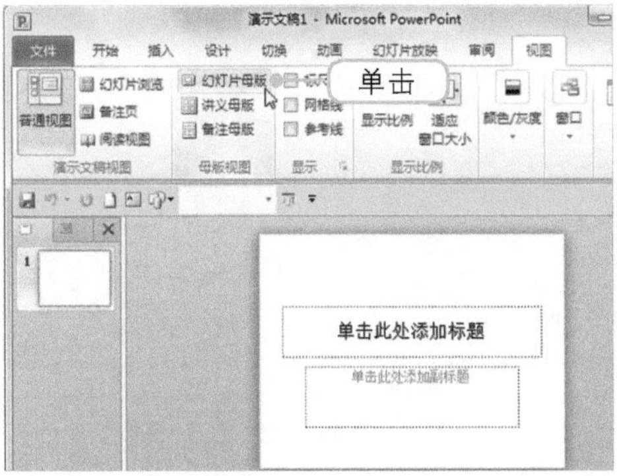

图3-46 进入母版视图

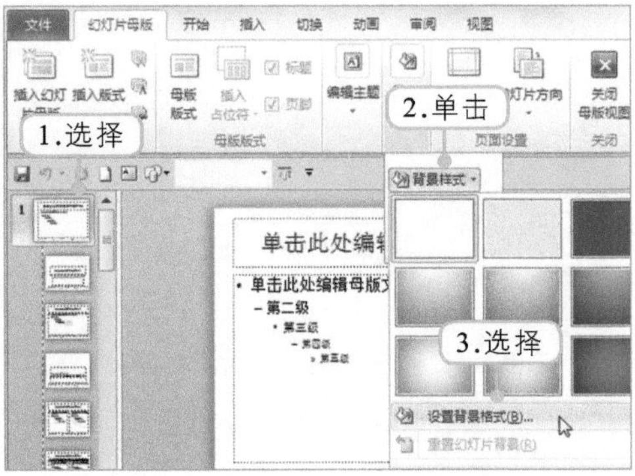

图3-47 设置背景格式

高手点拨

进入母版视图后，默认情况下选择的是第2张幻灯片，第2张幻灯片是标题幻灯片，一般用于封面和封底；第1张幻灯片是母版幻灯片，对其设置格式后将应用于所有幻灯片；第3张幻灯片是内容幻灯片，可根据编辑内容自行设定。

STEP 03 打开“设置背景格式”对话框，在“填充”选项卡中选中“图片或纹理填充”单选按钮，然后单击“文件”按钮，如图3-48所示。

STEP 04 打开“插入图片”对话框，选择“幻灯片背景.jpg”选项（素材参见：素材文件\第3章\幻灯片背景.jpg），然后单击“插入”按钮，如图3-49所示。

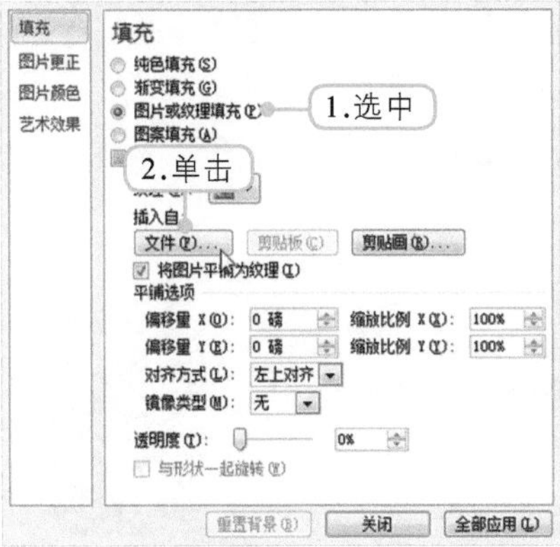

图3-48 插入文件

图3-49 选择背景图片

STEP 05 返回“设置背景格式”对话框，在“透明度”数值框中输入“70%”，然后单击“关闭”按钮，如图3-50所示。

STEP 06 返回母版视图，其中所有的幻灯片都应用了选择的背景图片。关闭母版视图，进入普通视图模式，单击“幻灯片”组中的“版式”按钮，在弹出的下拉列表框中可以查看统一幻灯片背景后的效果，如图3-51所示。

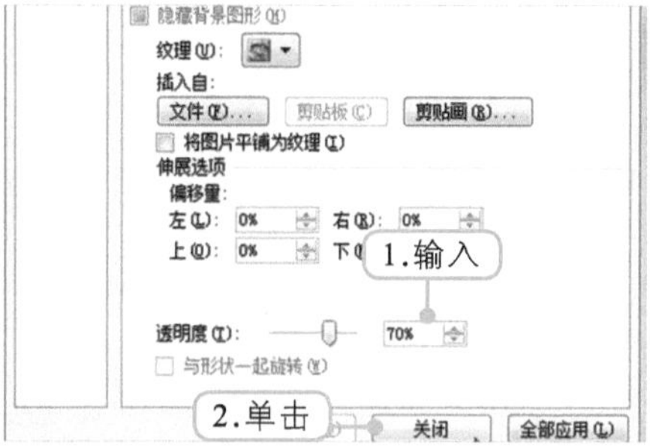

图3-50　设置背景图片的透明度

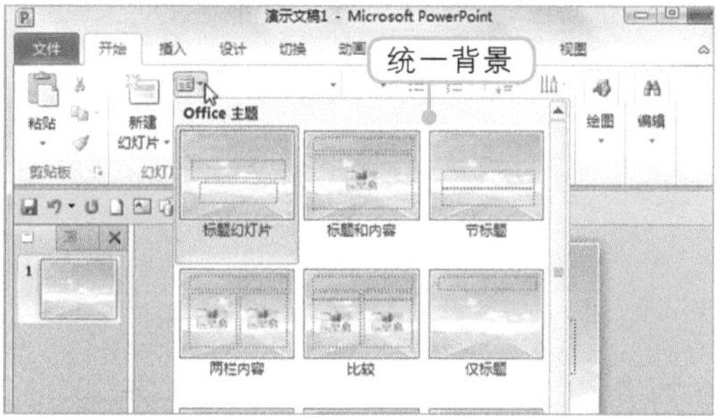

图3-51　查看统一幻灯片背景的效果

2. 统一添加日期与时间、页脚和幻灯片编号

默认情况下，幻灯片的日期和时间会显示在幻灯片左下角，页脚内容会显示在幻灯片下方的中间位置，幻灯片编号一般显示在幻灯片右下角。根据需要，可以利用母版为幻灯片统一添加这些对象，并可调整它们的位置。下面介绍实现的方法，具体操作如下。

STEP 01 打开素材文件“公司简介.pptx”（素材参见：素材文件\第03章\公司简介.pptx），在【视图】/【母版视图】组中单击“幻灯片母版”按钮，进入幻灯片母版编辑状态。

扫一扫观看视频

STEP 02 选择页脚文本框，将其移到幻灯片右上方，适当美化字体格式，这里将其设置为“思源黑体 CN Regular，12，加粗”，如图3-52所示。

STEP 03 选择日期与时间文本框，将其移到幻灯片左下方，将字体设置为与页脚相同的格式，如图3-53所示。

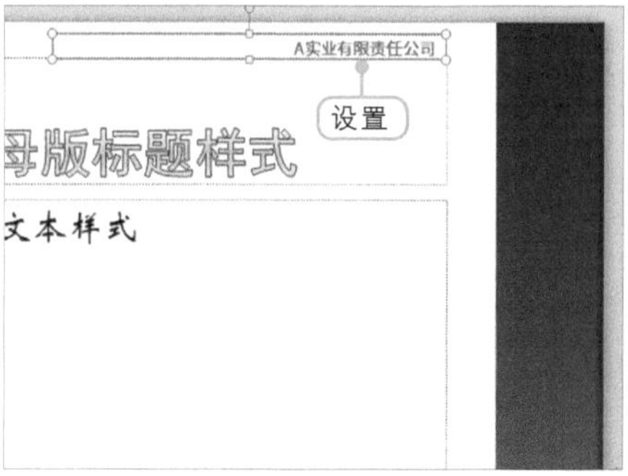

图3-52　设置页脚

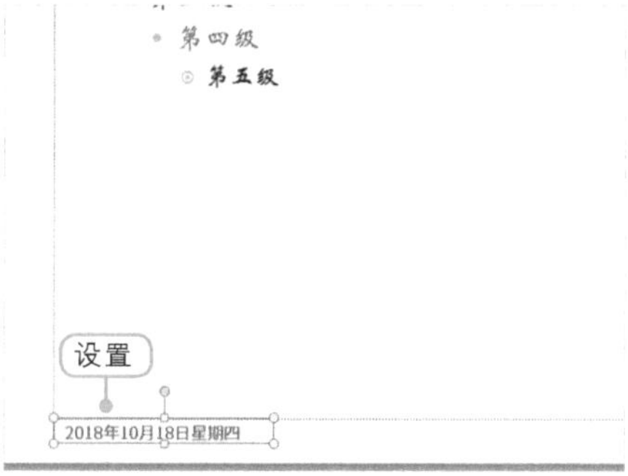

图3-53　设置日期与时间

STEP 04 选择编号文本框，将其移到幻灯片右下方，将字体设置为“Arial，16，白色”，如图3-54所示，然后按【Esc】键退出幻灯片母版视图。

STEP 05 在【插入】/【文本】组中选择“日期和时间”复选框 ☑日期和时间(D)，打开“页眉和页脚”对话框，选中其中的4个复选框，在“自动更新”单选项下的下拉列表框中选择图3-55所示的日期格式，在“页脚”复选框下方的文本框中输入“宣传企划部”，单击“全部应用”按钮。

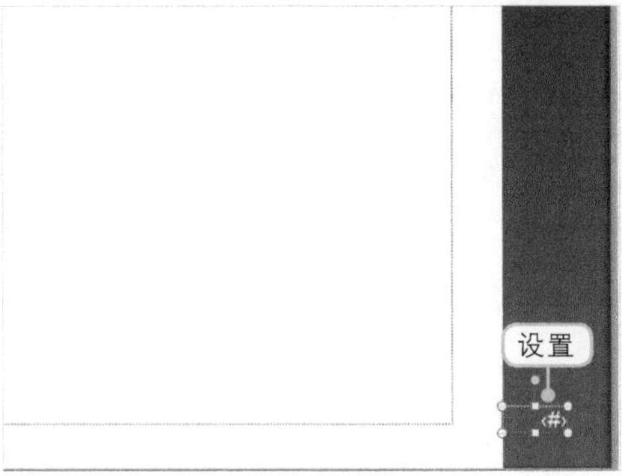

图3-54 设置编号

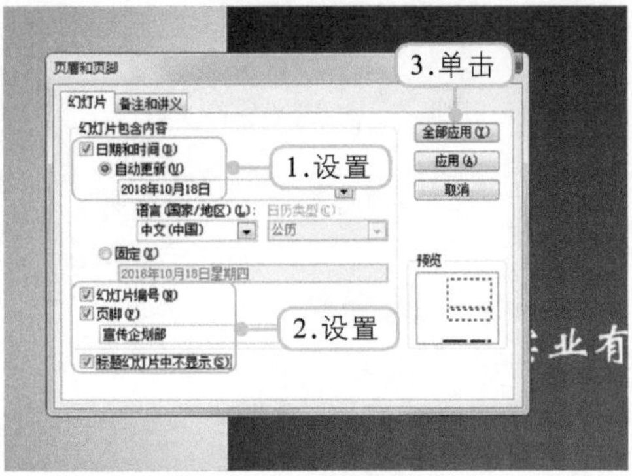

图3-55 插入对象

STEP 06 此时除标题幻灯片以外，其他幻灯片都将应用设置的日期与时间、页脚和编号对象，如图3-56所示。

图3-56 插入后的效果

3. 统一字体

PPT中如果涉及多级字体，往往会为了区别不同级别而将其设置为不同的字体格式。此时就可以充分利用幻灯片母版功能快速进行设置，使不同级别的文本可以自动调整为修改后的字体格式。其设置方法为，进入幻灯片母版视图，选择左侧幻灯片窗格中的第1张幻灯片，在右侧编辑窗口中选择对应的文本对象，如标题、正文、第二级正文、第三级正文等，然后分别设置它们的字体格式，如图3-57所示，完成后退出幻灯片母版即可。

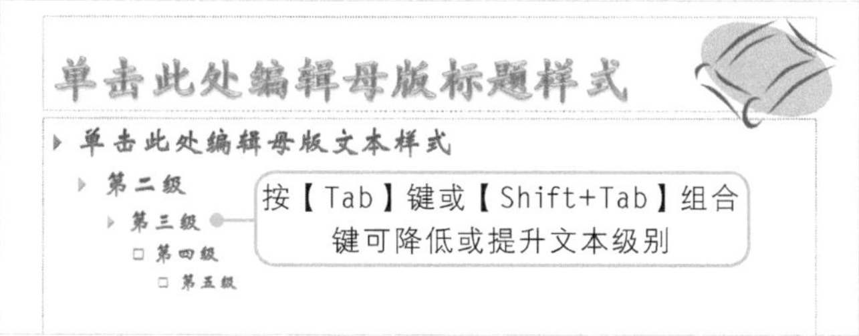

图3-57　设置不同级别的字体格式

3.4.3　网格线的作用

使用网格线，在制作PPT时将有利于排版，并提高工作效率。例如，调整某一对象在PPT中的位置时，使用键盘上的方向键进行调整不仅有偏差，而且效率不高。此时便可借助PPT的网格线这一辅助工具，精确调整对象在PPT中的位置和大小。

下面介绍在PPT中使用网格线实现图形精确定位的方法，具体操作如下。

STEP 01 打开“网格线的使用”演示文稿（素材参见：素材文件\第03章\网格线的使用.pptx），此时，整个页面显得不整齐。在【视图】/【显示】组中选中“网格线”复选框，显示网格线，如图3-58所示。

扫一扫观看视频

STEP 02 拖动幻灯片中的相框，按网格线显示的位置进行精确移动。当移动相框时，幻灯片中会显示智能向导参考线，如图3-59所示。智能向导参考线为一条虚拟线条，用于指示对齐对象的位置。

图3-58　显示网格线

图3-59　利用网格线移动相框

STEP 03 继续通过网格线来移动幻灯片中的其他相框，精确调整位置后，撤销选中“显示”组中的“网格线”复选框，最终效果如图3-60所示。

图3-60 移动相框后的效果

高手点拨

在【视图】/【显示】组中单击“展开”按钮，打开“网格线和参考线”对话框，在“网格设置”栏中可以设置网格的大小和间距，同时还可以选择是否在屏幕上显示网格。

3.4.4 参考线的作用

参考线是PowerPoint 2010中的一个辅助工具，它不仅可将同一个页面上相同级别的对象进行快速对齐，而且还可以对齐不同页面上的元素。下面将利用参考线把多张图片裁剪成统一的尺寸，具体操作如下。

STEP 01 启动PowerPoint 2010后，在新建的空白演示文稿中将幻灯片版式更改为“空白”。

STEP 02 在【视图】/【显示】组中选中“参考线”复选框，此时，空白幻灯片上将显示水平和垂直两条参考线，如图3-61所示。

扫一扫观看视频

STEP 03 将鼠标指针定位至水平参考上，按住【Ctrl】键的同时，按住鼠标左键不放向上移动至幻灯片中5.00所在的位置，然后释放鼠标，即可复制出一条水平参考线，如图3-62所示。

STEP 04 按照相同的操作方法，在幻灯片中继续复制一条水平参考线，位置显示在幻灯片下半部分的5.00处。

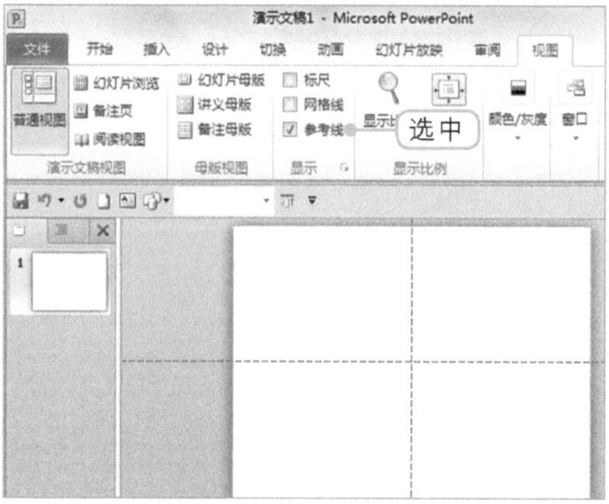

图3-61 显示参考线

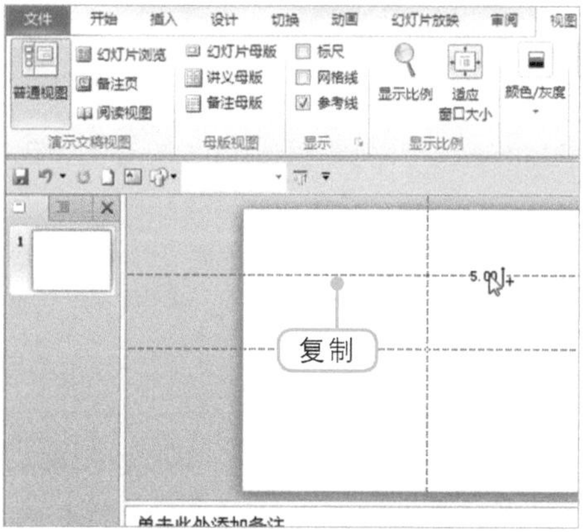

图3-62 复制水平参考线

STEP 05 将鼠标指针定位至垂直参考线上，按住鼠标左键不放，向右拖动至11.60所在的位置后再释放鼠标，移动垂直参考线的位置，如图3-63所示。

STEP 06 按照复制水平参考线的方法，在幻灯片页面中的4.00处复制一条垂直参考线，如图3-64所示。

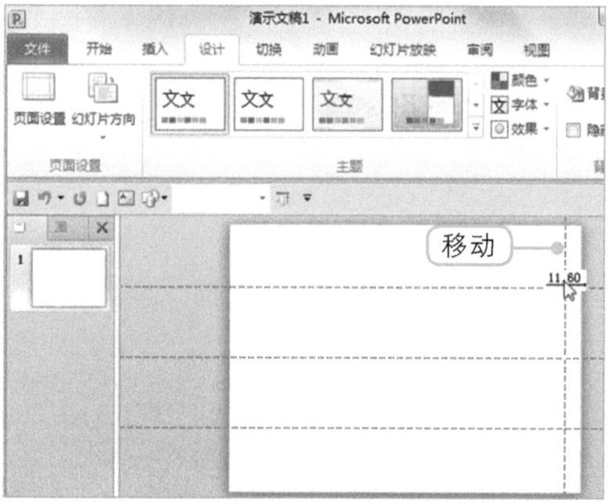

图3-63 移动垂直参考线

图3-64 复制垂直参考线

高手点拨

当幻灯片中出现多条参考线时，对于一些不再使用的参考线可以将其删除。删除方法为，将幻灯片中需要删除的参考线拖动至编辑区域之外。

STEP 07 继续在幻灯片页面中的11.60和4.00的位置处分别复制两条垂直参考线，如图3-65所示。

STEP 08 在【插入】/【图片】组中单击“图片”按钮，如图3-66所示。

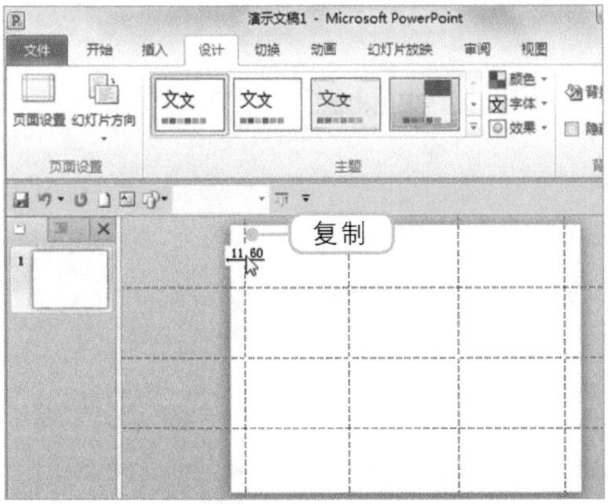

图3-65　复制垂直参考线

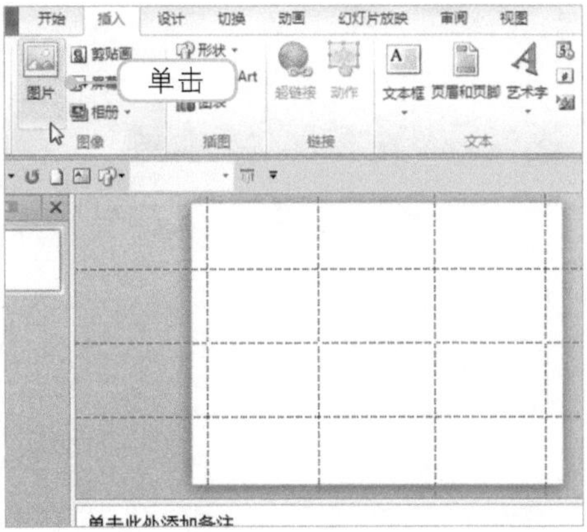

图3-66　插入图片

STEP 09 打开“插入图片”对话框，选择“图片1.jpg”选项（素材参见：素材文件\第03章\图片1.jpg），然后单击“插入”按钮，如图3-67所示。

STEP 10 将插入图片的左上角拖动至参考线的方框处，然后单击【图片工具 格式】/【大小】组中的“裁剪”按钮，进入图片裁剪状态，对应参考线的位置对图片进行裁剪，如图3-68所示。裁剪好形状后，还可以通过移动图片来调整图片的显示位置。

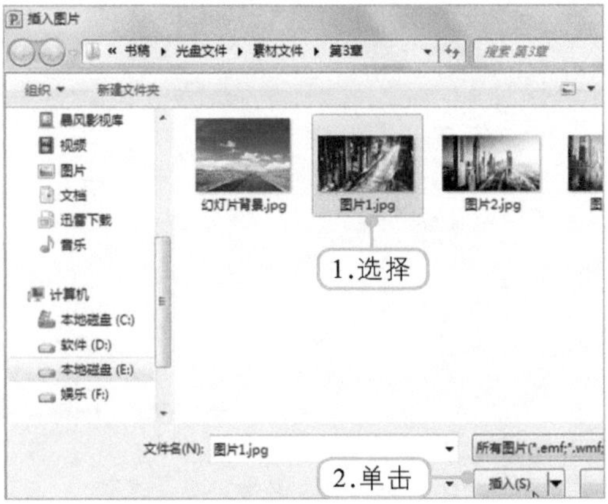

图3-67　选择要插入的图片

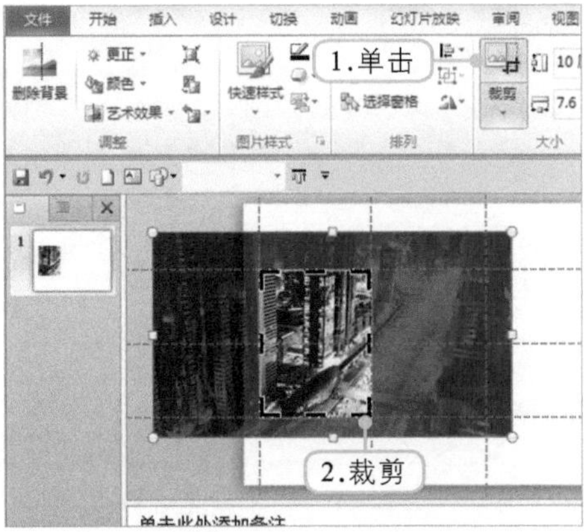

图3-68　沿参考线裁剪图片

STEP 11 按照相同的操作方法，继续在幻灯片中插入素材文件“图片2.jpg”和“图片3.jpg”，然后将图片沿参考线进行裁剪，如图3-69所示。

STEP 12 按住【Shift】键的同时选择插入的3张图片，然后在【图片工具 格式】/【图片样式】组中单击“图片边框”下拉按钮，在弹出的下拉列表中选择“主题颜色”栏中的“白色，背景1”选项，如图3-70所示。

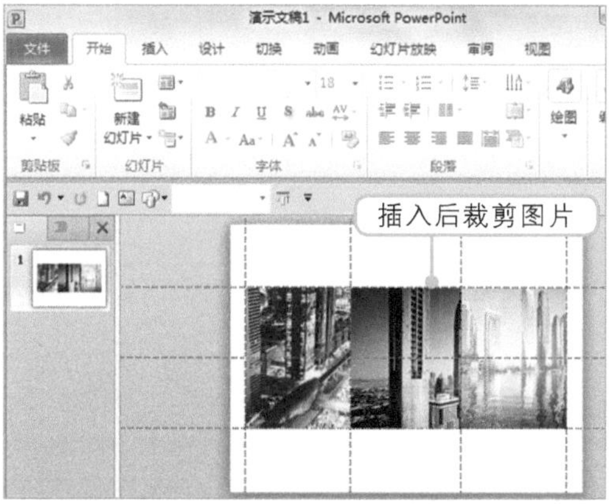

图3-69　插入图片并裁剪

图3-70　设置图片边框颜色

STEP 13 在【设计】/【背景】组中单击“背景样式”下拉按钮，在弹出的下拉列表中选择“样式12”选项，为幻灯片添加背景样式，如图3-71所示。

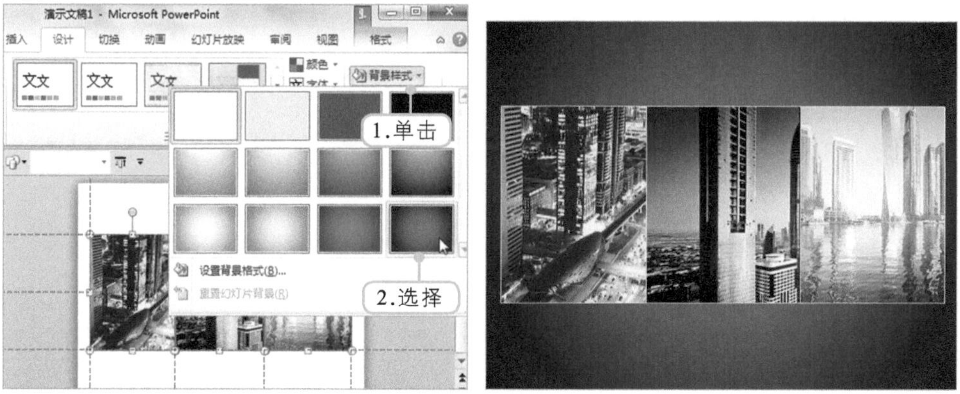

图3-71　为幻灯片添加背景

3.4.5　排列与组合

PPT同样有层级的概念，使用排列和组合，可以实现PPT元素层级的管理。我们会发现，一些优秀的PPT经常利用各种图形的组合制作出令人惊奇的立体效果，PPT的这种效果主要是通过图形的排列和组合实现的。

下面将通过在幻灯片中的某一段文字下增加一个背景色块来介绍排列与组合对象的方法，具体操作如下。

扫一扫观看视频

STEP 01 启动PowerPoint 2010后，打开演示文稿“排列与组合”（素材参见：素材文件\第03章\排列与组合.pptx）。

STEP 02 在快速访问工具栏中单击“形状”下拉按钮，在弹出的下拉列表中选择“矩形”栏中的“矩形”选项，如图3-72所示。

STEP 03 沿幻灯片的边框绘制一个高度为“14.5厘米”、宽度为“17.3厘米”的矩形，并在“形状样式”组中将绘制的矩形边框设置为“无”，将填充颜色设置为“橙色”，如图3-73所示。

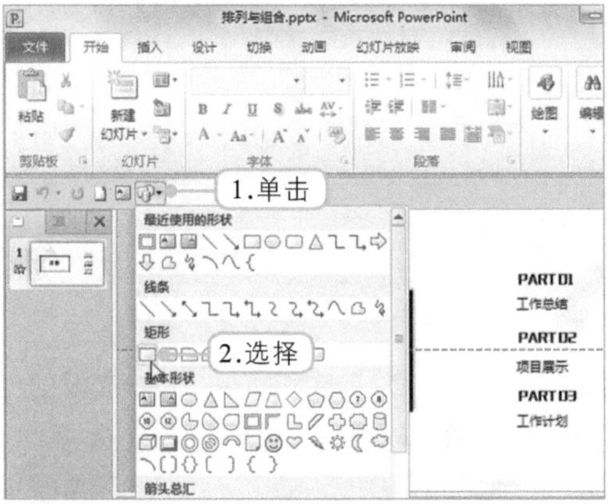

图3-72 选择要绘制的形状

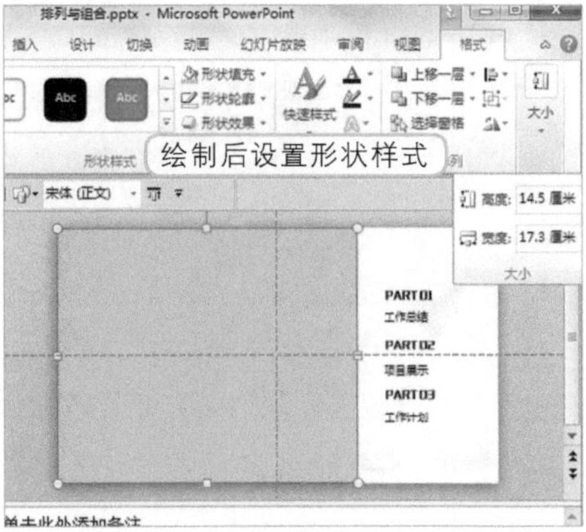

图3-73 绘制并设置矩形

STEP 04 此时，绘制的矩形遮挡了幻灯片中的部分文本。若要将其重新显示，应在【绘图工具 格式】/【排列】组中单击“下移一层”按钮，图3-74所示为被遮挡后的形状，再次单击“下移一层”按钮即可将文本“目录”显示出来。

STEP 05 按住【Shift】键的同时加选矩形、文本框、图文框3个对象，然后单击“排列”组中的“组合”下拉按钮，在弹出的下拉列表中选择“组合”选项或直接按【Ctrl+G】组合键，如图3-75所示，将多个对象组合在一起。

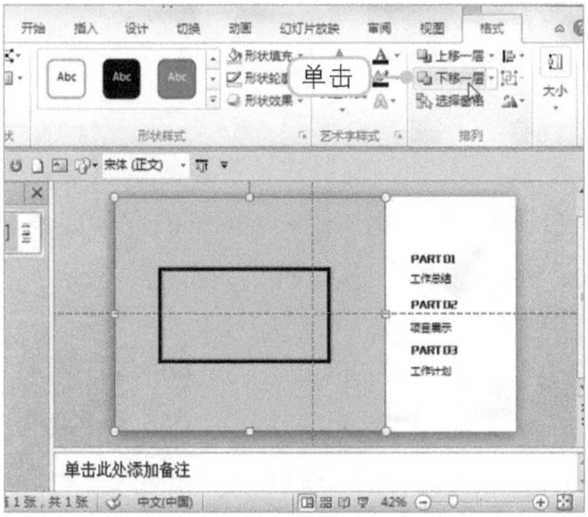

图3-74 调整对象的排列层次

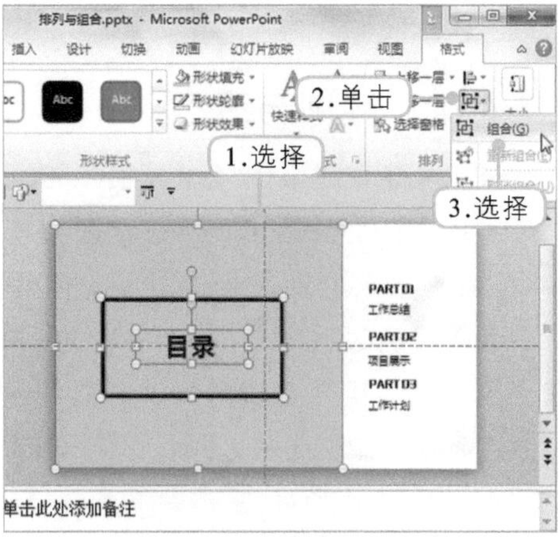

图3-75 组合对象

高手点拨

当幻灯片中添加的层太多时，可以通过“选择和可见性”移动窗格中层的顺序来改变层的层级，也就是排列顺序。打开移动窗格的方法为，在【开始】/【绘图】组中单击“排列”按钮，在弹出的下拉列表中选择“放置对象”栏中的“选择窗格”选项，即可打开“选择和可见性”移动窗格。

3.5 拓展课堂

下面主要介绍PPT版式设计和PPT排版误区的相关拓展知识。

1. 封面与目录版式赏析

封面页和目录页是制作PPT时不可缺少的元素。下面分别提供了两种不同的设计版式供大家参考，如图3-76所示，希望可以给大家带来一点设计灵感。

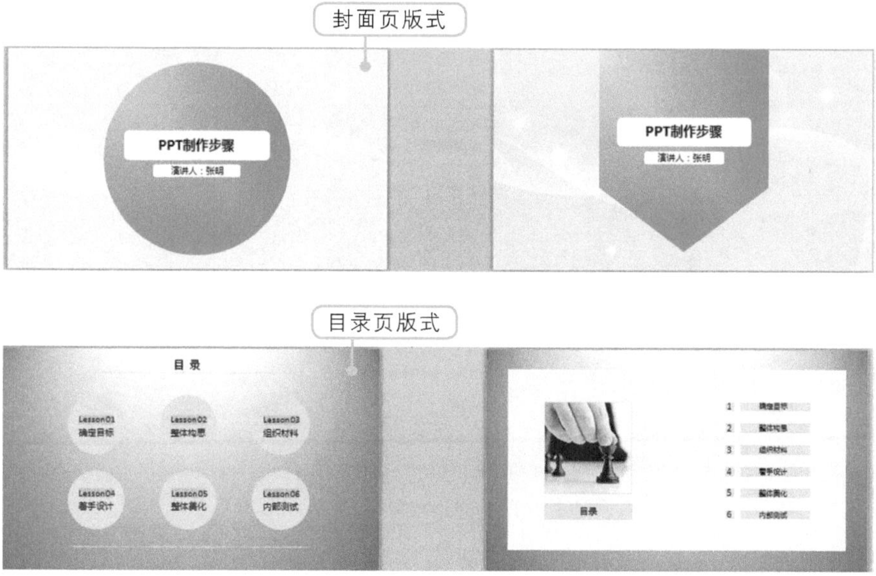

图3-76　封面页与目录页版式

2. PPT排版误区分析

在PPT排版设计中，一不小心就会触碰很多误区，除了前面介绍的几个日常PPT设计中容易碰到的排版问题外，下面再补充介绍两个误区。

- 添加特殊效果：一般情况下，为幻灯片中的字体添加特效是个不错的思路，但也要考虑是否恰当。许多自带的字体特效，如3D字体、大阴影、扭曲特效，都可能会让页面看起来过于花哨。图3-77所示为不同特效字体的对比效果，大家应当多对比，从而选择适合的字体特效，不可随意添加。

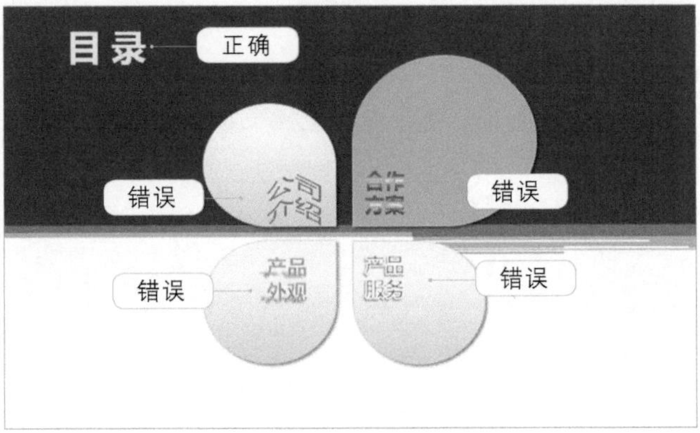

图3-77　错误的字体特效

- **不合理的拉伸与压缩：**图片、文字等元素没有按照原始比例拉伸或者压缩而造成非正常的扭曲和形变，也是常见的设计误区，如图3-78所示。要避免这个问题并不难，即应当尽量在保持比例的前提下控制长或者宽等单个的元素变化。最简单的操作方法为，按住【Shift】键的同时进行拉伸或压缩，便可按照原始比例来设定元素。

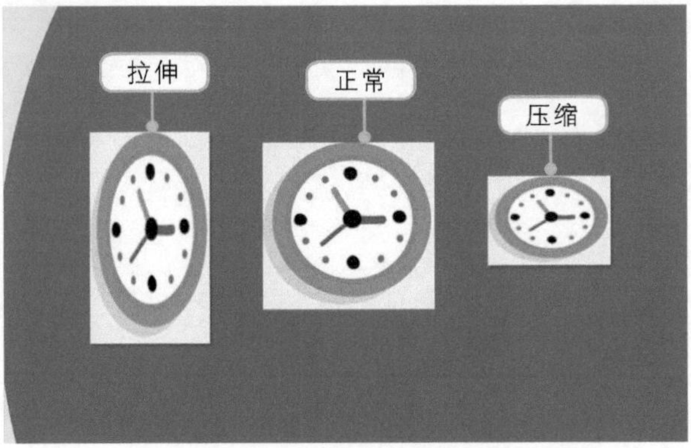

图3-78　不合理的拉伸与压缩

第04章

PPT的卓越之本——配色

本章导读

PPT演示是一门视觉沟通的艺术，色彩在其中的分量举足轻重，但在使用过程中，用户往往不知道该如何进行配色。如果随意搭配或者使用过于复杂的颜色，做出来的PPT就会显得非常丑陋，不协调。

作为普通的职场人士，绝大部分人员既没有接受过专业的美术训练，也没有学习过设计，所以对于PPT的配色方法不知如何下手。其实只要掌握一些使用的配色方法和技巧即可满足大部分PPT的配色需求，而无须探究其色彩原理。本章将通过配色原则、配色方法及配色技巧几个方面来介绍PPT高效配色的基本方法。

4.1 色彩入门知识

色彩是能引起大家共同审美的、感受的、最为敏感的形式要素。每种颜色都有属于自己的声音，很难用理性的角度去分析和阐述。下面将从色彩的分类、色彩的三大要素、色彩名词3个方面着手，去分析色彩，读懂色彩，让色彩帮设计师说话。

4.1.1 色彩的分类

丰富多彩的颜色，一般可以分为无彩色和有彩色两大类，前者如黑、白和各种不同层次的灰色，后者如红、黄、蓝等。

- 无彩色：是指黑色、白色和由黑色及白色调合形成的各种深浅不同的灰色。无彩色按照一定的变化规律，可以排成一个系列，由白色渐变到浅灰、中灰、深灰直到黑色，色度学上称此为黑白系列。
- 有彩色：是指红、橙、黄、绿、青、蓝、紫等颜色。不同明度和纯度的红、橙、黄、绿、青、蓝、紫色调都属于有彩色系。

4.1.2 色彩的三大要素

理解和运用色彩之前，掌握、归纳、整理色彩的原则和方法是至关重要的。其中最主要的是掌握色彩的属性。有彩色系的颜色具有3个基本特性，即色相、纯度（也称彩度、饱和度）、明度。

- 色相：色相是有彩色的最大特征，其是指能够比较确切地表示某种颜色色别的名称，如橘黄、翠绿、玫瑰红等。12基本色相按照光谱顺序依次分为红、红橙、橙、黄橙、黄、黄绿、绿、蓝绿、蓝、蓝紫、紫、红紫，如图4-1所示。

图4-1　12基本色相环

- **纯度（饱和度）：** 纯度是指色彩的纯净程度，它表示颜色中所含有色成分的比例。含有色彩成分的比例愈大，则色彩的纯度愈高；反之，色彩的纯度就愈低。随着纯度的降低，图片就会变为黯淡的、没有色相的效果。当纯度降到最低时就会失去色相，变为无彩色。图4-2所示为图片的纯度由高降低，直至降到零时图片的变化效果。

图4-2　图片纯度由高到低的变化效果

- **明度：** 明度是指色彩的光亮程度，所有的色彩都具有自己的光亮。色彩的明度可以分为同一色相的不同明度和各种颜色的不同明度两种类型。其中，同一色相的不同明度，如同一种颜色在强光照射下显得明亮，在弱光照射下显得较灰暗模糊，如图4-3所示。

图4-3　图片明度由低到高的变化效果

高手点拨

每一种纯色都有与其相应的明度。12色相中，黄色明度最高，蓝、紫色明度最低，红、绿色为中间明度。此外，色彩的明度变化往往会影响到纯度，如红色加入黑色以后明度会降低，同时纯度也会降低；如果红色添加白色，则明度提高，但纯度却降低了。

4.1.3 色彩名词

在进行配色时，经常会听到互补色、对比色、邻近色等名称，那么，这些名词是什么意思呢？它们之间有何联系？下面将详细介绍各名词的含义，并在色环上标注常用名词“对比色”“互补色”“邻近色”所处的位置，如图4-4所示。

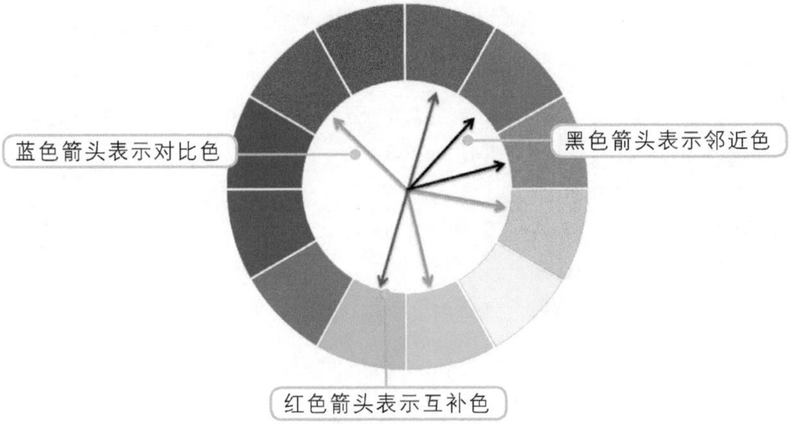

图4-4 常用名词所处位置

- 二次色：红、绿、蓝三原色按1：1的比例两两混合而成。
- 三次色：红、绿、蓝三原色按2：1的比例两两混合而成。
- 对比色：色相环中相隔120°～150°的任何3种颜色。一般情况下，幻灯片的背景和前景色可以采用这种组合。
- 互补色：色相环中相距180°的两个色相，就称为互补色。如红与绿、黄与蓝。互补色是对比最强烈的色彩组合，给人视觉刺激。如果搭配不当，容易产生生硬、浮夸的效果。此外，互补色的特征之一是，RGB色的数值相加后为“255.255.255”，也就是白色。
- 邻近色：色相环中，凡在60°范围之内的颜色都属于邻近色的范围，如红色和红橙。将同类色进行组合，色相间的色彩倾向近似，色调统一和谐，感情一致。
- 类似色：色轮上90°内的颜色统称为类似色。如黄—黄绿—绿、蓝—蓝紫—紫等均为类似色。

4.2 PPT配色两大原则

配色是一门大学问，也一直是职场人制作PPT的一大难题。PPT的配色就像是一道壁垒横跨在美与丑之间。图4-5所示为两种不同的配色效果对比图。通过对比不难发现，左边的PPT页面让人眼花缭乱；而右边的PPT则平和自然，让人心旷神怡。为什么会出现这么大的反差呢？关键在于PPT色彩的应用。下面将对PPT的配色原则进行简要介绍。

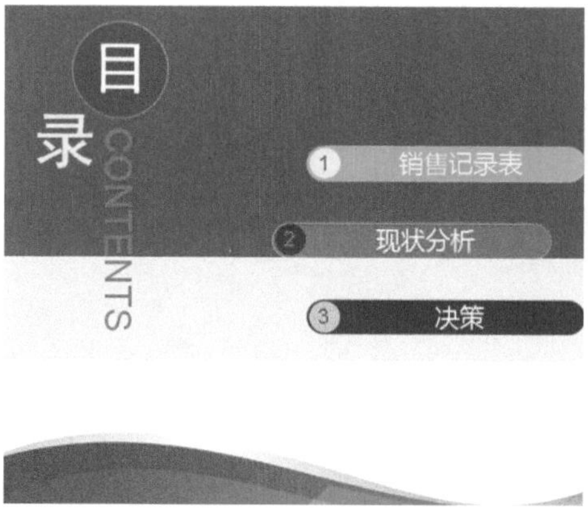

图4-5　PPT配色对比图

4.2.1　不超过3种颜色原则

在平面设计中，颜色搭配的好坏将会直接影响作品品质的高低。同理，在PPT制作中，颜色搭配的好坏也会直接影响PPT的档次。

一般情况下，工作型PPT的风格是专业、严谨的，此类幻灯片的整体颜色搭配最好不要超过3种，太多的颜色不仅给人花哨轻浮的感觉，而且还会使观众失去阅读的兴趣，不利于信息的传达。当然，对于一些特定的行业（如广告传媒、创意设计等），设计PPT时应用的颜色可能超过3种，但其使用的颜色仍然是有规律的，绝不是任意使用。

4.2.2　主色、辅色、点缀色原则

在制作PPT时，如果需要用到多种颜色，一定要明确主色、辅色和点缀色。主色、辅色和点缀色之间有严格的面积相对关系，一旦确定下来，PPT中的每张幻灯片都应该遵循这种关系，否则就会显得杂乱无章。

- 主色：在幻灯片色彩中占据主角地位的颜色，便称之为主色。主色的特点是面积最大，主宰整体画面的色调。依据主色的色相、饱和度和亮度的不同，相应地带给观众的第一感觉也就不一样。图4-6所示的作品中面积最大的色彩无疑就是主色，因此，该作品的主色即为“蓝一灰”，对应的RGB值为“80.90.100”。

图4-6　PPT的主色

高手点拨

当幻灯片中的色彩面积相同时，饱和度高，即通常所理解的颜色重的那一方将被视为画面的主色。例如，就饱和度高的青色和明度高的黄色而言，在二者面积相等的情况下，饱和度高的青色会显得重一些、力量更大一些，此时青色就被视为主色。

- **辅色：** 辅色最主要的作用是突出主色，其次是用于过渡、平衡色彩，丰富色彩层次等。辅色在强调和突出主色的同时，还必须符合设计所需要传达的风格，这样才能最大化地体现出辅色的作用和意义。图4-7所示的这张幻灯片，其主色为蓝色，而黄色则作为辅色，黄与蓝是互补色，两种颜色放置在一起，形成一种强烈的视觉上的对比。

图4-7　PPT辅色

- **点缀色：** 点缀色顾名思义就是为了点缀画面而存在的。点缀色可以是一种色彩，也可以是多种色彩，但是不及辅色对主色的作用那么强。点缀色面积最小，起到装饰版面的作用，可为画面增添丰富的效果，比如强调标题等。图4-8所示的这张幻灯片中的点缀色为几何图形所使用的蓝色，在这里起到突出点缀的作用，能很好地引起观众的阅读兴趣。

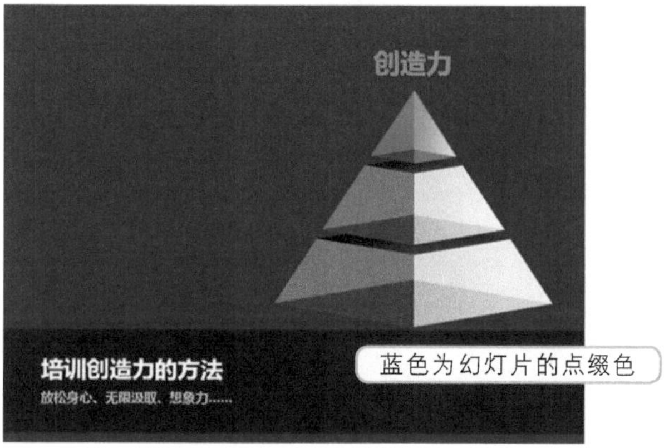

图4-8　PPT点缀色

4.3 实用方法搞定PPT配色

一份美观、合格的PPT，该如何进行配色才能让人感觉到协调和舒服呢？下面将介绍几种实用的PPT配色方法，从而高效地完成配色操作。

4.3.1　PPT常用配色方案

PPT中色彩的搭配是最没头绪而且最容易出错的部分，下面将介绍4种常用的配色方案供大家参考，如图4-9所示。

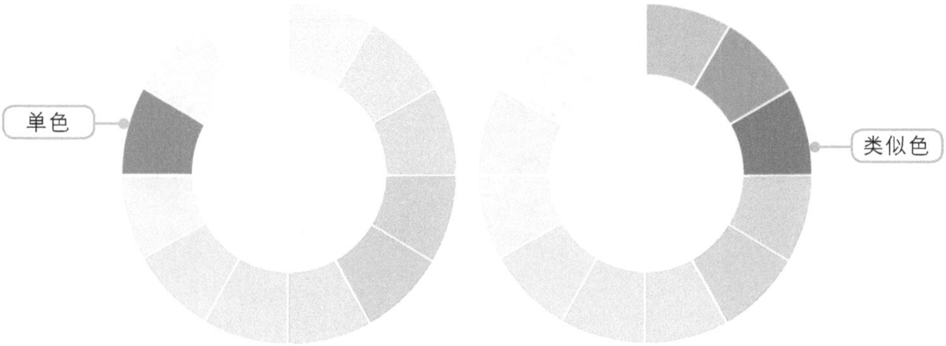

图4-9　常用配色方案

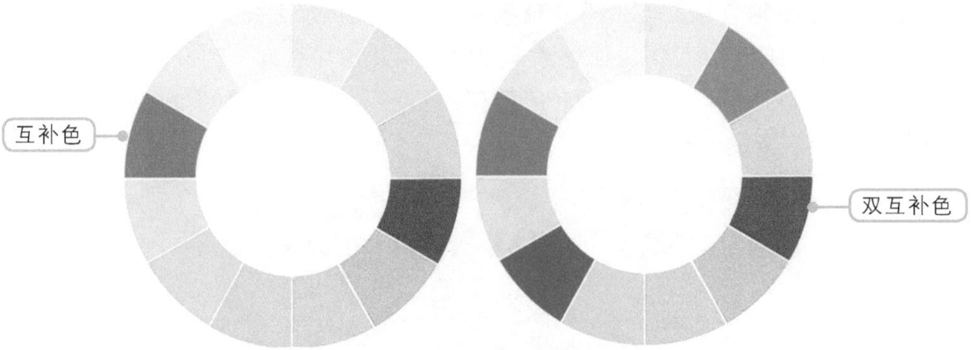

图4-9　常用配色方案（续）

- 单色搭配：单色搭配是指把一系列色相相同、饱和度和亮度不同的颜色搭配起来，这是一种相对安全和谐的配色方法。图4-10所示为单色搭配效果，幻灯片中只有一种颜色“深红”（除黑、白、灰外），适当应用单色系可以使页面简洁专业，制作省时、省力。

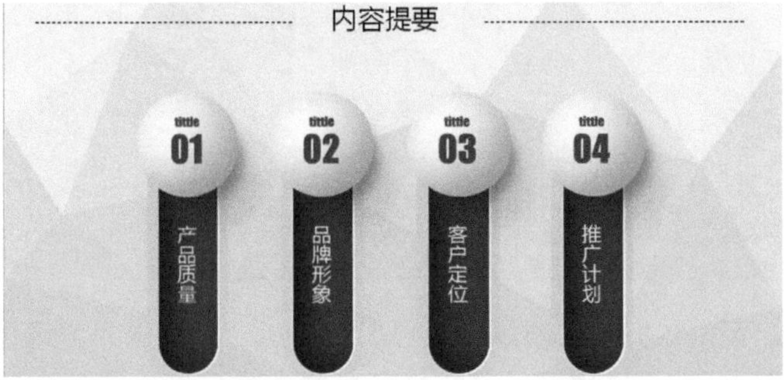

图4-10　单色搭配效果

- 类似色搭配：以相邻或相接近的两个或两个以上的色调进行搭配，便是类似色搭配。该配色方法的特征是，色调与色调之间的差异极其微小，较同一色调有变化，不易产生呆滞感。图4-11所示为类似色搭配效果，该幻灯片使用了3颜色，即深蓝、蓝色、淡蓝。

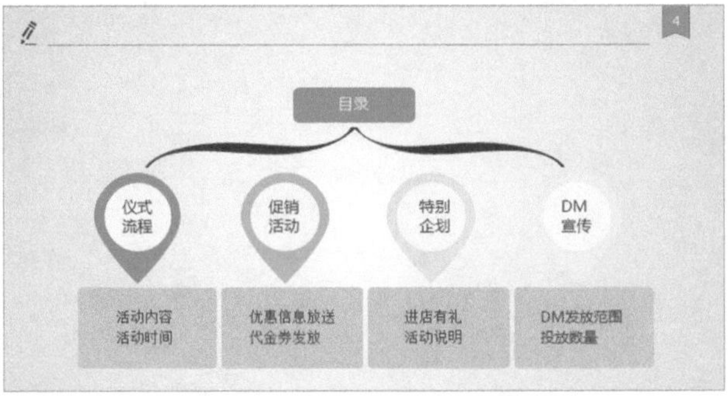

图4-11　类似色搭配效果

- **互补色搭配：** 色相环上相对的两种色彩的搭配即为互补色搭配，如红色和绿色。注意，用互补色的时候一定要有主次，用的比例和分量要有所差别，最佳搭配方式为一种颜色作为主色，另一种颜色则用于强调。图4-12所示为互补色搭配效果，该幻灯片中主色为“绿色”，辅色为“红色”，这种配色在色差上形成强烈的对比，吸引观众注意力。

图4-12　互补色搭配效果

- **双互补色搭配：** 双互补色是指两个相邻色和它们的互补色。用这种组合的时候，注意不要用明亮度太高的色彩。图4-13所示为双互补色搭配效果。

图4-13　双互补色搭配效果

4.3.2　选取PPT主色和辅色

设计PPT的色彩存在主色和辅色之分。其中，PPT主色是视觉的冲击中心点，是整个画面的重心，其明度、大小、饱和度都直接影响到辅色的存在形式及整体的视觉效果；而PPT辅色则在整体的画面中起到平衡主色的冲击效果和减轻观众产生的视觉疲劳等作用。

下面将通过分析素材文件来提取PPT的主色和辅色。首先利用一个工具——网页版的Adobe Color CC 来分析并确定主色，然后提取PPT的辅色，其具体操作如下。

STEP 01 启动IE浏览器，在地址栏中输入网址后，按【Enter】键进入Adobe Color CC网页。

扫一扫观看视频

STEP 02 单击网页左上角的“汇入影像”按钮，打开“打开”对话框，选择要分析的素材文件“香蕉.jpg”（素材参见：素材文件\第04章\香蕉.jpg）后，单击“打开”按钮，返回Adobe Color CC网页。此时，根据素材文件自动提取了5种颜色。由于整个PPT是对香蕉进行推广宣传，所以，黄色便是最具有代表性的颜色，也是整个PPT的主色。这里选择第3种颜色“深黄”RGB（192.163.5）作为PPT的主色，如图4-14所示。

STEP 03 确定PPT的主色后，单击Adobe Color CC网页中的“色轮”按钮，在“变更Color调和”下拉列表中选择“类比”选项，此时，配色工具会根据已选择的深黄色自动搭配出其他4种颜色。这4种颜色不需要全部应用到PPT中，可以选择最左侧的“绿色”RGB（173.205.5）作为辅色，如图4-15所示。

图4-14 选择PPT的主色

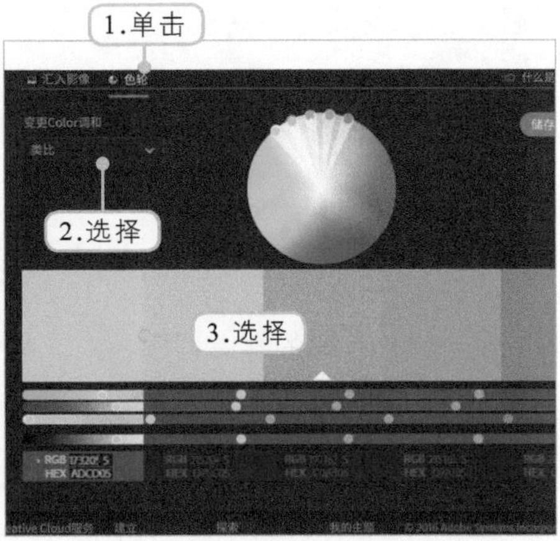

图4-15 选择PPT的辅色

STEP 04 打开素材文件“色彩搭配”演示文稿（素材参见：素材文件\第4章\色彩搭配.pptx），选择第1张幻灯片标题占位符中绘制的两个小的长方形，然后单击“形状样式”组中的“形状填充”下拉按钮，在打开的下拉列表中选择“其他填充颜色”命令，如图4-16所示。

STEP 05 打开“颜色”对话框，切换到“自定义”选项卡，在“颜色模式”下拉列表框中选择“RGB”选项，然后依次在“红色”“绿色”“蓝色”数值框中输入确定的辅色“绿色”的RGB值，即“173.205.5”，最后单击

“确定”按钮，如图4-17所示。

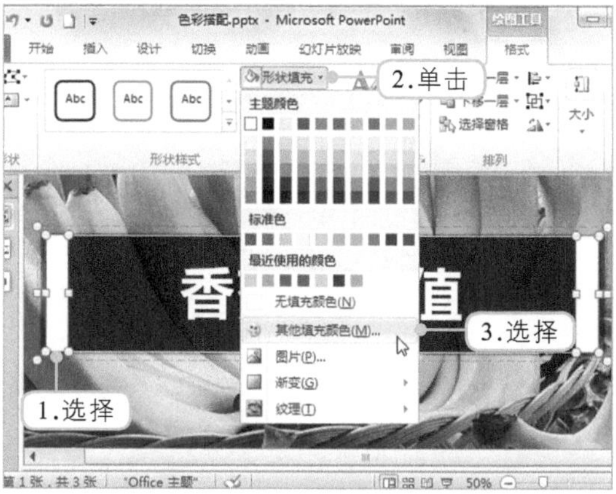

图4-16　为形状填充辅色

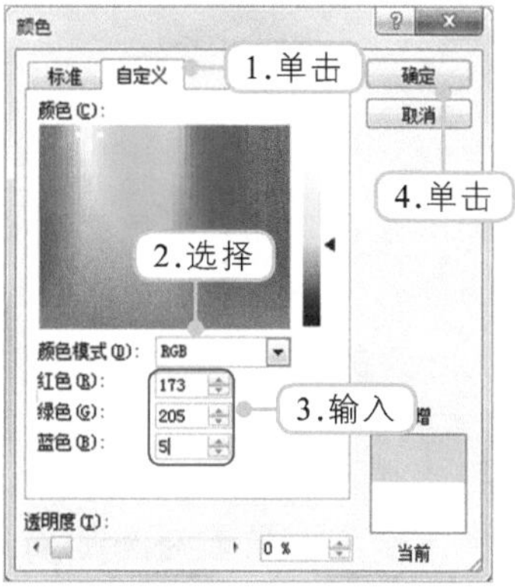

图4-17　输入辅色RGB值

小知识栏

在对PPT进行配色时，除了我们熟悉的RGB色系外，在“颜色”对话框中的“颜色模式”下拉列表框中还有HSL色系。HSL色系中的“H（Hue）”表示色相，即色彩的相貌；“S（Saturation）”表示色彩的鲜艳程度，也称色彩的纯度；“L（Lum）”表示色彩的亮度，越亮越接近白色。

STEP 06 选择第2张幻灯片中的长方形，打开“颜色”对话框，在“自定义”选项卡的“颜色模式”下拉列表中选择“RGB”选项，然后依次在“红色”“绿色”“蓝色”数值框中输入确定的主色“深黄”色的RGB值，即“192.163.5”，最后单击“确定”按钮，如图4-18所示。

STEP 07 按照相同的操作方法，将第3张幻灯片中的标题文字“介绍”和标题左侧的小长条，以及正文中的关键字“食疗价值：”“营养价值：”“医用价值：”的填充颜色设置为主色“深黄”色，效果如图4-19所示。

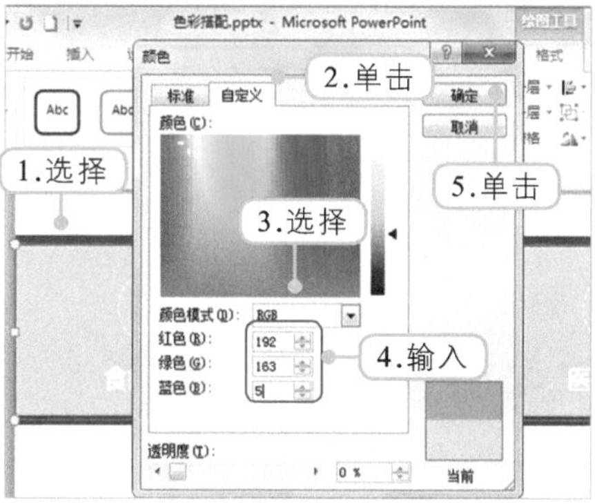

图4-18　为形状填充主色

图4-19　为文字和形状填充主色后的效果

4.4 灰色的使用秘笈

讲了这么多的颜色，可能有的读者会产生疑问：黑、白、灰去哪了？这3种色又叫无彩色，除此之外的颜色都是有彩色。灰色没有属于自己的色相和饱和度，只有明度，介于黑色和白色之间。下面将简单介绍灰色在PPT设计过程中作为背景和普通元素的使用方法。

4.4.1 灰色作为背景

灰色作为背景能够有效烘托其他元素，特别是作为灰白渐变背景，效果更好。图4-20所示为应用灰白渐变效果的前后对比。

图4-20　应用灰白渐变背景的前后效果

4.4.2 灰色作为普通元素

在设计幻灯片内容页时，一般情况下会将不重要的部分进行灰色处理，以突出重要元素。当然，在特殊情况下，灰色也有其独特的表现能力，如灰色的文字、图表、色块等。

- 灰色的文字：在幻灯片中将灰色文字与其他颜色一起使用，可以增加文字的层次感。灰色文字与红色文字的搭配可以体现文字阅读的顺序与节奏，如图4-21所示。

图4-21　灰色文字效果

- 灰色的图表：在图表中，可将不重要的部分或过去时态的内容以灰色表示，将现在（将来预测）的内容以主题色突出，这样便可以一目了然，如图4-22所示。

- 灰色的色块：在多个并列关系中，对关键信息使用灰色进行突出显示，既能简单烘托出主要信息，又不刺眼，如图4-23所示。

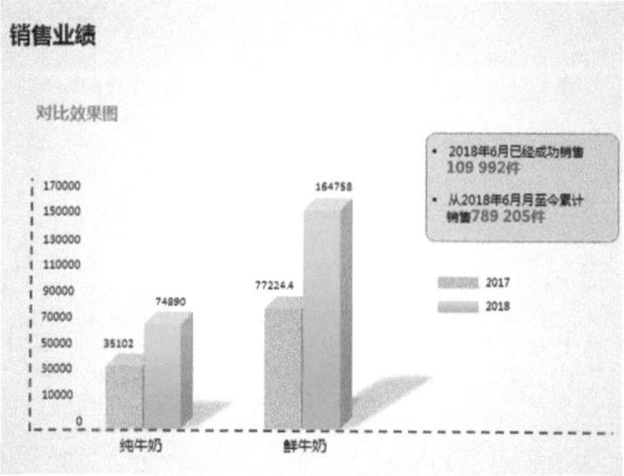

图4-22　灰色图表效果

图4-23　灰色色块效果

4.5 PPT配色技巧

前面已经介绍了有关PPT配色的知识，下面将介绍一些实用的PPT配色技巧，让用户设计出的PPT更专业，赏心悦目。

4.5.1　根据企业Logo配色

一个企业的形象视觉体系，可体现在Logo的设计、办公室装修设计风格、宣传画册等各个方面。所以，PPT配色也要与公司的VI体系一致，而不能随意地选用颜色。

图4-24所示为某公司的Logo标志。该标志应用了红、蓝、灰3种颜色，在这几种色彩中该怎么确定主色、辅色呢？如何添加点缀色呢？由于该公司是一个充满活力的公司，并且传递的是活力、开放、明快、朝气、有科技含量等理念，因此选择“蓝色”作为公司PPT的主色最为恰当，灰色作为辅色。最后，可以使用红色进行点缀。

图4-24　某公司的Logo标志

下面将通过对公司Logo进行配色，来讲解对幻灯片进行整体配色的方法，具体操作如下。

扫一扫观看视频

STEP 01 在IE浏览器的地址栏中输入网址后，按【Enter】键进入Adobe Color CC网页。

STEP 02 单击网页左上角的“汇入影像”按钮，打开“打开”对话框，选择要分析的素材文件“Logo.jpg”（素材参见：素材文件\第04章\Logo.jpg）后，单击“打开”按钮，返回Adobe Color CC网页。此时，网页中根据素材文件自动提取了5种颜色，这里选择第3种颜色“蓝色”（RGB值为“134.205.240”）作为PPT的主色，如图4-25所示。

STEP 03 单击网页左上角的“色轮”按钮，在显示的网页中查看辅色和点缀色的RGB值，如图4-26所示。由于PowerPoint 2010中没有取色器功能，因此在提取Logo中的颜色时，使用Adobe Color CC网页是最方便的。同时，还可以利用该网页选择相应的互补色、类似色等。

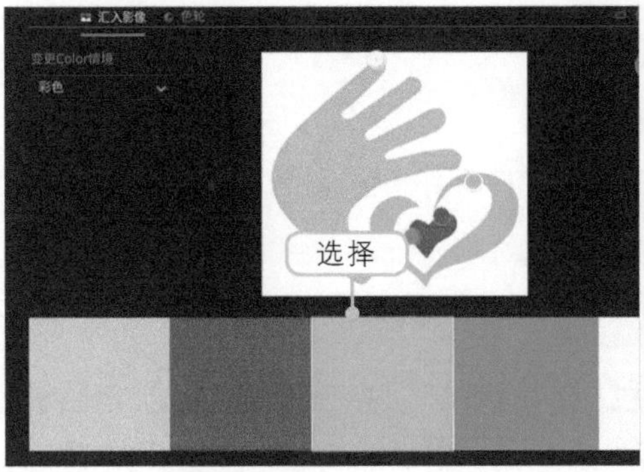

图4-25 提取PPT主色

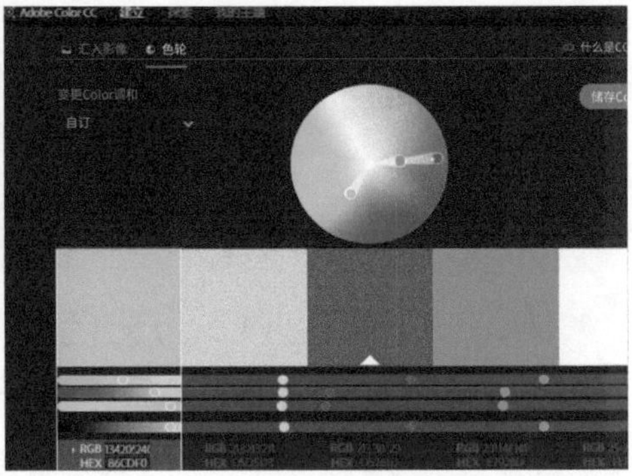

图4-26 查看各种配色的RGB值

STEP 04 打开素材文件“利用Logo配色.pptx”演示文稿（素材参见：素材文件\第04章\Logo配色.pptx），如图4-27所示。由于幻灯片的整体色调以绿色为主，与公司Logo的颜色完全不一致，因此，需要重新进行配色。

STEP 05 幻灯片中大范围使用的色彩，一般用于色块和标题的填充，这里将“企业宣传方案”文本所在的色块填充为主色——蓝色（RGB值为“134.205.240”），然后将绿色色块填充为辅色——灰色（RGB值为“213.213.211”），最后将幻灯片顶端的5个正圆和底端的文本填充为点缀色——红色（RGB值为“213.213.211”），最终效果如图4-28所示。

图4-27　配色前的幻灯片

图4-28　配色后的幻灯片

高手点拨

利用“绘图工具 格式”选项卡，将某一张幻灯片中的形状或文字填充颜色后，如果想对其他幻灯片中的形状或文字应用相应的颜色，可以在选择要设置的对象（如文字）后，在“格式”选项卡的“艺术字样式”组中单击“文本填充”下拉按钮，在打开的下拉列表框中的“最近使用的颜色”栏中，会自动显示最近使用过的10种颜色，选择其中的颜色便可应用与其他文本相同的颜色。

4.5.2　根据表达主题配色

当没有固定的配色模板可用，需要自己进行颜色搭配时，PPT所表达的主题就是最重要的配色依据。根据表达主题配色分以下两步进行。

（1）明确色调。首先应确定使用红色还是蓝色做主色调，是选冷色调还是暖色调。不同的表达主题适用不同的色调，比如，商业等场合通常适合用冷色调，如图4-29所示；婚礼等场合则适合用暖色调，如图4-30所示。此外，主题也具有一定的行业属性，不同行业也有自己的色调属性，比如，科技、建筑、信息等行业适用冷色调；广告、金融、文化等行业则适用暖色调。当然，上述色调的选择也不是绝对的，用户可根据自己的需求进行搭配。

图4-29　冷色调幻灯片

图4-30　暖色调幻灯片

（2）选择配色思路。最常见的配色方案包括单色搭配、类比色搭配、对比色搭配，具体可参见4.3.1小节中的内容。

4.6 拓展课堂

下面主要介绍PPT配色规范的拓展知识。

1. 文字颜色与背景色的搭配

为了保障幻灯片的背景色不影响内容的识别，文字颜色与背景色之间需要存在一定的对比差异。如果背景色为白色，那么采用纯黑色的文字，效果最佳，采用蓝色的文字，效果也不错，但千万不能采用黄色的文字。图4-31所示为选择不同颜色的文字后幻灯片呈现的对比效果。

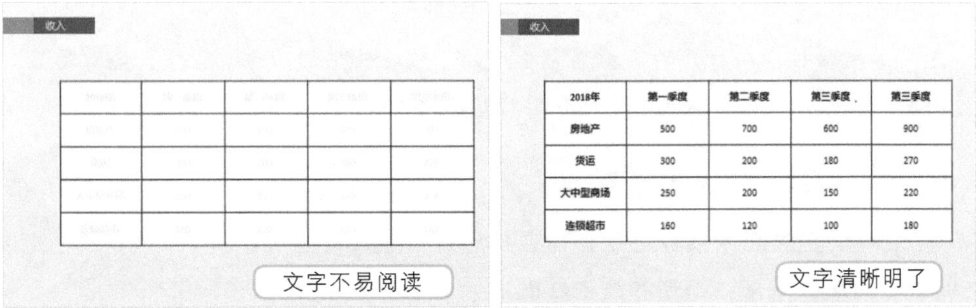

图4-31　文字颜色与背景色对比

高手点拨

在对幻灯片中的背景色和文字颜色进行选择时，为增强幻灯片的阅读性可以按以下方式进行匹配。如果幻灯片背景色为白色，那么可以选择黑色、蓝色、红色的文字进行匹配；如果幻灯片背景色为黑色，则可以选择白色、黄色、橙色的文字进行区配；如果幻灯片背景色为黄色，则可以选择蓝色、黑色、红色的文字进行匹配。

2. 用颜色区分重点与非重点内容

在对幻灯片中内容的主次进行划分时，一般不建议采用多种不同的颜色来区分，而应当利用同一色调的不同深浅进行区分。图4-32所示为采用不同颜色区分与采用同一色调的不同深浅进行区分的对比效果。另外，建议同一张幻灯片中所使用的颜色最好不要超过3种，过多的颜色会让人眼花缭乱。

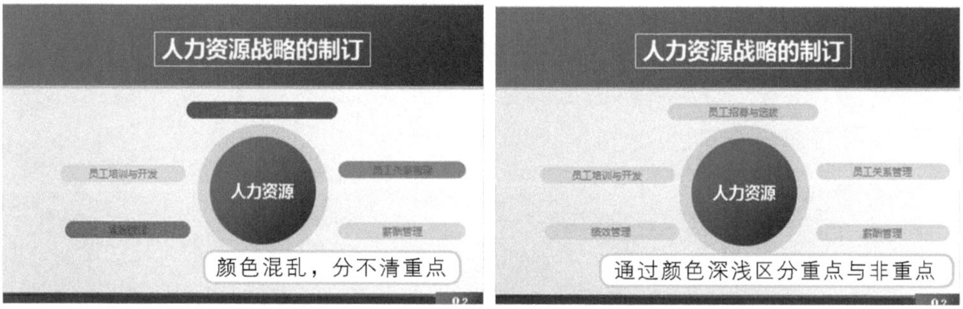

图4-32 采用不同方式区分主次的对比效果

3. 用颜色区分逻辑关系

在同一张幻灯片中，为避免出现逻辑混乱，逻辑相关联的内容应采用同一种颜色，不同的内容则采用不同的配色。图4-33所示为幻灯片中逻辑主次的区分对比效果。

图4-33 正确区分逻辑关系的对比效果

4. 如何快速实现PPT配色

一个好的PPT，除了语言精练、逻辑清晰外，其色彩搭配必然是让人赏心悦目的。如果整个幻灯片的颜色搭配杂乱无章，不仅会影响PPT的美观性，而且还会影响其品质。下面将介绍3种配色方法来实现PPT的快速配色。

- 借鉴配色法：对没有美术基础的设计者来说，配色是十分困难的，如果搭配不好，就会影响整个PPT的制作效果。在为PPT配色时，最好应用PowerPoint 2010系统提供的配色方案。若提供的配色方案不能满足需要，则可学习、借鉴一些优秀演示文稿中的配色方案，这样才不会因配色而降低整个PPT的质量。
- 场合配色法：配色并不是越绚丽越专业，那么怎样的配色才是正确无误的呢？首先要符合演讲场合的氛围，比如，在娱乐或非正式场合可以使用色彩缤纷的配色，如图4-34所示；而在正式场合则应使用现代、庄重的配色。其次要符合演讲主题，比如，与儿童相关的主题可以使用清新可爱的配色，如图4-35所示，而家具展示主题则可以使用现代极简的配色。

图4-34　非正式场合PPT

图4-35　符合儿童主题的PPT

- **网站学习法：** 为PPT进行配色时可借鉴的方案很多，不仅可以学习一些优秀演示文稿里的配色方案，还可以向一些设计感较强的网页学习，如千图网、花瓣网等。这些网站都是一些专业人士设计的，因此其配色比较专业。在制作PPT时，如果不知道如何配色，可打开这一类的专业网站，借鉴其配色思路，寻找配色灵感。

5. 实用的PPT配色样式

如果还是觉得PPT配色很复杂，下面提供了20种配色样式供用户参考，如图4-36所示。这些不同的配色样式可以适用于不同的主题。

图4-36　实用的PPT配色样式

第05章

PPT最亲密的伙伴——文字

本章导读

文字在PPT设计中是不可缺少的元素，可以说文字是PPT的灵魂，它可以帮助我们传达信息。但PPT中的文字运用与在Word等专业的文字软件中有所不同。那么，如何才能运用好这些文字呢？本章将介绍有关文字设计的技巧，希望对大家有所帮助。

5.1 将Word文档转换为PPT

在工作中，经常会使用Word来编写文件，同时也会收到别人发送的Word文件。然而，有些时候则需要将这些文件通过PPT的形式进行宣传和推广，若重新在PPT中输入文字进行编辑，费时又费力。此时，就需要将Word文档转换为PPT格式，下面将通过实例来介绍转换方法，具体操作如下。

扫一扫观看视频

STEP 01 启动PowerPoint 2010后，打开“Word文档”（素材参见：素材文件\第05章\Word文档.docx），单击Word操作界面底部状态栏中的“大纲视图”按钮，进入大纲视图模式，其中显示了文字的不同级别，如图5-1所示。

STEP 02 选择【文件】/【选项】命令，打开“Word 选项”对话框，选择“快速访问工具栏”选项，在右侧的“从下列位置选择命令”下拉列表中选择“所有命令”选项，然后在其下的列表框中选择“发送到Microsoft PowerPoint”选项，然后单击“添加”按钮，如图5-2所示，最后单击“确定”按钮完成操作。

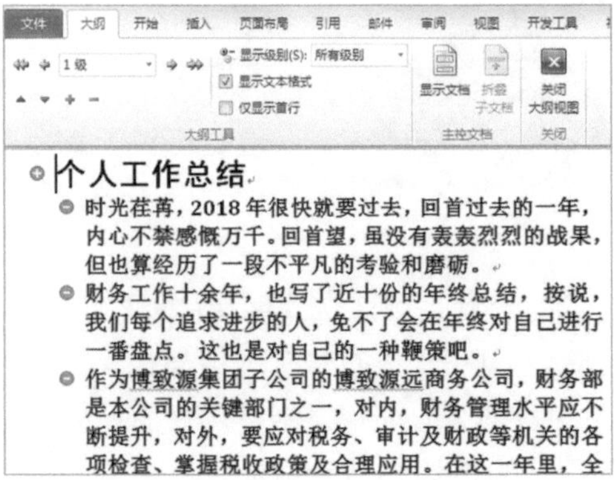

图5-1　查看文档的大纲级别

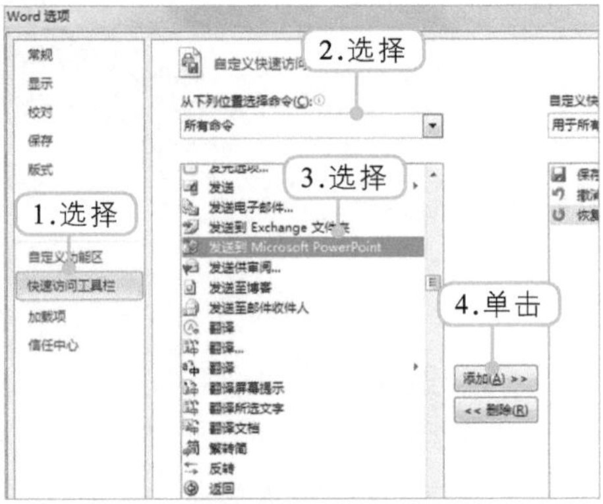

图5-2　添加命令到快速访问工具栏

高手点拨

将Word文档转换成PPT时，首先必须规范Word文档的大纲级别，只有做好这项准备工作，才能省时又省力。设置文档大纲级别的方法为首先选择文档内容，然后在“样式”组中选择标题1、标题2、标题3等不同级别，按需选择后，将Word文档换成PPT时，演示文稿将会按照标题自动分页。

STEP 03 返回Word操作界面，在其快速访问工具栏中单击“发送到Microsoft

PowerPoint”按钮，稍后，系统将自动启动PowerPoint 2010并在新建的空白演示文稿中显示所有的文本内容，效果如图5-3所示。

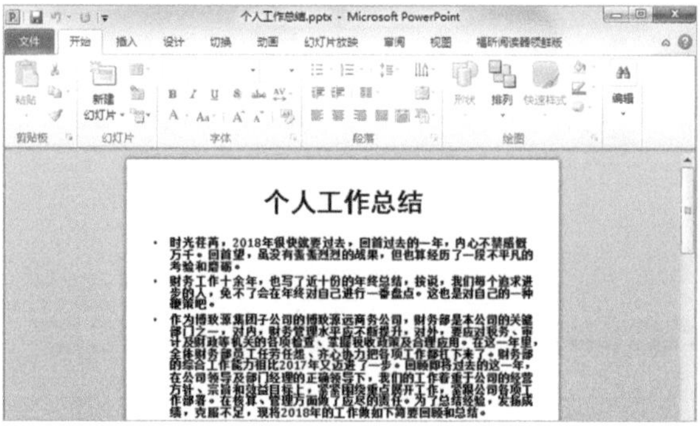

图5-3　转换成演示文稿后的效果

5.2 PPT文字设计原则

“字”是PPT最基本的组成元素，其主要作用是将幻灯片所要表达的信息清晰地传递给受众。除此之外，“字”也是观众注意的焦点，其决定了幻灯片的主题和版式。那么怎么才能设计出一目了然的PPT文字呢？在设计PPT文字时应遵循“易理解”“字少”两大原则，下面一一介绍。

5.2.1　让文字更易理解

PPT的核心作用在于辅助表达，它是如何辅助表达的呢？其核心在于易理解。也就是设计出的PPT页面可以让观众最直接地获取所表达的信息要点，不需要观众二次分析理解。

那么，如何才能让PPT的关键内容达到这种效果呢？这就需要对文字内容进行“一目了然”的设计了，即将文字或数据归纳提炼后以图示化方式呈现在幻灯片中，或者将重点内容以视觉焦点的形式呈现，如图5-4所示。

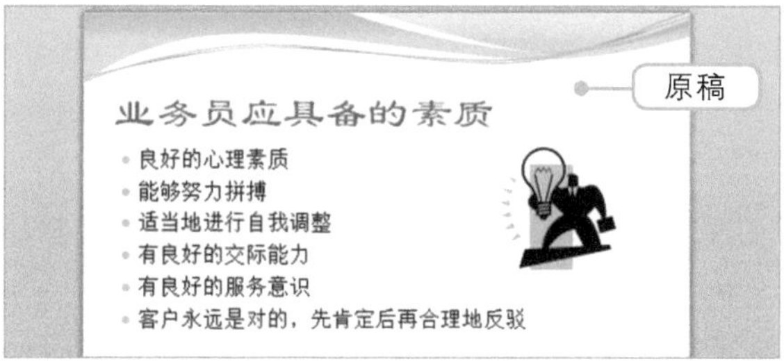

图5-4　让文字一目了然的设计

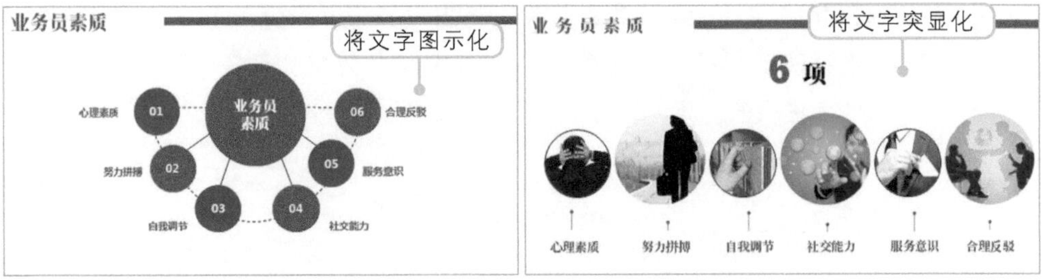

图5-4　让文字一目了然的设计（续）

5.2.2　文字能少则少

绝大部分的商务型PPT都是简约、大气型的，而工作型PPT都存在一个普遍现象，那就是字多。如今各种汇报、讲演PPT也慢慢向高清大图、文字精练的方向发展。工作型的PPT也应当转换思维，不要再纠结于文字的数量，能删就删，能少则少。图5-5所示为幻灯片页面内容删除前后的对比效果。

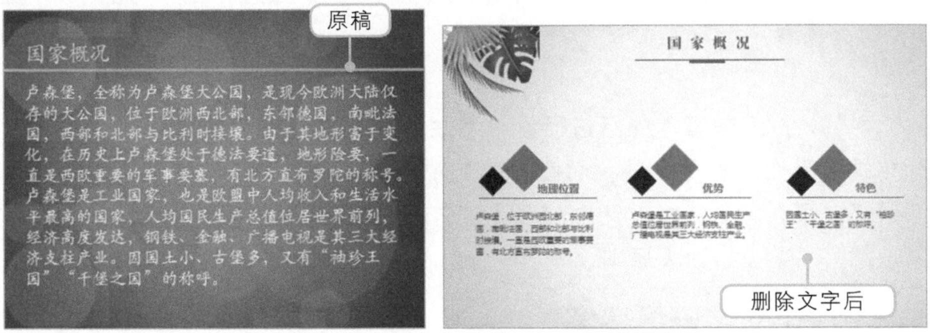

图5-5　页面内容删除前后对比效果

对页面文字进行删除操作，是制作PPT的基本功。下面介绍4种文字删除方法。当然，这些规则并不是要100%遵守，在实际制作过程中应根据演讲者的风格、喜好及演示场所、观众等不同情况不断变化，灵活运用。

- 解释性文字：在Word中，常常会在一些关键词后面加上冒号、括号等，用于描述备注、补充说明等。而在PPT中，这些词往往由演讲者口头表达，可以不出现在PPT中。
- 原因性文字：在Word中，常常会使用“由于”“基于”等词语表述原因，但实际上，在PPT中强调的却是结果，即“所以”“于是”后面的文字。所以，原因性的文字均可删除，只保留结果性文字。
- 铺垫性文字：在Word中，经常会添加如“经过2018年全体员工的共同努力”“在上级机关的正确领导下”等文字，这些只是为了说明结论而进行的铺垫性说明，可对其进行删除操作。

- **辅助性文字：** 在Word中，常常会使用“截至目前”“终于”“但是”“所以”等词语，这些都是辅助性文字，主要是为了让文章显得完整和严谨。而PPT展示的是关键词、关键句，自然不需要这些辅助性文字。

5.3 PPT文字设计有妙招

在制作PPT的过程中，可能会产生很多疑问，应用的文字观众是否能看清楚？面对文字内容很多的幻灯片时尤其如此。但实际上，想要观众看清楚文字，并不仅仅是字号的问题，还需要掌握一些文字设计技巧。

5.3.1 字体不超过3种

在PPT制作过程中，如果能够用好文字，即便没有图片、色块等其他元素的衬托，PPT也能够看起来很美观。统一字体是一份优秀PPT的必备因素，如果想做出美观的PPT，请保持字体统一，即整个PPT中不超过3种字体。

那么，应该如何快速统一PPT的字体呢？一个页面用了好几种字体，若每次都一页一页地手动调整，既费时又容易出错。下面介绍如何利用PPT的替换功能来统一字体，具体操作如下。

STEP 01 启动PowerPoint 2010后，打开“字体替换”演示文稿（素材参见：素材文件\第05章\字体替换.pptx），其中，应用了黑体、仿宋、隶书等多种字体。

扫一扫观看视频

STEP 02 选择第2张幻灯片，将鼠标指针定位至幻灯片中要替换字体的文本占位符中，在【开始】/【编辑】组中单击“替换”下拉按钮，在弹出的下拉列表中选择“替换字体”命令，如图5-6所示。

STEP 03 打开“替换字体”对话框，“替换”下拉列表框中显示了要替换的字体样式，确认无误后，在“替换为”下拉列表框中选择要替换的字体，这里选择“【思源黑体 CN Regular】”选项，然后单击“替换”按钮，如图5-7所示。

高手点拨

单击“编辑”组中的“替换”下拉按钮后，在弹出的下拉列表框中选择“替换”命令，将打开“替换”对话框。在该对话框中，可进行文字的查找与替换操作，而非字体的查找与替换，一定要注意区分。

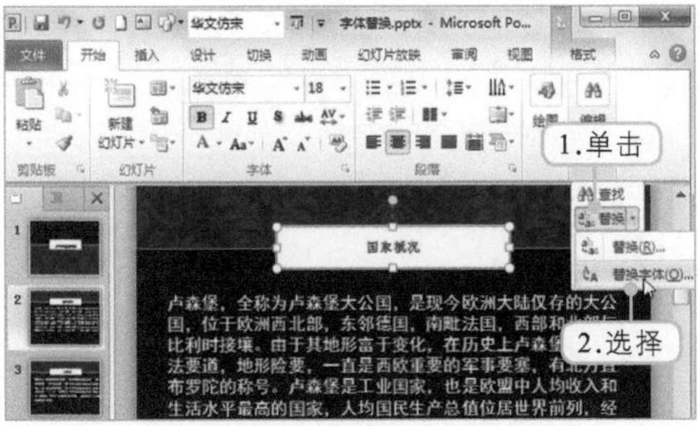

图5-6　选择“替换字体”命令

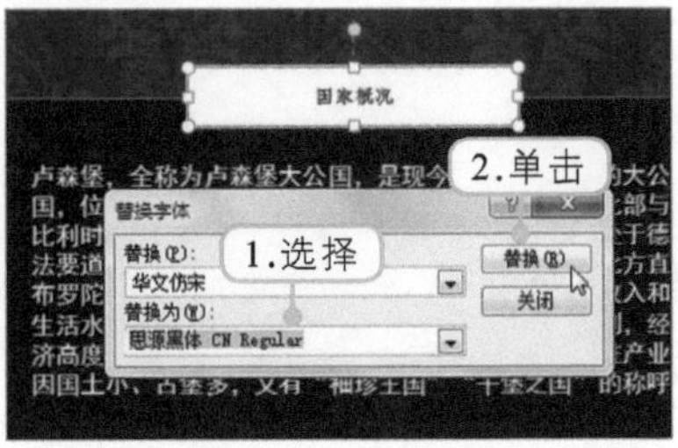

图5-7　选择替换字体

STEP 04 继续在“替换字体”对话框，将幻灯片中的字体替换为“思源黑体 CN Regular”。

5.3.2　强化重点文字

制作文字内容较多的PPT时，除了要对文字进行提炼外，还应对重点文字进行强化，达到突出显示的效果。突出重点也就是第3章中介绍的“商业PPT版式设计原则”中的对比原则，其目的是突出强调的重点内容，加深观众的印象。突出重点的方法很多，如常用的增大字号、改变字体颜色、添加边框等。

- 增大字号：增大字号突显文本内容是最常用的方法。为了达到突显效果，幻灯片中的中文字体至少应增大2~3级，同时还应避免在同一段文字中使用不同的字体。图5-8所示为通过增大字号强化重点内容的效果。
- 改变字体颜色：PPT字体颜色的设置要考虑表达的需要。比如，整个PPT的强调色为红色，那么就可以用红色来突出幻灯片中的重点内容。图5-9所示为通过改变字体颜色强化重点内容的效果。

图5-8　增大字号后的效果

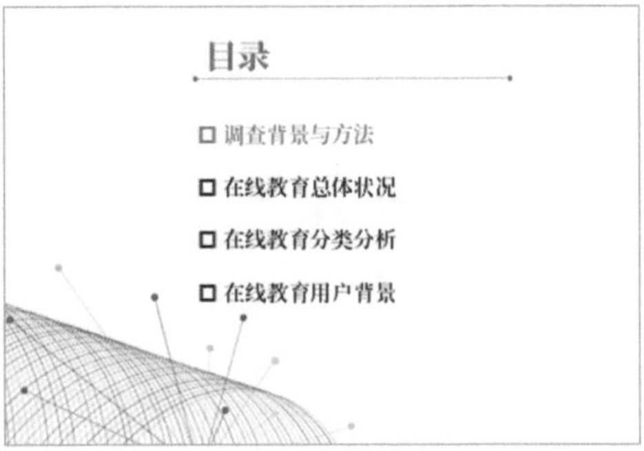

图5-9　改变字体颜色后的效果

- 添加边框：在设计PPT时，为了突出重要文字，还可以对文字添加边框效果，如图5-10所示。
- 色块反衬：是指用大面积色块来反衬主要信息，整体效果会非常醒目，如图

5-11所示。

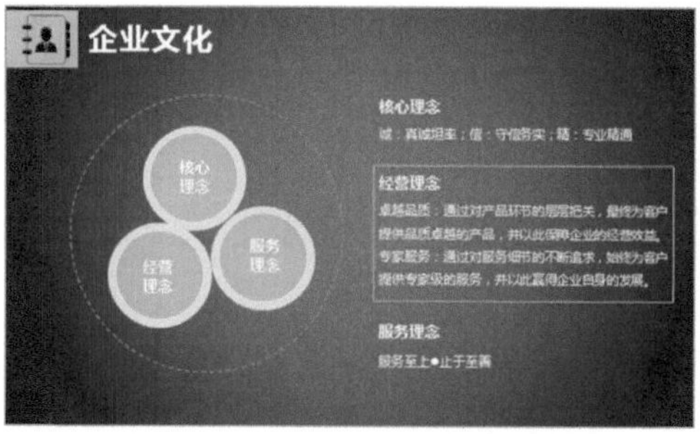

图5-10　对文字添加边框后的效果

图5-11　色块反衬效果

5.3.3　恰当的字体搭配

同样的一组设计，使用不同的字体，呈现的效果反差会非常大，在完成PPT设计时还应结合演示主题、场景、风格等因素选择合适的字体。字体看似很多，实质上可将其分为衬线字体与无衬线字体两类。

- 衬线字体：衬线字实际上是一种艺术化字体，这类字体的笔画粗细不一，而且在文字的笔画开始和结束的地方有一些笔锋或者额外的修饰。该类文字细节复杂，较注重文字与文字的搭配及区分。图5-12所示为常见的衬线字体。在PPT中，衬线字体由于笔锋粗细不一致，如果字体太小，可读性较差，因此，通常以标题的形式存在，不适合作为正文。
- 无衬线字体：无衬线字体与衬线字体恰恰相反，该类字体通常是机械、统一的线条，没有额外的装饰，笔画没有明显的粗细差别。该类文字细节简洁，字与字的区分不明显，更注重段落与段落、文字与图片的配合及区分。图5-13所示为常见的无衬线字体。无衬线字体的优点是，非常简洁现代，很有商务感，非常适合在电子屏幕下阅读，所以在PPT中使用得非常广泛。

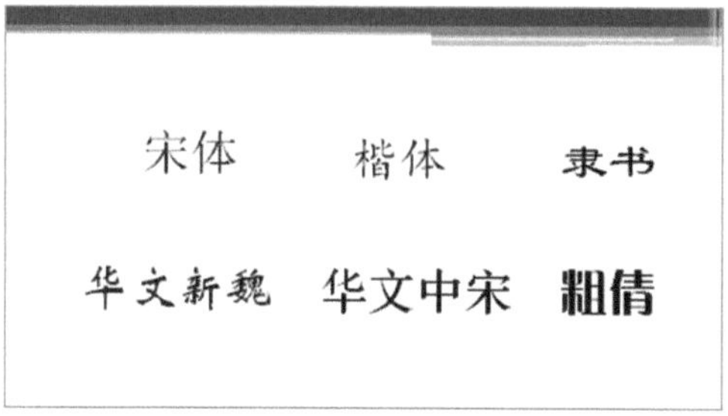

图5-12　衬线字体

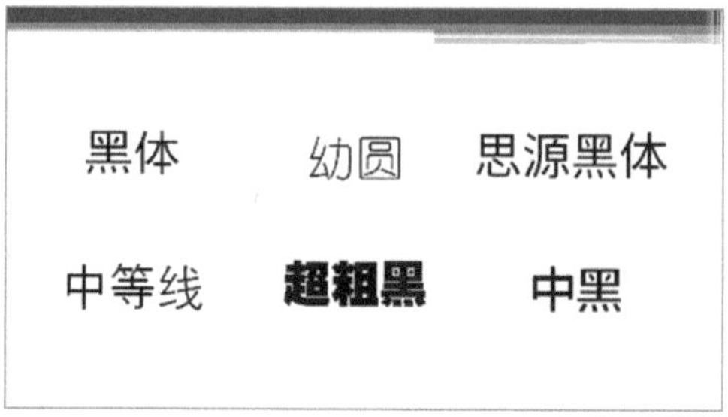

图5-13　无衬线字体

在了解清楚字体的基本类型和适用场景后，接下来将从实用的角度来分析PPT的字体搭配法则。衬线字体与非衬线字体、标题字体与正文字体，每一种字体都有各自的特点，需要合理搭配。

一般情况下，如果确定了PPT的正文字体，那么可以直接增大该字体字号或者使用粗体作为标题。例如，思源黑体 CN Bold作为标题，思源黑体 CN Regular则作为正文，如图5-14所示。

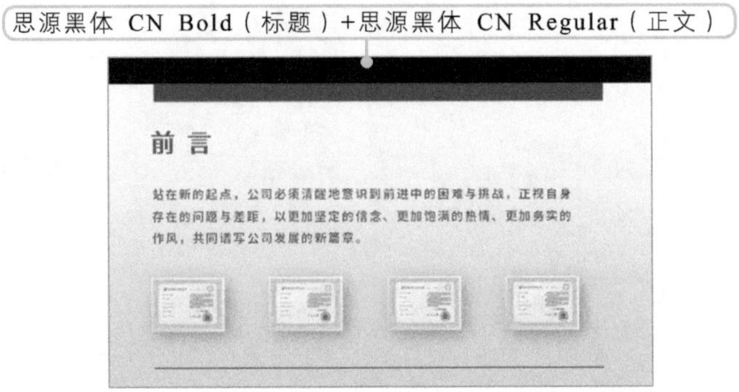

图5-14　基本的字体搭配法则

上述仅仅是最基本的搭配，下面还提供了4种比较经典的文字搭配方式供大家参考，如图5-15所示。

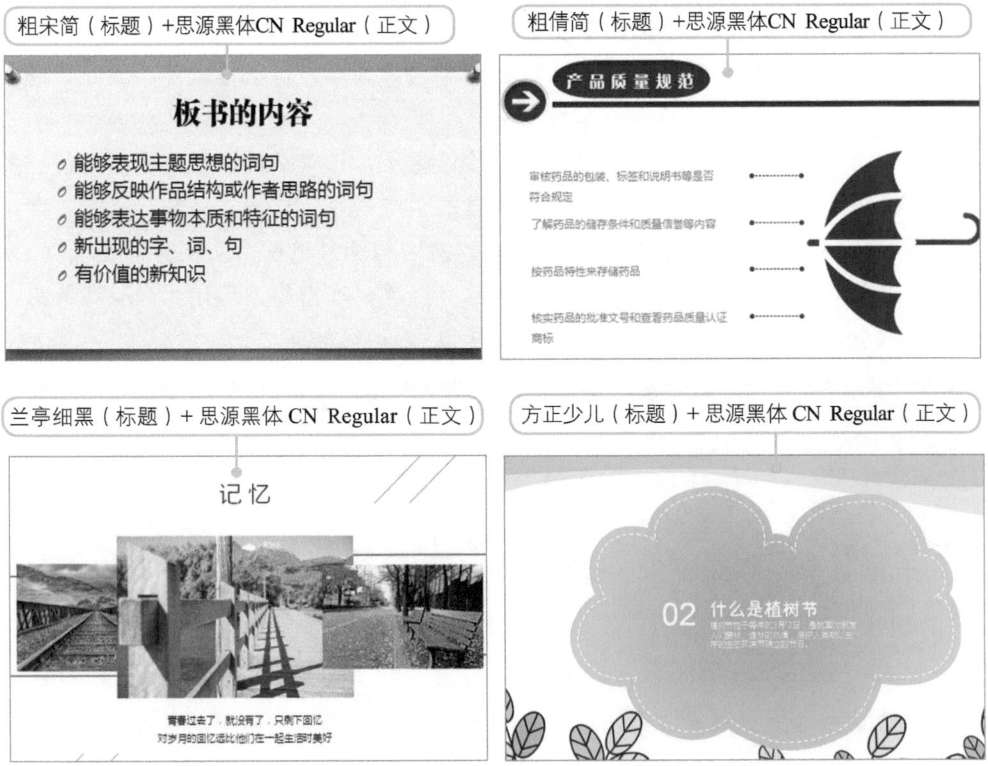

图5-15　PPT的经典字体搭配方案

5.4 PPT文字还可以这样设计

掌握了文字的基本设计和编排后，还可以尝试对文字进行更高级的设计或排版，如利用简单的线条、图片、文字效果等，可以使文字展现出更加震撼人心的效果。

5.4.1 文字与线条结合

文字与线条结合使用，不仅能起到美化版面的效果，更重要的是，线条能够起到划分层次、引导注意力、平衡版面等效果。

1. 划分层次

在出现多段文字时，线条会起到分隔线的作用，让整个版面看上去更加层次分明。图5-16所示的线条与文字，起到的均是划分层次的效果。

图5-16 利用线条划分层次

2. 引导注意力

在文字的某个方向添加线条，可以使观者的重心自然过渡到该处，在文字内容较多或阅读顺序不明确的情况下，使用线条就能起到引导作用，如图5-17所示。

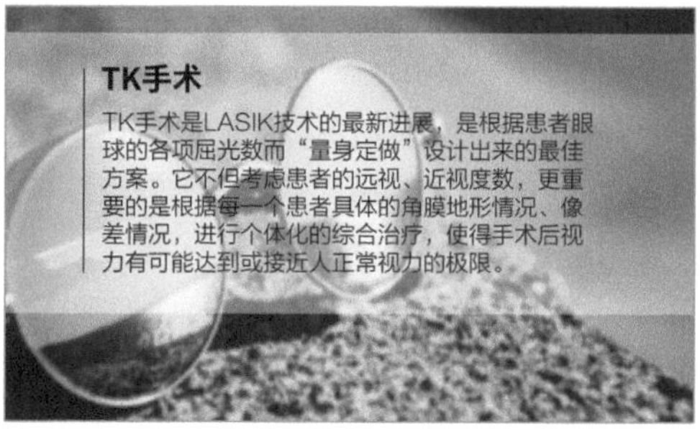

图5-17 利用线条引导观众注意力

3. 平衡版面

有时由于文字排版的关系，会使得整个幻灯片版面不太平衡，要么内容过于集中，要么内容过于松散。此时，适当地运用线条或简单的几何形状，就能让版面重新趋于平衡，如图5-18所示。

图5-18　利用线条平衡版面

5.4.2 文字与图片结合

将图片应用到文字中，并结合各种文字效果和属性设置，就能得到更具有冲击力的各种文字效果。下面通过创建3D烫金文字为例，介绍如何在文字中填充图片并进行相关设置的方法，制作后的效果如图5-19所示。

图5-19　3D烫金字效果

其具体操作如下。

扫一扫观看视频

STEP 01 打开“烫金字.pptx”演示文稿（素材参见：素材文件\第05章\烫金字.pptx）。

STEP 02 创建文本框，输入“黄金征途”，然后复制出3个文本框，如图5-20所示。

STEP 03 删除多余文本，各文本框中仅保留一个文字，为所有文字应用一种字体，这里应用“书体坊安景臣钢笔行书”字体，将“黄”和

“金”字的大小设置为“140”，将“征”字设置为“200”，将“途”字设置为“240”，移动各文字的位置，参考效果如图5-21所示。

图5-20　创建并复制文本框

图5-21　设置文字格式后的效果

STEP 04 选择所有文本框对象，按【Ctrl+G】组合键将其组合为一个对象，然后在【绘图工具 格式】/【艺术字样式】组中单击“文本填充”下拉按钮，在弹出的下拉列表中选择“图片”命令，如图5-22所示。

STEP 05 在打开的对话框双击提供的图片素材“烫金.jpg”（素材参见：素材文件\第05章\烫金.jpg），然后单击“艺术字样式”组中的“文本效果”下拉按钮，在弹出的下拉列表框中选择“映像”选项，并在弹出的子菜单中选择图5-23所示的效果选项。

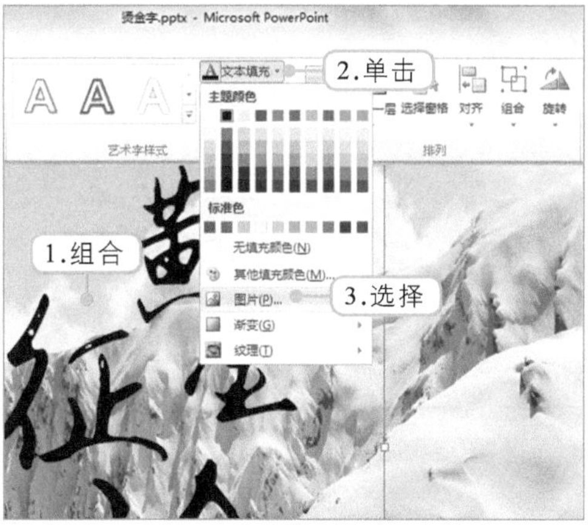

图5-22　组合文本框

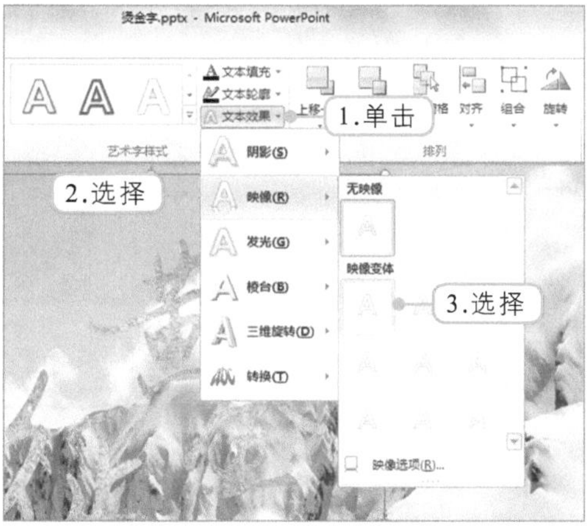

图5-23　设置映像效果

STEP 06 再次单击“艺术字样式”组中的“文本效果”下拉按钮，在弹出的下拉列表框中选择“棱台”选项，并在弹出的子菜单中选择图5-24所示的效果选项。

STEP 07 继续单击“艺术字样式”组中的“文本效果”下拉按钮，在弹出的下拉列表框中选择“三维旋转”选项，并在弹出的子菜单中选择图5-25所示的效果选项，最后保存设置。

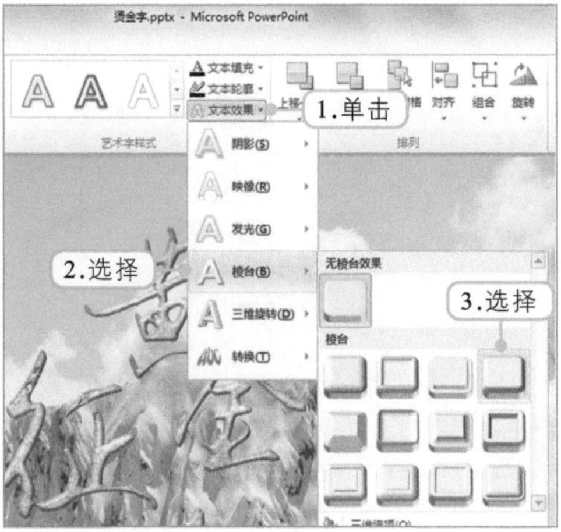

图5-24 设置棱台效果

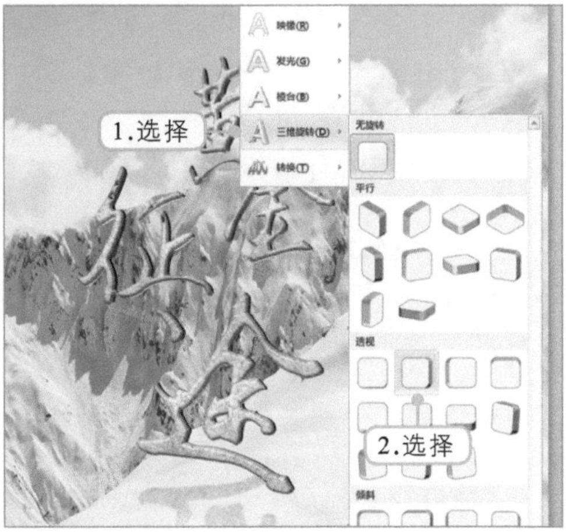

图5-25 设置三维旋转效果

5.4.3 “文中文”特效制作

“文中文”指的是文字中间嵌套文字的效果，这种特效适合封面页的制作。下面以在标题文字中嵌入英文为例，介绍这种特效的制作方法，效果如图5-26所示。

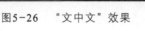

图5-26 “文中文”效果

扫一扫观看视频

其具体操作如下。

STEP 01 打开“文中文.pptx”演示文稿（素材参见：素材文件\第05章\文中文.pptx）。

STEP 02 在【设计】/【背景】组中单击“背景样式”下拉按钮，在弹出的下拉列表框中选择“设置背景格式”命令，如图5-27所示。

STEP 03 打开“设置背景格式”对话框，单击“文件”按钮，如图5-28所示。在打开的对话框双击提供的图片素材“汽车.jpg”（素材参见：素材文件\第05章\汽车.jpg），然后关闭对话框。

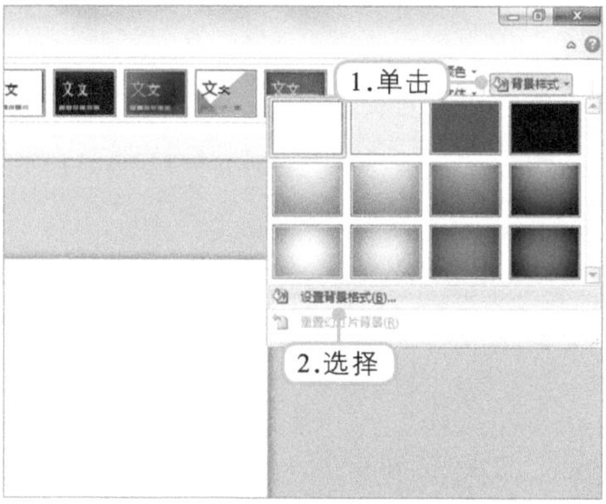

图5-27　设置幻灯片背景格式

图5-28　填充图片

STEP 04 创建文本框，输入“凌志汽车”，将字体和字号设置为“方正综艺简体，80”，移至幻灯片中间，如图5-29所示。

STEP 05 绘制矩形条，去掉轮廓，然后移至标题文字中间，矩形条的大小和位置如图5-30所示。

图5-29　创建标题文字并设置

图5-30　绘制矩形并设置

STEP 06 在矩形条上单击鼠标右键，在弹出的快捷菜单中选择“设置形状格式”命令，打开“设置形状格式”对话框，选中“幻灯片背景填充”单选按钮，如图5-31所示，然后关闭对话框。

STEP 07 创建文本框，输入“The relentless pursuit of perfection”，将字体和字号设置为“思源黑体 CN Regular，14”，并移至矩形条上即可，如图5-32所示。

图5-31　填充为幻灯片背景

图5-32　设置嵌入文字

5.5 拓展课堂

下面将重点介绍在文字极少的情况下如何进行排版操作。所谓文字极少，指的是文字只有两字、3字、4字或5字等的情形。掌握这些技巧，可以很轻松地打造封面页、过渡页或结束页等页面版式。

1. 两个文字的排版

当文字只有两个字的时候，最基本的就是从左至右的水平排列方式。这种方法虽然稳重，但过于单调乏味，对于非学术性、研究性等PPT而言，不一定非常适用。此时，可以参考以下两个建议对文字进行排版。

- **水平排列并添加文字：** 即在两个文字下方添加一行字号更小的文字，丰富版面内容，如图5-33所示。另外，还可以在两行文字之间添加横线，这种方法前面已经介绍过。

图5-33　水平排列并添加文字

- **对角排列文字：** 将两个文字按斜线对角方向排列，同时改变两个字的大小，形成字号差别。同时，还可以为文字添加形状或线条等对象，进一步美化并突出文字效果，如图5-34所示。

图5-34　对角排列文字

2. 3个文字的排版

当只有3个字时，可以采用以下两种方式进行排列。

- 放大或缩小中间字：将处于中间的文字进行放大或缩小处理，且3个字应当上下居中排列，如图5-35所示。

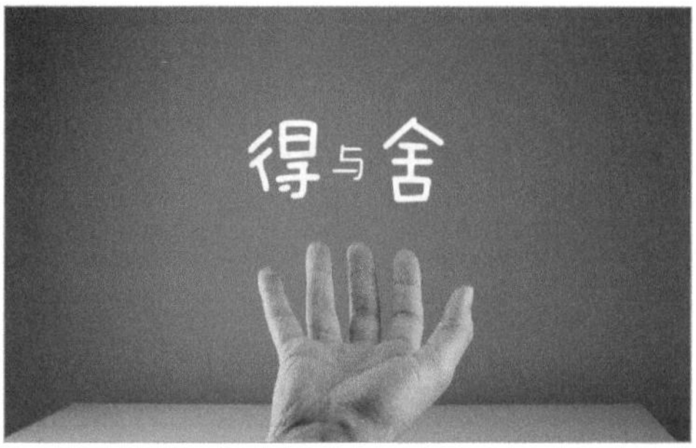

图5-35 缩小中间字

- 提升或降低中间字：将处于中间的文字向上或向下移动半个字的距离，字号不变，形成错落有致的效果，如图5-36所示。

图5-36 提升中间字

3. 4个文字的排版

4个字排列时，可以采用以下方法排版。

- 间隔放大和缩小：将第1个和第3个字进行放大或缩小处理，同时将第2个和第4个字进行相反的处理，如图5-37所示。

图5-37 间隔排列

- **两行排列：** 将第1个和第2个字放在一行，将第3个和第4个字放在另一行，如图5-38所示。

图5-38　两行排列

- **垂直排列：** 在以上两种处理方法的基础上，进一步将文字处理为垂直方向排列的效果，如图5-39所示。

图5-39　垂直排列

4. 5个及5个以上文字的排版

对于5个或超过5个文字的情况，同样可以按4字间隔排列的方式进行处理；也可以采用将两端文字放大、中间文字缩小的方式，处理为向中央靠拢的效果，如图5-40所示。

图5-40　两端大中间小的效果

第06章

PPT点睛之笔——表格、图表和形状

本章导读

无论是演讲型PPT，还是阅读型PPT，表格、图表和形状都是可能会用到的基本元素。它们不仅可以将枯燥的数据生动直观地展示出来，而且便于对数据进行理解和分析，还能提升PPT的美感和可读性。灵活运用这些对象便能将幻灯片中枯燥无味的数据升华，打造出美轮美奂的幻灯片效果。

本章将主要对表格、图表和形状的使用进行介绍。读者通过学习可以找到正确使用表格、图表和形状的方法，让PPT质量更上一层楼。

6.1 表格也可以很出彩

表格可以将大量的文本或数据进行整理汇总，以更加清晰的结构展示出来。但是，表格的功能并不仅限于此，除了归纳数据外，表格自身的设计也能直接影响PPT的质量。优秀的表格不但能让人记住其中的内容，还能对表格本身印象深刻。

6.1.1 表格必须清晰明了

有的用户对表格设计一筹莫展，总觉得表格看起来并不是想象中的模样。实际上，只要按照下面几点原则，就能够快速摆脱过去“丑陋”的表格。

1. 内容简明扼要

表格的功能是将关键的内容或数据整理到一起，便于阅读者能够快速、准确地了解相关信息。如果一味地将各种内容塞满表格，就失去了使用表格来表现数据的意义。相反，如果先将内容进行整理筛选，提炼出关键的信息，再放到表格中，得到的效果就会完全不一样。图6-1所示为不同表格内容呈现出来的效果对比。

商品名称	销售额			
	第一季度	第二季度	第三季度	第四季度
液晶电视	同期销售额显著增长，达23.25万元	基本持平，销售额为35.35万元	有所下降，销售额为40.06万元	小幅度增长，销售额达45.2万元
冰箱	同期有小幅度下降，销售额30.25万元	有所增长，销售额为45.75万元	销售额有所增长，达50.5万元	小幅度下降，销售额为28.5万元
洗衣机	同期增长明显，销售额达75.6万元	有显著增长，销售额达45.3万元	基本持平，销售额为50.85万元	有小幅度提升，销售额为80.45万元
微波炉	同期基本不变，销售额为28.5万元	销售额为35.5万元	严重下降，销售额为14.52万元	小幅上升，销售额为24.55万元
空调	同期有所上升，销售额为68.5万元	有小幅下降，销售额为108.5万元	基本持平，销售额为39.89万元	下降严重，销售额为25.8万元

商品名称	销售额			
	第一季度	第二季度	第三季度	第四季度
液晶电视	23.25万元	35.35万元	40.06万元	45.2万元
冰箱	30.25万元	45.75万元	50.5万元	28.5万元
洗衣机	75.6万元	45.3万元	50.85万元	80.45万元
微波炉	28.5万元	35.5万元	14.52万元	24.55万元
空调	68.5万元	108.5万元	39.89万元	25.8万元

图6-1　表格内容简洁与否的效果对比

2. 边框宜细不宜粗

为了强调表格，一些用户习惯将表格边框加粗、加黑，但是这种表格效果完全弱化了内容，本末倒置。实际上，表格的边框不宜过粗，细边框反而更能够提升表格的外观效果，一些特殊情况下，表格完全不需要使用边框都行。图6-2所示为粗边框表格和细边框表格呈现的不同效果。

商品名称	销售额			
	第一季度	第二季度	第三季度	第四季度
液晶电视	23.25万元	35.35万元	40.06万元	45.2万元
冰箱	30.25万元	45.75万元	50.5万元	28.5万元
洗衣机	75.6万元	45.3万元	50.85万元	80.45万元
微波炉	28.5万元	35.5万元	14.52万元	24.55万元
空调	68.5万元	108.5万元	39.89万元	25.8万元

商品名称	销售额			
	第一季度	第二季度	第三季度	第四季度
液晶电视	23.25万元	35.35万元	40.06万元	45.2万元
冰箱	30.25万元	45.75万元	50.5万元	28.5万元
洗衣机	75.6万元	45.3万元	50.85万元	80.45万元
微波炉	28.5万元	35.5万元	14.52万元	24.55万元
空调	68.5万元	108.5万元	39.89万元	25.8万元

图6-2　边框粗细不同呈现的效果对比

3. 不宜过度美化

不管是为了美化表格还是强调内容，有些用户可能会为表格及其内容填充各种各样的颜色，一味地对表格进行美化设置，这样不仅没有提高表格效果，反而还影响了内容的阅读。实际上只需要进行一点点美化，就完全能够使得表格呈现出非常精美的效果。图6-3所示为不同美化程度的表格效果对比，结果一目了然。

次数	迟到/次	早退/次	事假/次	病假/次
3次以下	10元	10元	30元	5元
3~5次	30元	30元	50元	视情况而定
5次以上	开除	开除	开除	视情况而定

次数	迟到/次	早退/次	事假/次	病假/次
3次以下	10元	10元	30元	5元
3~5次	30元	30元	50元	视情况而定
5次以上	开除	开除	开除	视情况而定

图6-3　不同美化程度的表格效果对比

6.1.2　提升表格质量

表格的组成元素少而固定，一般由标题、正文、边框和底纹等部分组成，如图6-4所示。因此，在理解了前面介绍的表格制作基本原则后，下面就可以进一步通过有目的的设计表格的组成元素来提升表格质量。

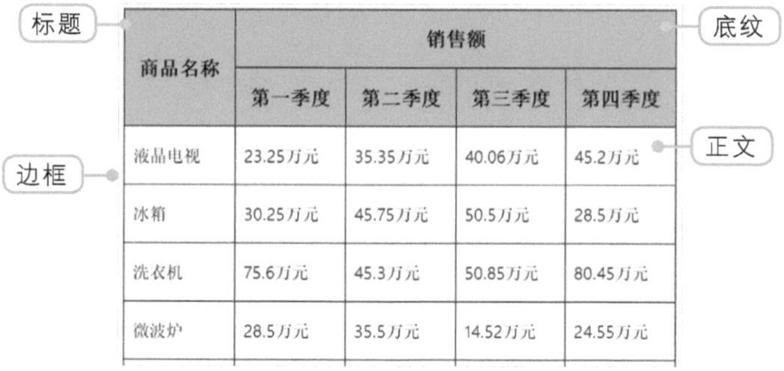

商品名称	销售额			
	第一季度	第二季度	第三季度	第四季度
液晶电视	23.25万元	35.35万元	40.06万元	45.2万元
冰箱	30.25万元	45.75万元	50.5万元	28.5万元
洗衣机	75.6万元	45.3万元	50.85万元	80.45万元
微波炉	28.5万元	35.5万元	14.52万元	24.55万元

图6-4　表格的组成元素

1. 色彩搭配遵循主题颜色

无论是表格的标题、正文、边框或者底纹，都会涉及不同的颜色状态，如何设置表格颜色才能使其呈现出更好的视觉效果呢？实际上道理很简单，PPT主题是哪种或哪些颜色，表格就使用哪些颜色。图6-5左图所示的标题幻灯片中体现了金色和深灰色，那么就可以以这两种颜色为主来设计表格颜色，右图为设计的参考效果，这样便使得表格与PPT更加融合。

图6-5 标题和表格颜色与PPT主题颜色一致

下面主要介绍该表格的制作方法，具体操作如下。

扫一扫观看视频

STEP 01 打开素材文件“商业报告.pptx”演示文稿（素材参见：素材文件\第06章\商业报告.pptx）。

STEP 02 选择第2张幻灯片，在【插入】/【表格】组中单击“表格”下拉按钮，在弹出的下拉列表中将鼠标指针定位到“5×8表格”对应的方块上，然后单击，如图6-6所示。

STEP 03 将鼠标指针定位到表格边框上，当其变为✥形状时，可通过拖动鼠标移动表格，然后将鼠标指针移到边框右下角；当其变为↘形状时，可通过拖动鼠标放大表格，参考效果如图6-7所示。

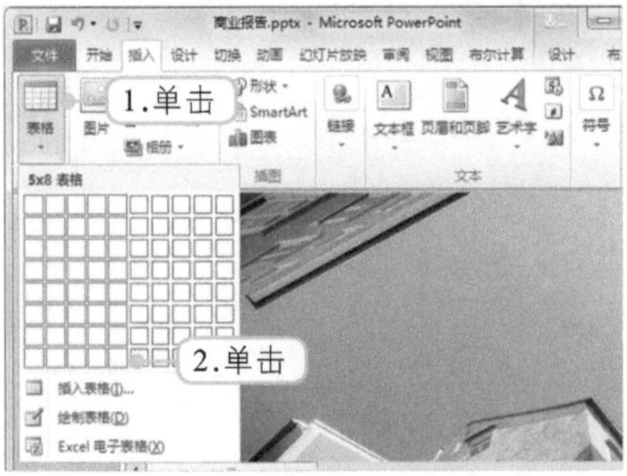

图6-6 创建表格

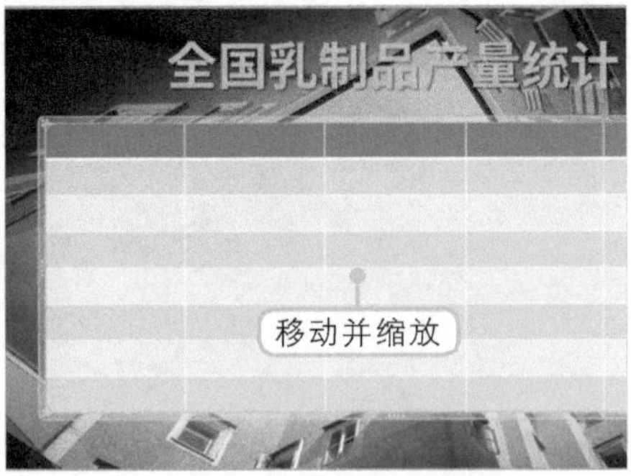

图6-7 调整表格大小和位置

STEP 04 在【表格工具 设计】/【绘图边框】组中单击“笔颜色”下拉按钮，在弹出的下拉列表中选择“白色”选项。在上方的“边框粗细”下拉列表框中选择“0.25磅”选项，单击“表格样式”组中的“边框”按钮右侧的下拉按钮，在弹出的下拉列表中选择“所有框线”选项，如图6-8所示。

STEP 05 拖动鼠标选择前两行单元格，在【表格工具 设计】/【表格样式】组中单击“底纹”下拉按钮，在弹出的下拉列表中选择“橙色”选项，如图6-9所示。

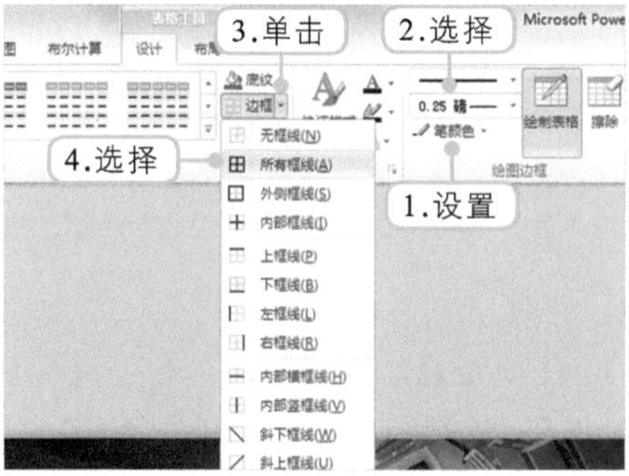

图6-8 设置表格边框

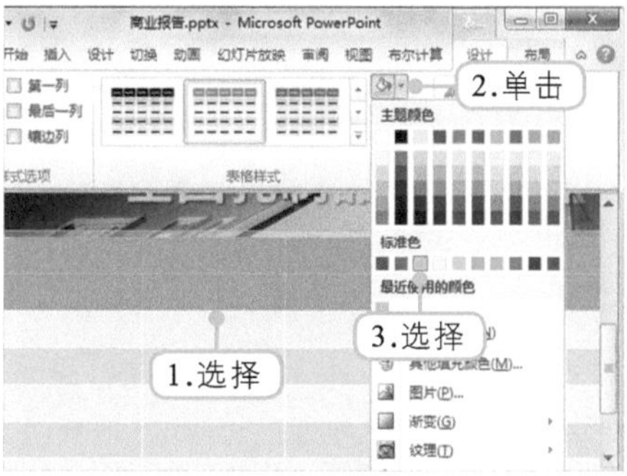

图6-9 设置标题行底纹

STEP 06 拖动鼠标选择剩余行单元格，在【表格工具 设计】/【表格样式】组中单击“底纹”下拉按钮，在弹出的下拉列表框中选择“无填充颜色”选项，如图6-10所示。

STEP 07 将鼠标指针定位到第1行单元格的下边框上，当其变为÷形状时，向下拖动鼠标，适当增加该行行高。然后按相同的方法增加第2行单元格的行高，如图6-11所示。

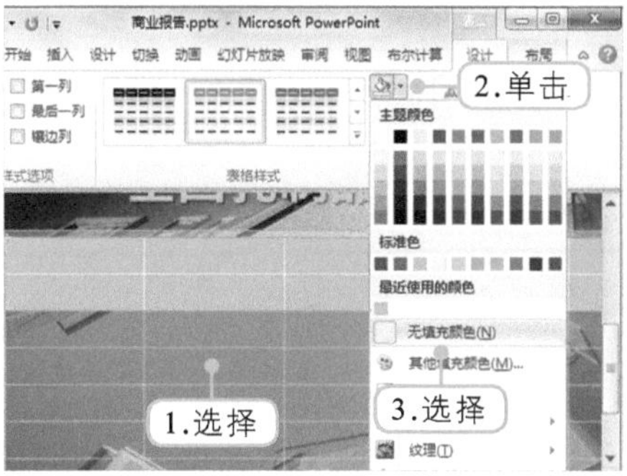

图6-10 设置正文行底纹

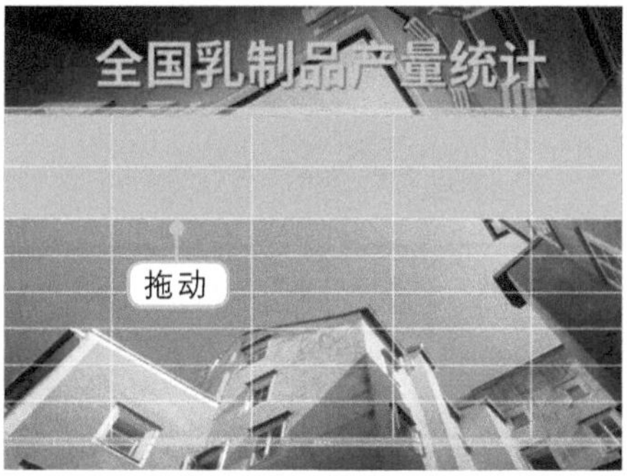

图6-11 调整行高

STEP 08 依次在第1行和第2行单元格中输入标题文本，然后选择这两行单元格，将其格式设置为“思源黑体 CN Bold，18，居中，黑色—文字1—淡色25%”，如图6-12所示。

STEP 09 依次在第3～8行单元格中输入正文文本，然后选择这几行单元格，将其格式设置为“Calibri（正文），18，居中，文字阴影，白色”，如图6-13所示。

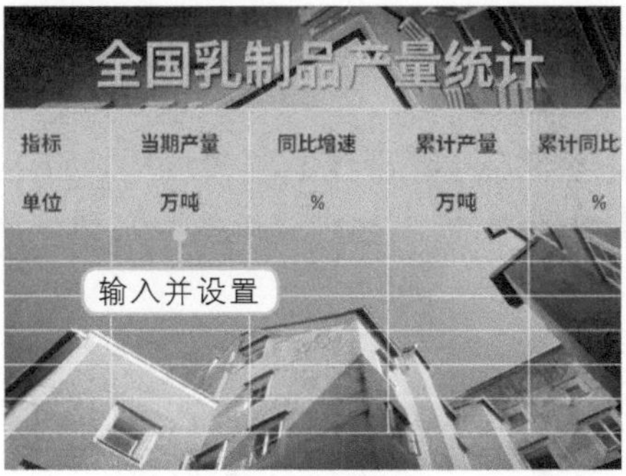

图6-12　输入并设置标题格式

图6-13　输入并设置正文格式

高手点拨

在【插入】/【表格】组中单击“表格”下拉按钮后，可在弹出的下拉列表框中选择“插入表格”命令，此时将打开“插入表格”对话框，在其中可通过输入数字来创建包含更多行或列的表格。

2. 让表格具有PPT的气质

所谓PPT气质，是指PPT能够呈现出大气、生动、美观甚至震撼人心的效果。表格如果能够展现出这种气质，无疑会极大地提升PPT质量。图6-14所示的表格就体现了这些效果，它充分利用形状、色彩和文字将表格设计得精美绝伦，让人过目不忘。

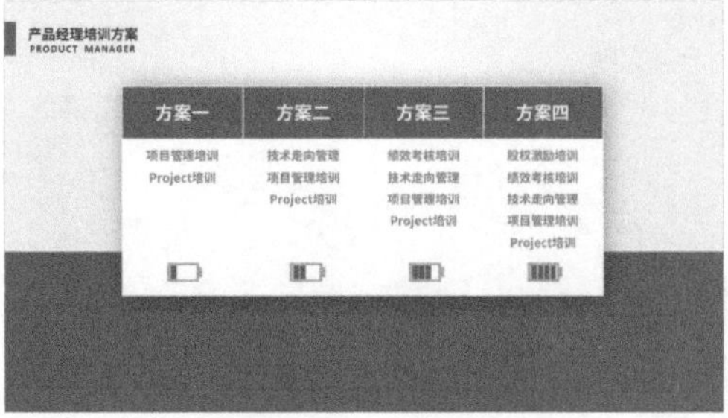

图6-14　极具PPT气质的表格

下面介绍制作该表格的方法，具体操作如下。

STEP 01 打开素材文件“职业培训.pptx”演示文稿（素材参见：素材文件\第06章\职业培训.pptx）。

STEP 02 创建一个高度为“1.16厘米”、宽度为“0.44厘米”的矩形，去掉轮廓，并将其颜色填充为“红色:234，绿色:3，蓝色:67”，单击“确定”按钮并将其放置于幻灯片左

扫一扫观看视频

上方，如图6-15所示。

STEP 03 创建两个文本框，分别输入“产品经理培训方案”和“PRODUCT MANAGER”，将前者的格式设置为“思源黑体CN Bold，14，R:59—G:56—B:56”，将后者设置为相同格式，然后将字号缩小为“10”，并将二者放置于图6-16所示的位置。

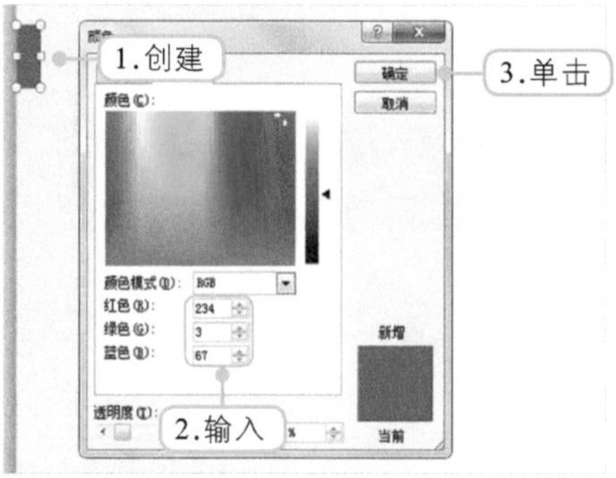

图6-15　创建矩形并设置

图6-16　创建文本框并设置

STEP 04 绘制一个高度为“5.59厘米”、宽度为“25.4厘米”的矩形，去掉轮廓，并将其颜色填充为“红色:234，绿色:3，蓝色:67”，放置于幻灯片下方，如图6-17所示。

STEP 05 创建一个2行4列的表格，将第1行单元格填充为与矩形相同的颜色，将第2行单元格填充为“白色”，适当增加两行的行高和表格大小，并将表格放置在图6-18所示的位置。

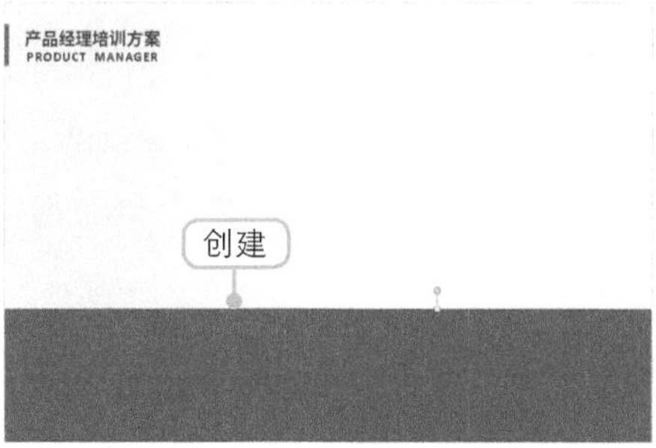

图6-17　继续创建矩形并设置

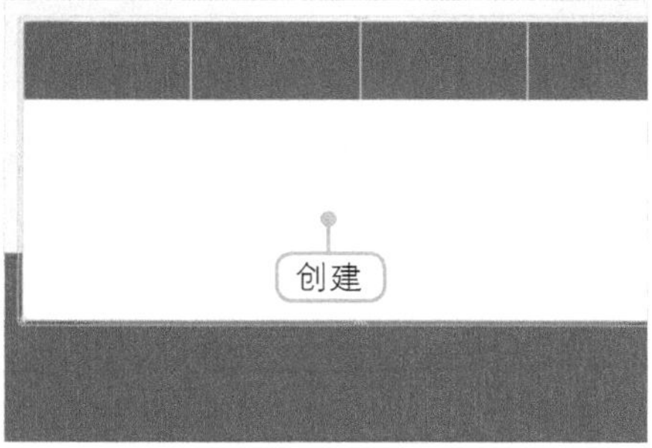

图6-18　创建表格并设置

STEP 06 在创建的表格边框上单击鼠标右键，在弹出的快捷菜单中选择“设置形状格式”命令，打开“设置形状格式”对话框，选择左侧的“阴影”选项，单击“预设”下拉按钮，在弹出的下拉列表框中选择“外部”栏下的第一个选项“右下斜偏移”，并设置“虚化”为“30磅”，单击“关闭”按钮，如图6-19所示。

STEP 07 在表格第1行依次输入图6-20所示的标题内容，然后将格式设置为“思源黑体CN Bold，18，加粗，白色，左右居中，垂直居中”。

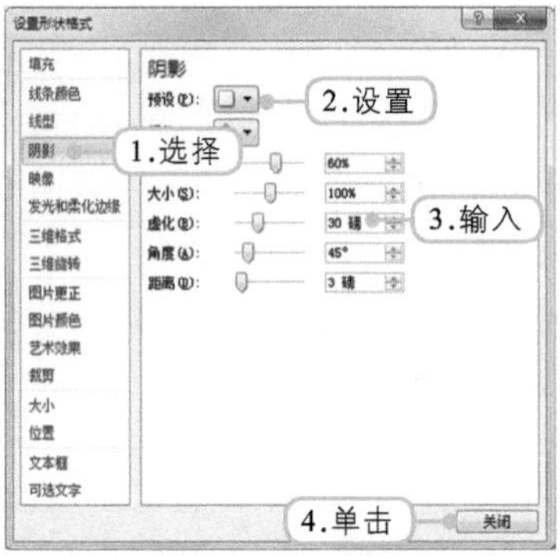

图6-19　设置阴影

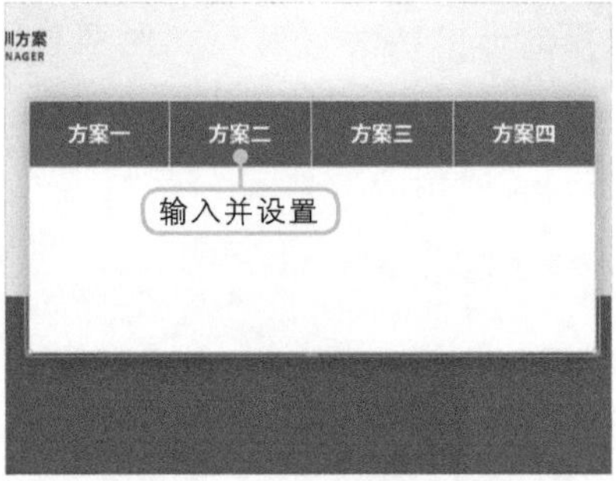

图6-20　输入并设置标题

STEP 08 在表格第2行依次输入图6-21所示的标题内容，然后将格式设置为“思源黑体CN Bold，12，黑色—文字1—淡色50%，左右居中，顶端对齐”。

STEP 09 绘制一个高度为“0.47厘米”、宽度为“0.2厘米”的矩形，去掉轮廓，并将其颜色填充为“红色:234，绿色:3，蓝色:67”，效果如图6-22所示。

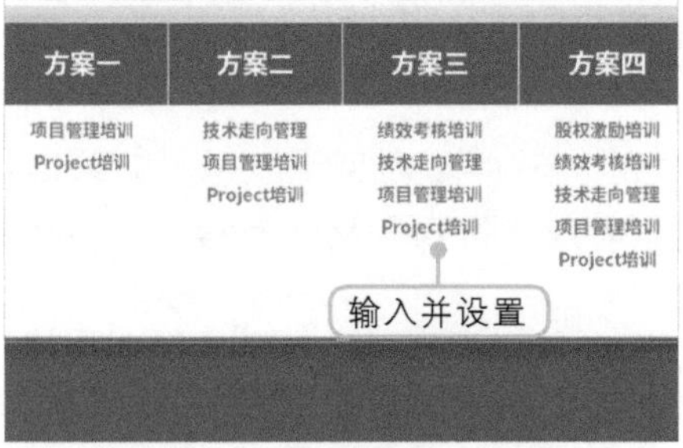

图6-21　输入并设置正文

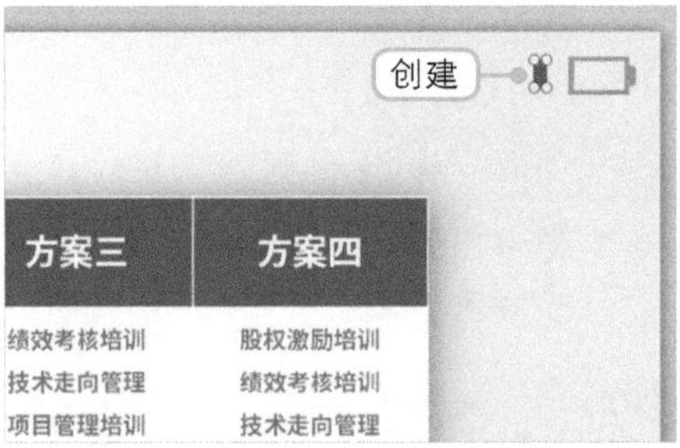

图6-22　创建矩形并设置后的效果

STEP 10 复制3次创建的矩形，并将其放置在电池形状中，选择整个电池形状，按【Ctrl+G】组合键组合，如图6-23所示。

STEP 11 复制3次组合后的形状，分别放置在各个方案下方，如图6-24所示。

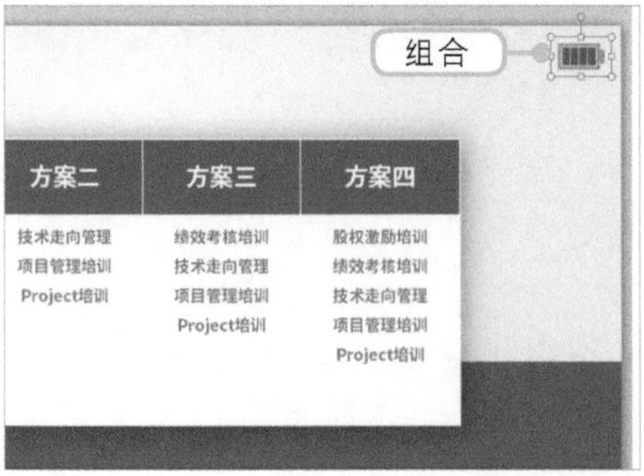

图6-23　复制并组合形状

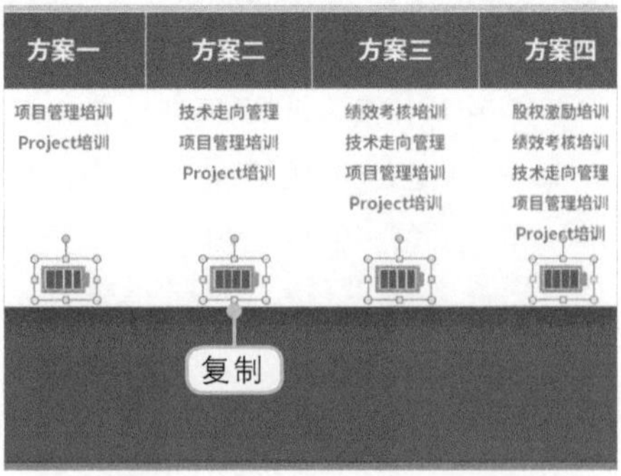

图6-24　复制形状并调整位置

STEP 12 通过双击选中组合形状中的单个形状，依次删除多余的矩形，效果如图6-25所示。

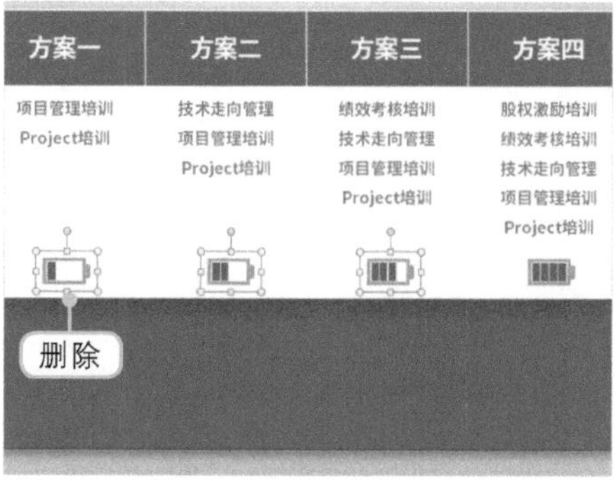

图6-25　删除矩形后的效果

高手点拨

调整表格中文本的对齐方式时，可以在【表格工具 布局】/【对齐方式】组中进行设置，其中可以分别调整水平方向和垂直方向的对齐效果。

3. 突出重点，强调数据

对于表格而言，只要提到强调数据，那么绝大多数人都会选择加粗字体，增加字号，改变颜色等操作，这样做无可厚非，但如果想得到更好的效果，则应该考虑更有创意的强调数据的方法。图6-26所示为将表格的一列数据作为一个单独的对象进行处理，这样就会使得表格更加立体和生动。

图6-26　强调表格数据

下面就介绍如何在表格中实现这种效果，具体操作如下。

STEP 01 打开素材文件“套餐介绍.pptx”演示文稿（素材参见：素材文件\第06章\套餐介绍.pptx）。

STEP 02 单击表格边框来选择整个表格对象，依次按【Ctrl+C】组合键和【Ctrl+V】组合键复制并粘贴表格，如图6-27所示。

扫一扫观看视频

STEP 03 将鼠标指针移至复制表格的“普通版”列，当其变为↓形状时，按【Backspace】键删除该列，如图6-28所示。按相同的方法删除“专业版”列和“企业版”列。

图6-27 复制表格

图6-28 删除多余的列

STEP 04 选择表格中剩余数据的下方4行单元格，将其底纹填充为“白色”，如图6-29所示。

STEP 05 选择第1行单元格中的文本，将其字体颜色填充为“红色:98，绿色:170，蓝色:29”，如图6-30所示。

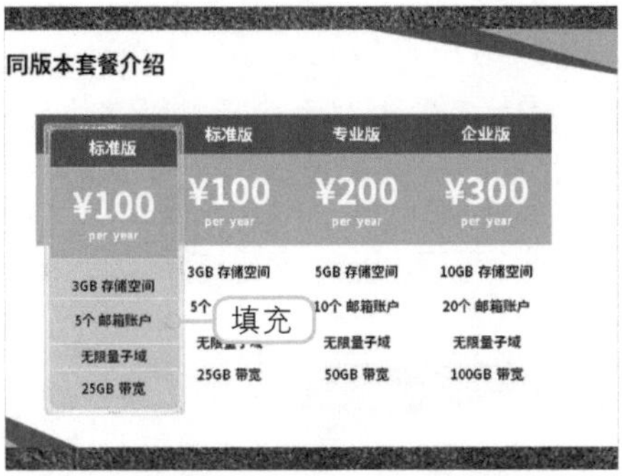

图6-29 填充底纹

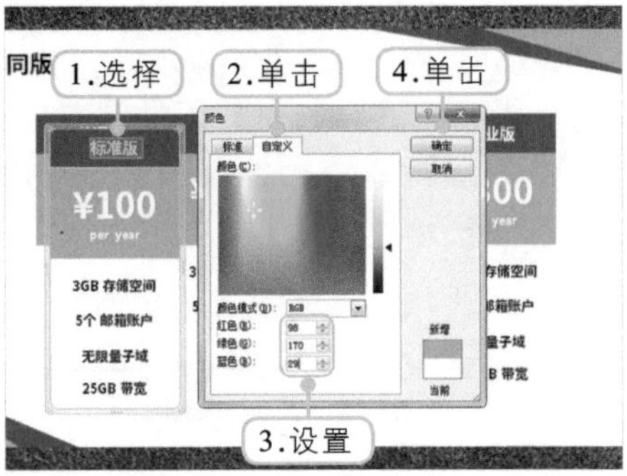

图6-30 设置字体颜色

STEP 06 选择第2行单元格中的文本，将其字体颜色填充为“红色:33，绿色:86，蓝色:60”，如图6-31所示。

STEP 07 选择该列下方的4个单元格，单击“字体颜色”按钮右侧的下拉按钮，在弹出的下拉列表中选择“最近使用的颜色”栏中较浅的绿色选项，如图6-32所示。

高手点拨

PowerPoint会将最近在此PPT中使用过的颜色，无论是字体颜色、边框颜色，还是填充颜色，都保存到“最近使用的颜色”栏中，方便用户快速选择使用。

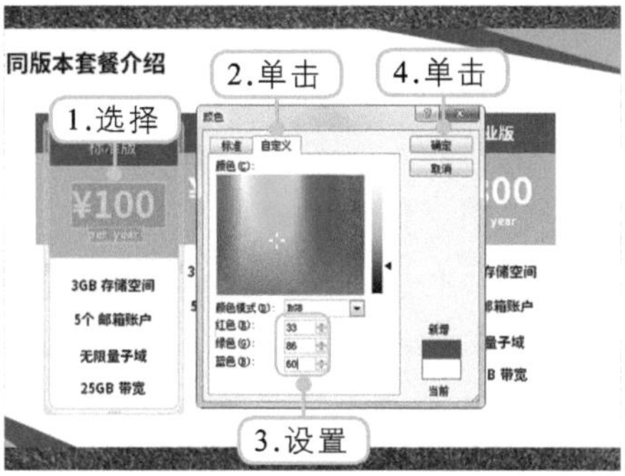

图6-31　设置字体颜色

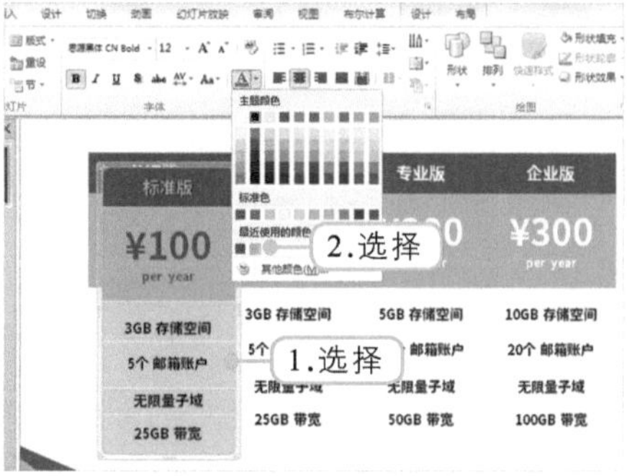

图6-32　设置字体颜色

STEP 08 将所选4个单元格的字体设置为“13”，拖动表格边框，将其稍微放大，并移动到图6-33所示的位置。

STEP 09 在表格边框上单击鼠标右键，在弹出的快捷菜单中选择“设置形状格式”命令，打开“设置形状格式”对话框，选择左侧的“阴影”选项，单击“预设”下拉按钮，在弹出的下拉列表框中选择“外部”栏下的第1个选项“右下斜偏移”，并设置“虚化”为“30磅”，单击“关闭”按钮，如图6-34所示。

图6-33　调整大小和位置

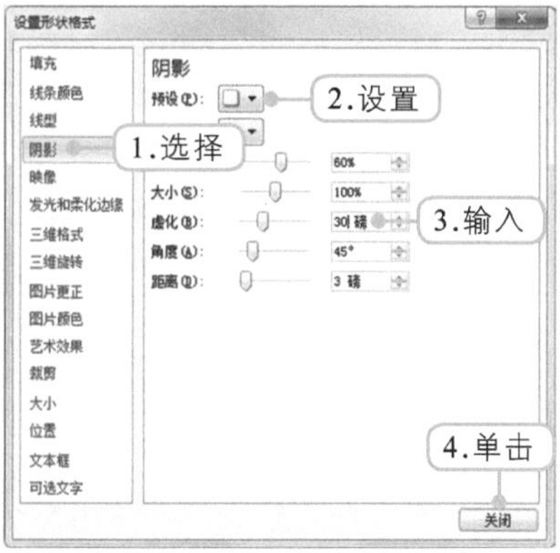

图6-34　设置阴影效果

高手点拨

这种强调表格数据的设置方法应用得比较普遍，是非常适用的一种表现手法。读者不仅可以按上述方法进行设置，也可以按行的方向突出某一行，还可以隔行或隔列来设置，当然还可以仅仅突出一个单元格。但读者应当具有清晰的设计思路和目的，不能让表格显得过于花哨。

6.1.3　创意表格手到擒来

要想设计出独具创意的表格，就要跳出固定思维模式，把表格看成灵活的对象，而不仅仅是由框线组成的对象。下面将介绍两种设计思路，一种是借助外部对象来制作表格，另一种是设计表格自身元素的制作。

1. 借助图形、图片等元素

无论是图形还是图片，均可以按照以下两种思路来使用。

- **作为表格外边框：** 这种方法是将图形或图片作为表格的外部边框，而将表格自身的边框和底纹进行处理，使两者合二为一。由于表格数据与商业用房统计相关，因此使用房子的形状将表格数据包围起来，如图6-35所示；图6-36所示为手机数据参数，因此选用了手机图片作为表格外边框。这些对象都能让表格数据显得生动，充满了创意感。

图6-35 形状作为表格边框

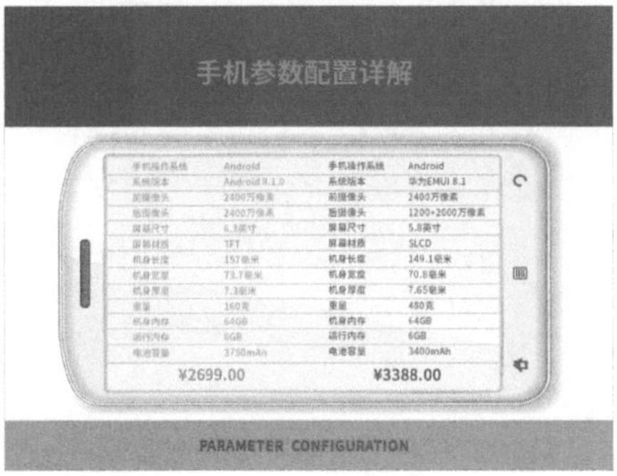

图6-36 图片作为表格边框

高手点拨

在“字体”对话框中选中“上标”复选框，可以将所选文本设置为上标状态；选中“全部大写”复选框，可将所选小写英文字母转换为大写字母。

- **作为表格内部元素：** 这种方法是将图形或图片作为表格的内部元素来设计，如将图形或图片作为单元格中的文本数据，或将图片作为单元格的填充底纹等，这都是比较适用的设计方法，如图6-37所示。

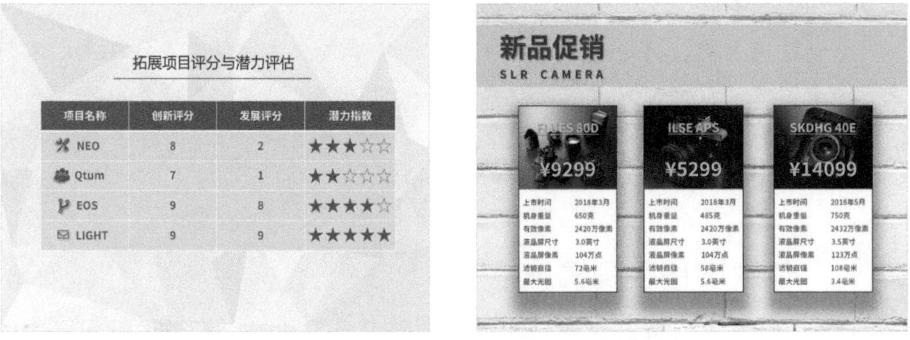

图6-37 图形与图片作为表格内容元素

高手点拨

图6-37右图中表格的图片是选择需填充图片的两个单元格后，将底纹填充为图片后的效果。需要注意的是，图片填充到单元格后可以在所选单元格上单击鼠标右键，在弹出的快捷菜单中选择“设置形状格式”命令，打开“设置形状格式”对话框，然后选择左侧的“填充”选项。此时，需要选中“将图片平铺为纹理”复选框，然后通过下方的偏移量和缩放比例来调整图片在单元格中的位置。

2. 边框和底纹设计使表格升级

表格边框和底纹的设计非常重要，用得不好，就是限定表格的对象；用得好，则可以让表格呈现出比较精美的效果。好的表格往往边框和底纹都没有什么存在感，但又在不知不觉中起到了美化、间隔的作用。图6-38所示的表格，可能有的用户会觉得图中包含4个单列表格，制作时是首先制作第1个表格，然后进行复制和修改来得到其余3个表格。而实际上，它们是一个整体，是一个5行7列的表格，通过去掉边框和底纹，并调整各列的列宽所得到的，圆角矩形和横线则是形状对象。

当然，边框和底纹还有其他许多设计方法，但首先要具备一个原则，即边框和底纹不是限制表格的对象，灵活运用、打破常规，才能设计出各种创新的表格效果。图6-39所示则为利用表格打造的封面效果。要实现这种效果，首先为表格填充平铺效果的图片底纹，然后进一步处理部分单元格。

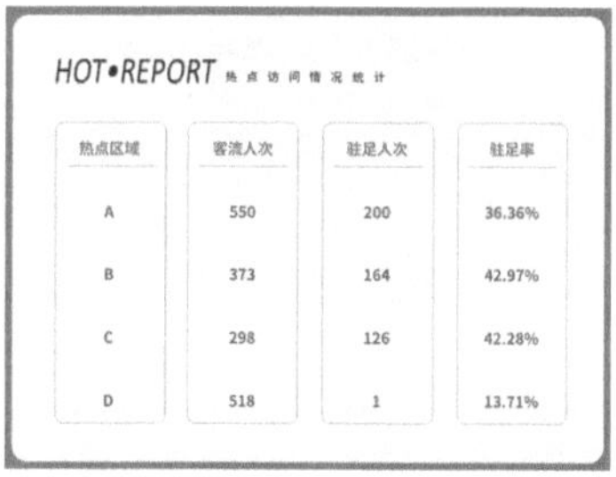

图6-38　无边框和底纹的表格

图6-39　表格制作的封面

6.2 图表美化不是小事

图表在PPT的制作中备受青睐，它可以将数据以各种精美的图形形式展示在大家面前，是不可多得的改善内容质量和丰富版面的工具。当然，如果对图表使用不当或处理不好，也就完全达不到前面所说的效果。

6.2.1 图表使用基本原则

PPT中的图表类型很多，图表组成元素也比较复杂，因此图表使用和处理起来就显得更加麻烦，要制作出更加精致的图表也就更不容易了。首先抛开如何制作和设计图表而言，下面应该掌握图表的一些基本使用原则，修正一些对图表的错误认识。

1．正确的图片显示正确的数据

PPT的图表包含柱形图、折线图、饼图、条形图、面积图等，为什么会有这么多类型的图表呢？原因就在于数据的表现方式不同，需要用不同类型的图表来展示。

比如，柱形图和条形图都是由多个矩形来表现数据的多少或分布情况的，那么这类图形就适合表现数据的对比情况和分布情况，如图6-40所示；再比如，饼图是由多个扇形区域组成的圆形来表现数据的，这种类型的图表就非常适合表现数据占比的情况，如图6-41所示。

其他的如折线图适合表现数据走势，气泡图适合表现数据相关性等，都有其独有的数据表现特点。因此，应首先确定PPT中的数据需要表现什么信息，然后决定使用哪种类型的图表。

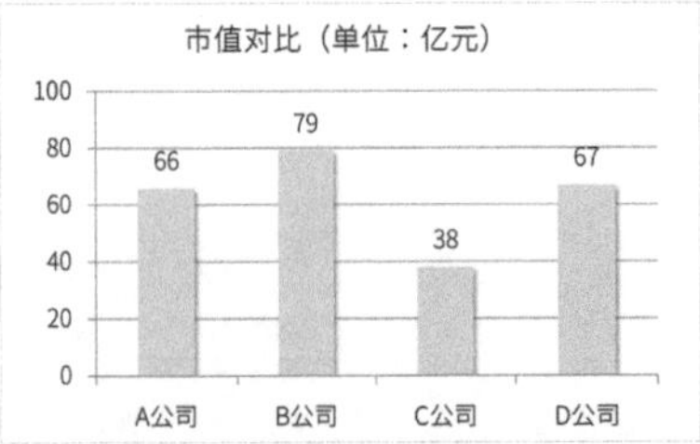

图6-40　柱形图

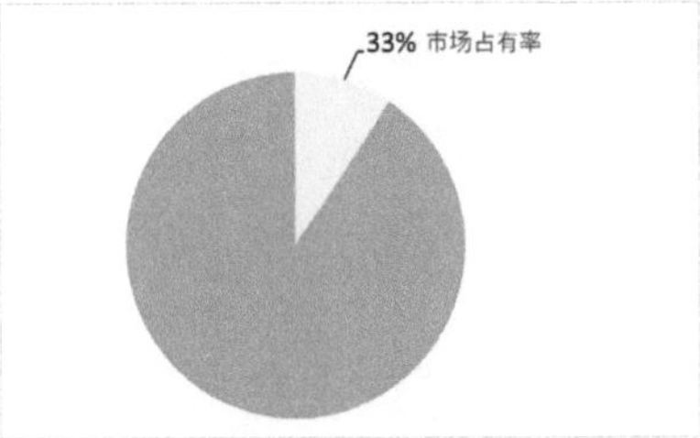

图6-41　饼图

2．杜绝花枝招展的图表

与表格一样，图表在使用时也忌过度美化，否则也会出现图表不仅没有变美，反而“越画越丑”的情况。图6-42所示即图表过度美化和适当美化的效果对比。

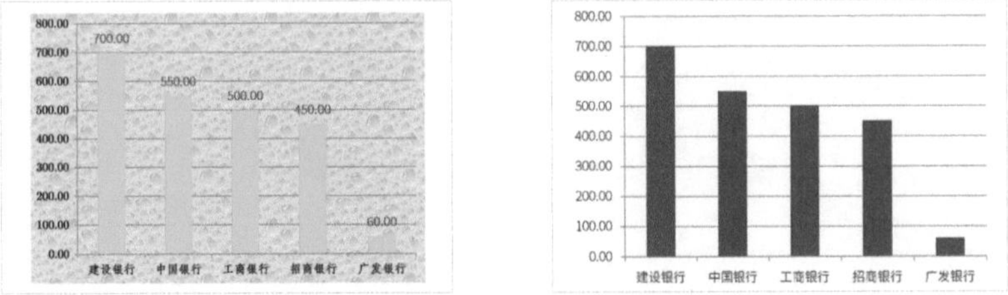

图6-42　不同美化程度下的图表

3. 图形数据清晰到位

设置图表时必须要考虑图表中的图形和数据是否清晰、到位，这样才能体现图表真正的作用。图6-43左图所示的坐标轴和数据系列都不清晰，通过调整后，右图所示的数据可以轻松被识别，且数据系列调整到图形中，与对应的图形合为一体，让人一目了然。

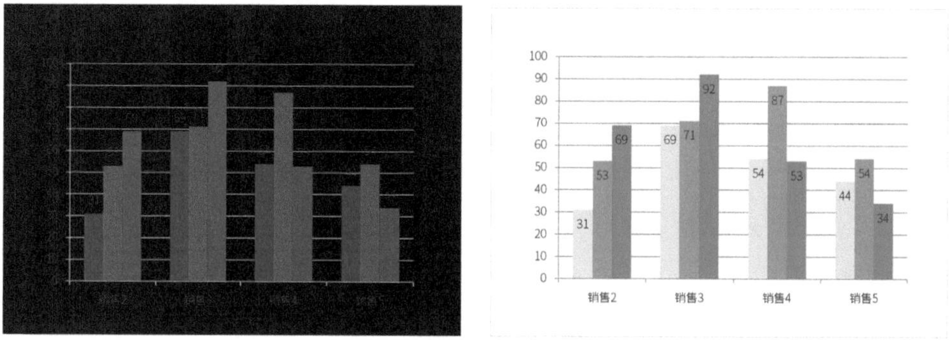

图6-43 图表中的数据和图形必须具备可读性

4. 二维好于三维

有些图表类型具有三维样式，这类样式使得图表更加立体，效果独特。但实际上，PPT中很少使用三维图表，原因就在于它增加了识别数据的难度，没有体现简单易懂的原则。图6-44所示为二维条形图和三维条形图的对比效果，明显二维图表的实用性更高。

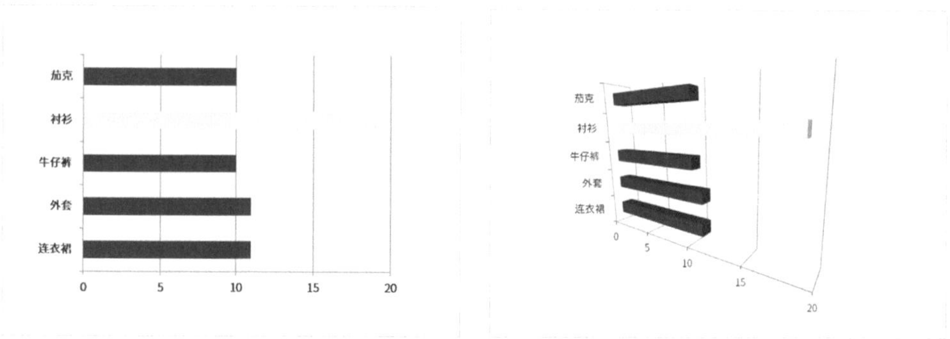

图6-44 二维图表和三维图表对比效果

5. 坐标和单位有讲究

PPT图表能够通过图形来展示数据，依据的就是坐标和数据单位。如果没有这个参考标准，那图形不论多美观，都没有任何意义。也就是说，在设置图表时，坐标轴和数据单位必须正确，尽量保证以“0”为坐标起点，否则会扭曲图形所表达的信息。图6-45左图中没有以“0”为坐标起点，导致数据系列看起来比右图的数据系列更小，但实际上除了第2个数据系列外，两幅图的图形代表相同的数据。

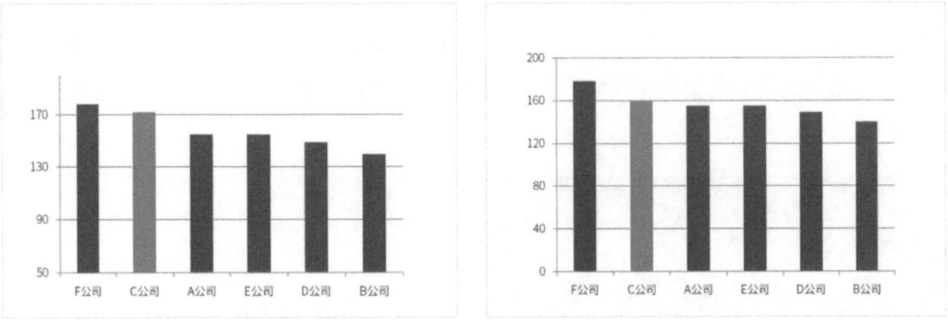

图6-45　坐标起点为“0”与否的效果

6. 数据系列很重要

数据系列直接影响图表的展示效果，是图表最重要的元素之一。因此设置数据系列时应以直观、简单为原则。比如，折线图中的折线就不宜过粗，饼图中的最大区域部分应以12:00点方向为起始位置等，这都是为了让使用者能够轻松了解数据系列反映的数据信息。

6.2.2 图表元素有取舍

不同类型的图表，其组成元素也不完全相同，但总体而言，在PPT中最常用的图表元素主要有图表标题、图例、数据系列、数据标签、网格线和坐标轴等。图6-46所示即为二维柱形图的常用图表元素。

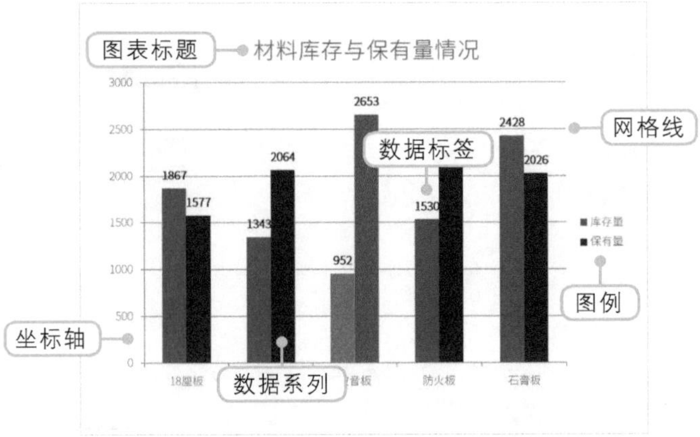

图6-46　图表元素

在制作PPT图表时，并不是所有图表元素都必须体现，这需要根据演讲者和阅读者的需求进行取舍，有的图表可能只需要数据系列和数据标签（如饼图）就能展示需要说明的信息，有的图表则可以没有图表标题和图例等。但无论如何，只有在了解各图表元素作用的前提下，才能更好地进行取舍。

- 图表标题：即图表名称，可修改名称内容，也可根据需要显示或隐藏，不是图表必不可少的组成部分。
- 图例：表明数据系列代表的内容。当图表中仅存在一种数据系列时，可删除图例。但如果存在多个数据系列，则图例是应该存在的，以区分不同图例代表的对象。
- 数据系列：图表中的图形部分就是数据系列，是图表最重要的组成部分之一，能够将工作表中的数据图形化。每一种图形对应一组数据，默认呈现统一的颜色或图案。
- 数据标签：辅助数据系列，能够显示数据系列的具体大小，可根据情况将其显示或隐藏在图表中。
- 网格线：网格线的作用是更好地表现数据系列代表的数据大小，可以隐藏或显示在图表中。
- 坐标轴：分为水平坐标轴和垂直坐标轴，用于辅助显示数据系列的类别和大小。

6.2.3 让数据系列旧貌换新颜

要想让图表看上去别出心裁，就可以在数据系列上想办法，让它脱离原始的呈现方式。下面将介绍两种常用的处理数据系列的方法，可以使图表看上去焕然一新。

1. 利用层叠效果改善数据系列

图表默认的数据系列都是以各种形状来展示的，实际上可以用其他图片或对象将其代替，使其更契合图表想要表现的数据。图6-47所示为以柱形图的方式表现各材料目前的囤货情况，这里就使用了图片来代替矩形，让图表看起来更加形象和直观。

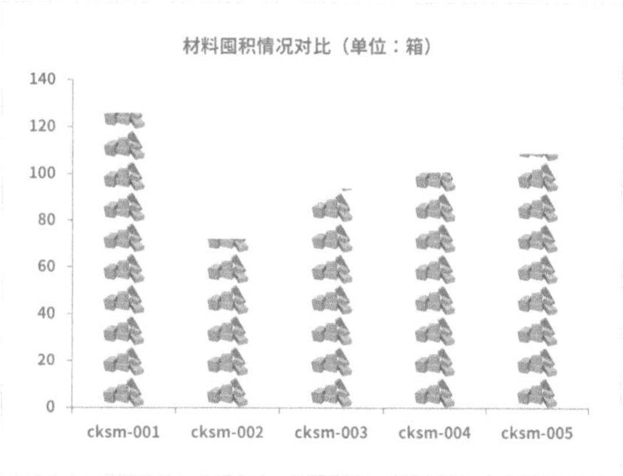

图6-47　图片代替矩形的柱形图

下面介绍该图表的制作方法，具体操作如下。

扫一扫观看视频

STEP 01 打开素材文件“材料囤积.pptx”演示文稿（素材参见：素材文件\第06章\材料囤积.pptx）。

STEP 02 在【插入】/【插图】组中单击“图表”按钮，打开“插入图表”对话框，选择柱形图类型中的第1种图表选项，单击“确定”按钮，如图6-48所示。

STEP 03 此时，PPT将插入图表并打开Excel表格，在其中将表格中A列和B列的数据修改为图6-49所示的内容，然后拖动D列右下角的控制点至B列，表示图表数据源仅为A列和B列中的数据。

图6-48　选择柱形图类型

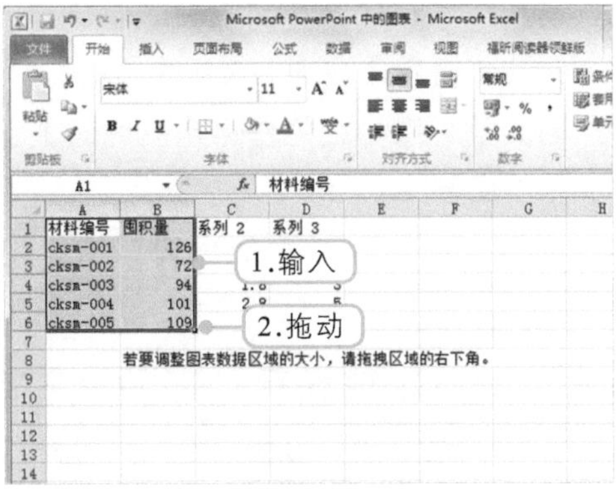

图6-49　输入图表数据

STEP 04 关闭Excel窗口，将图表标题的内容修改为图6-50所示的文本。

STEP 05 选择图例选项，按【Delete】键删除，然后选择网格线选项，如图6-51所示，同样按【Delete】键删除。

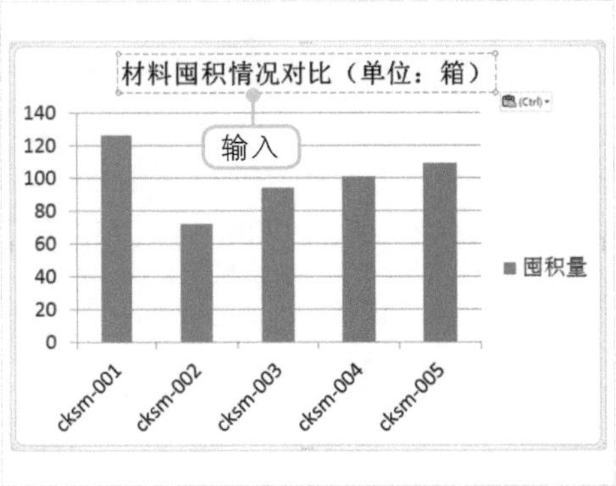

图6-50　修改图表标题

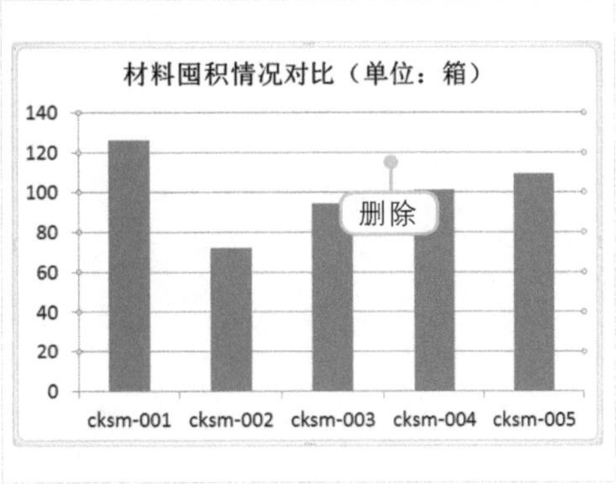

图6-51　删除图例和网格线

STEP 06 放大图表，将字体格式设置为“思源黑体CN Bold，黑色—文字1—淡色50%”，然后选择幻灯片右侧提供的图片素材，按【Ctrl+C】组合键复制，最后选择数据系列，按【Ctrl+V】组合键粘贴，如图6-52所示。

STEP 07 在数据系列上单击鼠标右键，在弹出的快捷菜单中选择“设置数据系列格式”命令，打开“设置数据系列格式”对话框，选择左侧的“填充”选项，在右侧界面中选中“层叠”单选按钮，单击“关闭”按钮，如图6-53所示。

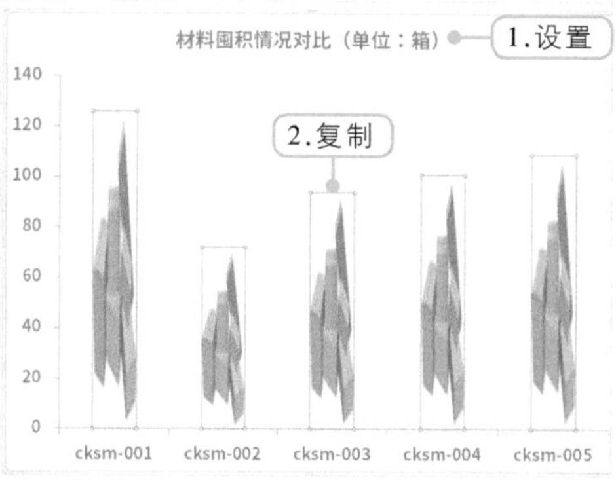

图6-52 粘贴图片

图6-53 设置层叠效果

2. 利用重叠效果填充数据系列

在上述操作的基础上，还可以结合系列重叠和分类间距等功能打造出更为逼真的图表效果，如图6-54所示。该图表通过重叠数据系列来体现百分比信息。

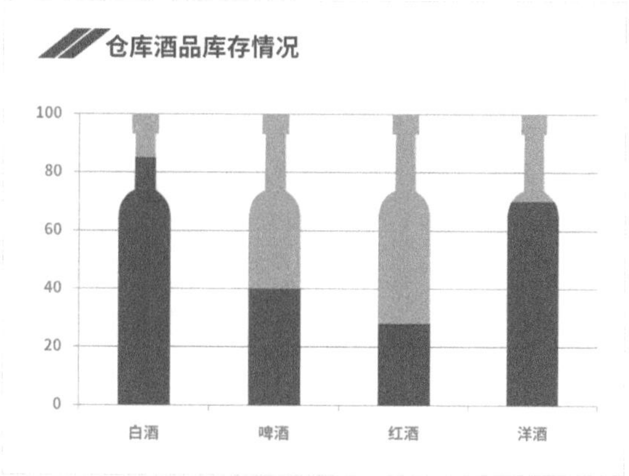

图6-54 重叠效果体现百分比

下面介绍其制作方法，具体操作如下。

STEP 01 打开素材文件“库存情况.pptx”演示文稿（素材参见：素材文件\第06章\库存情况.pptx）。

STEP 02 插入第1种柱形图，然后在Excel窗口中将数据内容和数据范围进行调整，效果如图6-55所示。

STEP 03 删除图表中的图例和图表标题等对象，然后放大图

扫一扫观看视频

表，如图6-56所示。

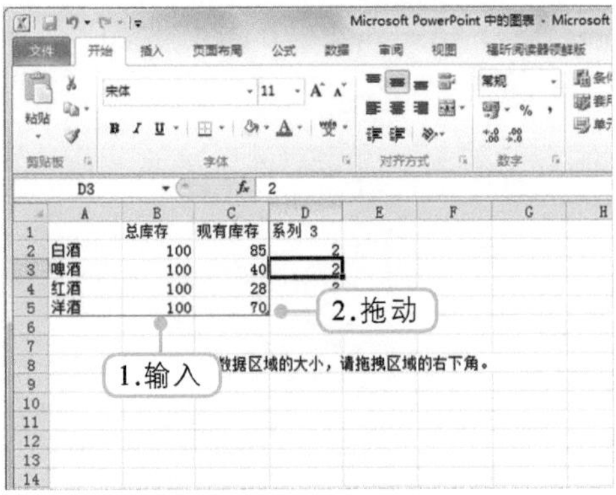

图6-55　修改图表数据

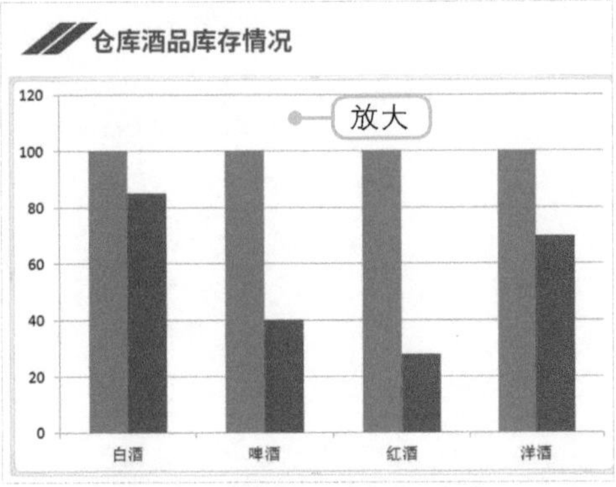

图6-56　删除图例等并调整大小

STEP 04 双击垂直坐标轴，打开“设置坐标轴格式”对话框，选中“最大值”栏中的“固定”单选按钮，将右侧文本框中的数值修改为“100.0”，然后选中“主要刻度单位”栏中的“固定”单选按钮，将右侧文本框中的数值修改为“20.0”，最后单击“关闭”按钮，如图6-57所示。

STEP 05 选择图表，将其字体格式设置为“思源黑体 CN Bold，黑色—文字1—淡色50%”，如图6-58所示。

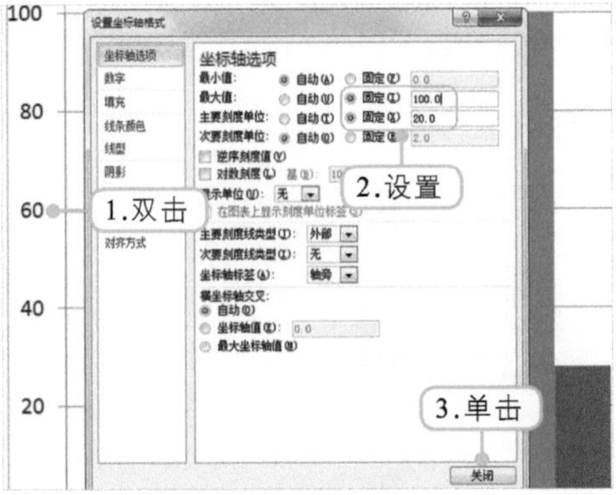

图6-57　修改坐标轴单位

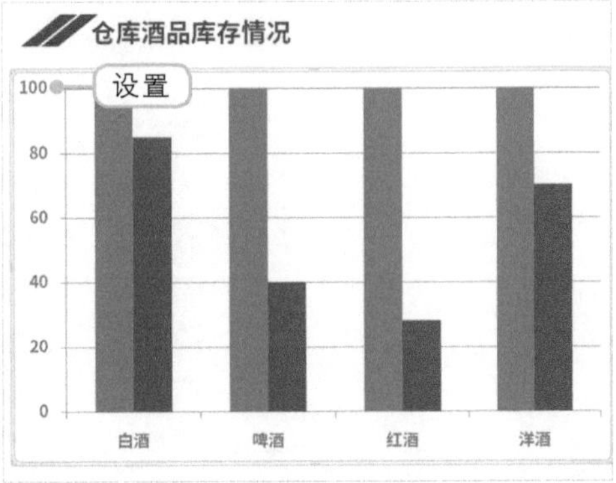

图6-58　修改图表字体格式

STEP 06 选择图表中的蓝色数据系列，在其上单击鼠标右键，在弹出的快捷菜单中选择“设置数据系列格式”命令，打开“设置数据系列格式”对话框，将“系列重叠”栏中的滑块拖动到最右方，单击“关闭”按钮，如图6-59所示。

STEP 07 将幻灯片右侧的形状对象复制到图表中的数据系列上，其中用灰色形状替换蓝色数据系列，用红色形状替换红色数据系列，如图6-60所示。

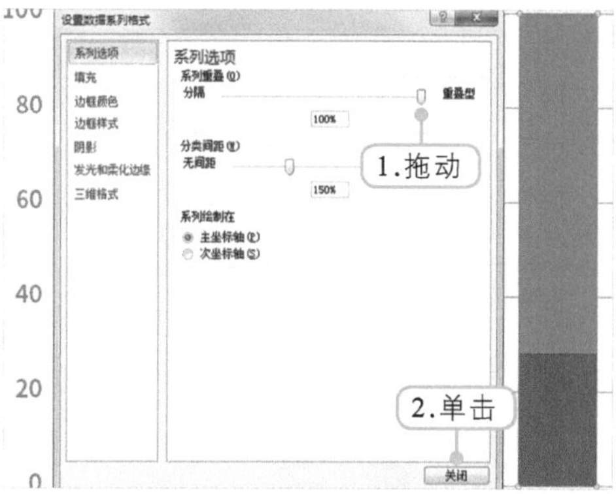

图6-59 重叠数据系列

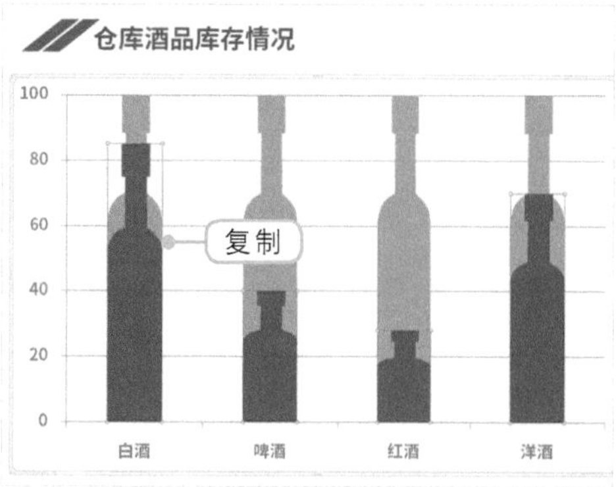

图6-60 利用形状替换数据系列

STEP 08 选择红色形状数据系列，在其上单击鼠标右键，在弹出的快捷菜单中选择“设置数据系列格式”命令，打开“设置数据系列格式”对话框，选择左侧的“填充”选项，在右侧选中“层叠”单选按钮，如图6-61所示。

STEP 09 保持对话框的打开状态，重新在图表中选择灰色形状数据系列，同样将其调整为“层叠”状态，然后将分类间距调整为“130%”，单击“关闭”按钮，如图6-62所示。

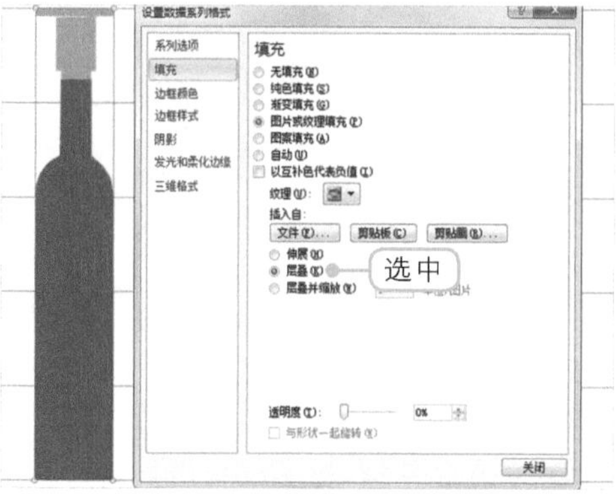

图6-61 改变形状填充方式

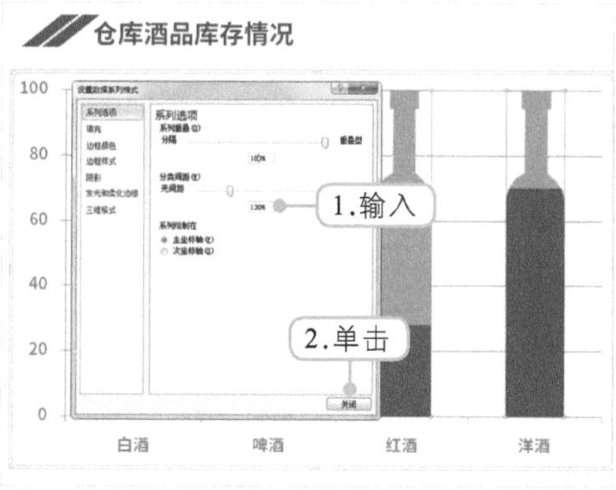

图6-62 改变形状填充方式

高手点拨

分类间距的大小与数据系列的外观有直接关系，当整个图表尺寸更大或更小时，就会影响到数据系列的大小，此时就需要重新调整分类间距参数。

6.2.4 是图表又不是图表

所谓“是图表”，是指具备以形状反映数据的特点；所谓“不是图表”，则是指并不是通过创建某类图表来实现这一功能的。换句话说，为了打造出更加形象美观的图表，如果仅仅利用PPT的图表功能，其设计空间是非常有效的，而如果利用各种形状、图标或图片来设计，则灵活度就要大许多。

1. 滑块百分比图表效果

图6-63所示的图表，若直接利用图表功能是很难创建的，但如果利用形状，就会简单许多，同时展示出来的效果也更加直观生动。

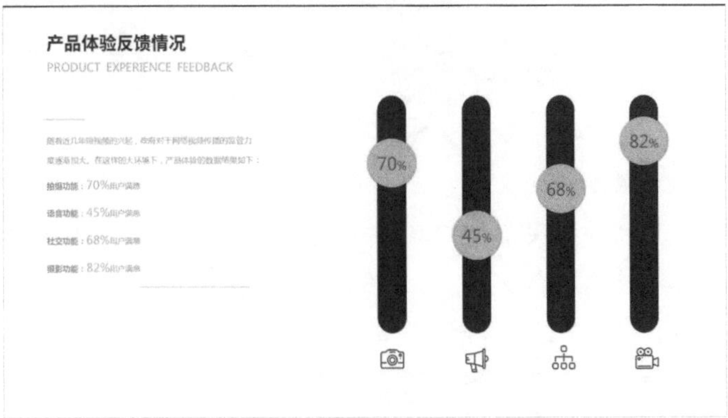

图6-63　形象的滑块百分比图表

下面介绍该图表的制作方法，具体操作如下。

STEP 01 打开素材文件“产品反馈.pptx”演示文稿（素材参见：素材文件\第06章\产品反馈.pptx）。

扫一扫观看视频

STEP 02 分别绘制两个直径为“2.5厘米”的圆形，以及一个宽度为“2.5厘米”、长度为“18.5厘米”的矩形，并将3个图形左右居中对齐，按图6-64所示的效果排列在一起。

STEP 03 同时框选3个形状，单击【布尔计算】/【布尔计算】组中的“形状联合”按钮（此按钮需手动添加到功能区中）将其组合为一个形状，并去掉轮廓，将填充色设置为“红:54，绿:51，蓝:58”，如图6-65所示。

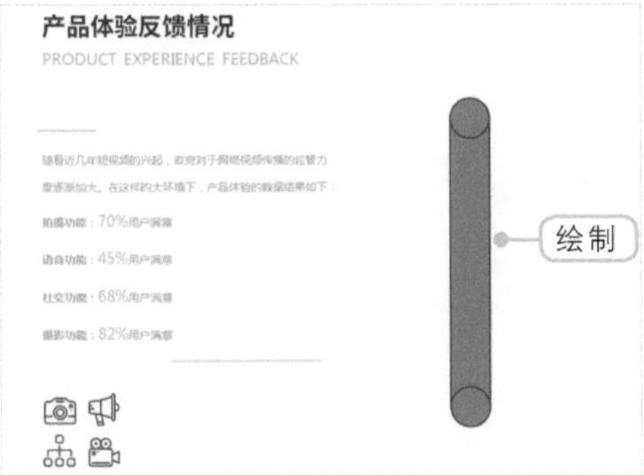

图6-64　创建形状

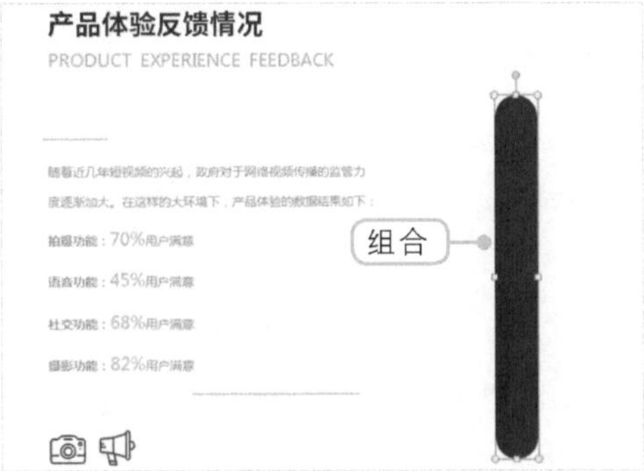

图6-65　合并形状并填充颜色

STEP 04 创建一个直径为“4.2厘米”的圆形，去掉轮廓，填充颜色“红:247，绿:175，蓝:29”，并为其添加“居中偏移”阴影效果，如图6-66所示。

STEP 05 创建一个文本框，并在其中输入“70%”，将字体格式设置为“思源黑体 CN Regular，44.8，红:35-绿:74-蓝:128”，然后将“%”字号缩小为“29.9”，如图6-67所示。

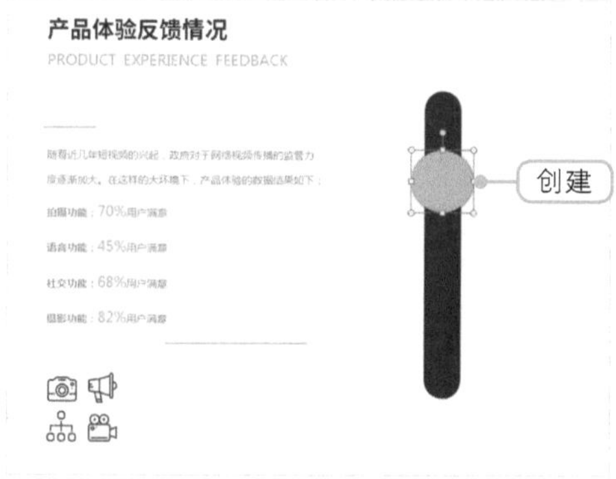

图6-66　创建圆形并设置

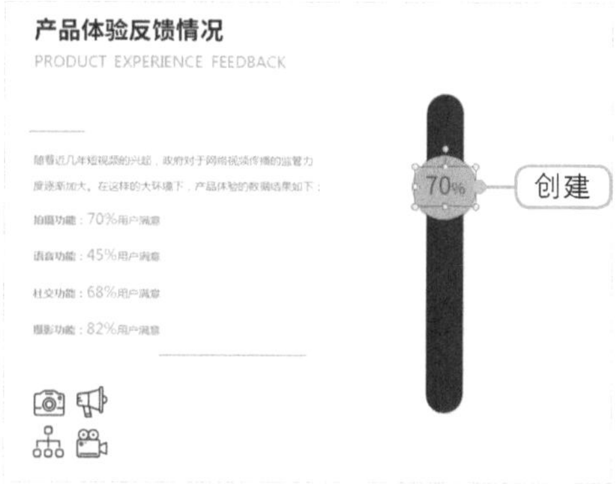

图6-67　创建文本框并设置

STEP 06 框选绘制的所有形状，按住【Ctrl+Shift】组合键不放向右拖动鼠标，水平复制形状，然后将金色圆形和其上的文本框同时向下移动，将数字“70”修改为“45”，如图6-68所示。

STEP 07 按相同的方法继续复制形状，调整位置并修改数值，如图6-69所示。

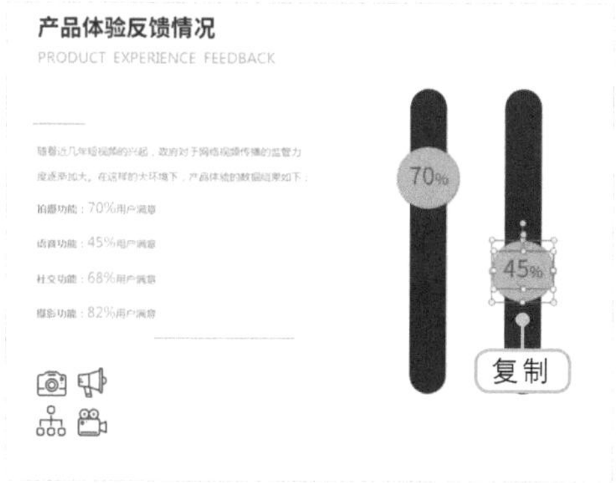

图6-68　复制形状并修改文字

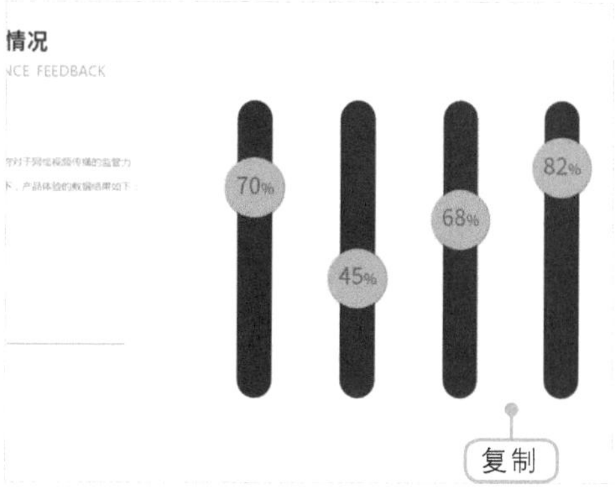

图6-69　复制形状并设置

高手点拨

注意：每组形状中的数值大小不同，因此位置排放要合理，比如“68%”形状所在的位置就应当高于“45%”的形状，但应略低于“70%”的形状。

STEP 08 将幻灯片左下角的4个图标依次拖动到绘制的形状下方，如图6-70所示。

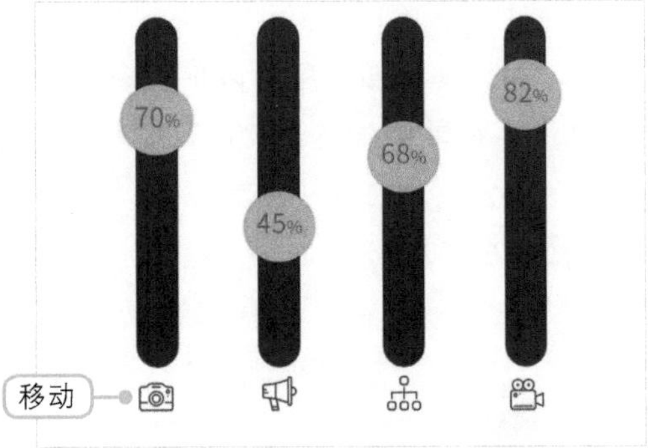

图6-70　移动图标

2. 善用形状和图标来体现图表数据

形状和图标是表现图表数据的有效工具，不仅能达到以图形展现数据的目的，而且创建的图表更加灵活多变。图6-71所示的左侧图表由两个扇形组成，中间的图表由多个人形图标组成，右侧图表则由若干圆形组成。它们都能通过自身的颜色、面积和数量等属性来直观地体现出对应的数据，而且制作方法也很简单。只要有创新的思维，就能制作出各种精美的图表对象。

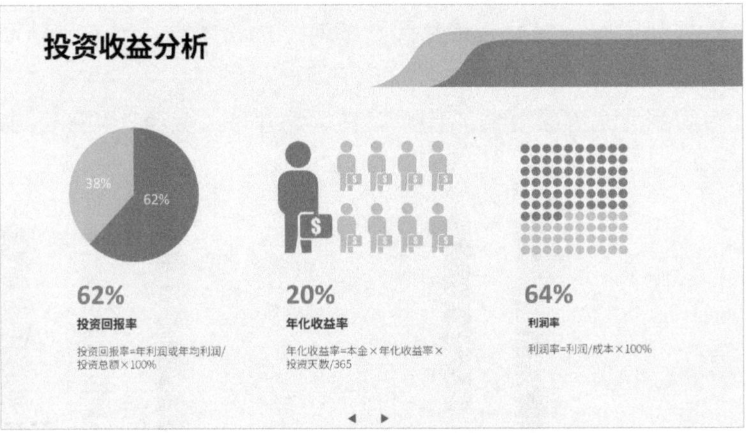

图6-71　各种形状和图标制作的图表

6.3 通过形状和图标打破单调感

通过前面的学习，读者可利用形状和图标来制作各种精美幻灯片。可以这样说，PPT中的各种形状，以及由形状编辑而来的各种图标，都能够使PPT质量有很大的提升。它们不仅能丰富版面内容，划分页面布局空间，还能与文字、表格、图表结合，其功能之强大是有目共睹的。下面进一步介绍与形状和图标相关的知识，让大家使用起来能够更加得心应手。

6.3.1 现有形状的应用

PPT提供了大量的形状对象，读者能够利用它们各自的特点来打造幻灯片页面。

1. 以形状为元素制作幻灯片

图6-72所示的就是利用各种现有的形状作为元素制作的幻灯片效果，其中包括了矩形、圆形、弧线、直线等应用。

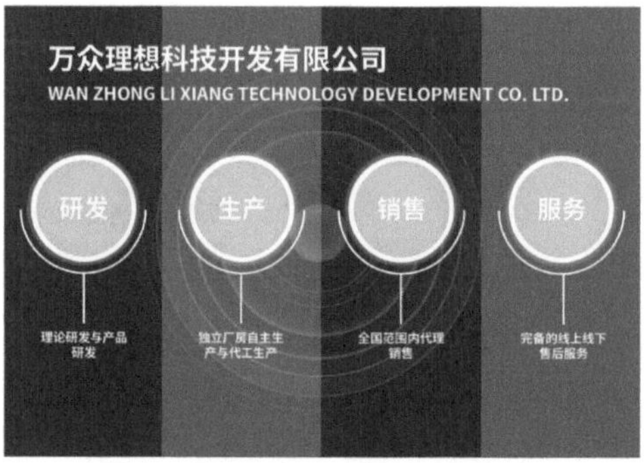

图6-72　利用形状制作的幻灯片

下面介绍制作该幻灯片的方法，具体操作如下。

STEP 01 打开素材文件“公司介绍.pptx”演示文稿（素材参见：素材文件\第06章\公司介绍.pptx）。

扫一扫观看视频

STEP 02 在【插入】/【插图】组中单击“形状”下拉按钮，在弹出的下拉列表框中选择“矩形”选项，在幻灯片中绘制一个矩形，在【绘图工具　格式】/【大小】组中将矩形的高度和宽度分别设置为“17.71厘米”和“6.35”厘米，并将其放置在幻灯片最左侧。

STEP 03 取消矩形的轮廓，并将其填充色设置为“深蓝”。在矩形上单击鼠标右键，在弹出的快捷菜单中选择“设置形状格式”命令，打开“设置形状格式”对话框，选择左侧的“填充”选项，在右侧界面中的“透明度”数值框中输入为“30%”，如图6-73所示。

STEP 04 保持“设置形状格式”对话框的打开状态，按住【Ctrl+Shift】组合键将矩形水平复制，使两个矩形相连，然后在“设置形状格式”对话框中单击“颜色”下拉按钮，在弹出的下拉列表框中选择“蓝色”选项，单击“关闭”按钮，如图 6-74所示。

图6-73　创建并设置矩形

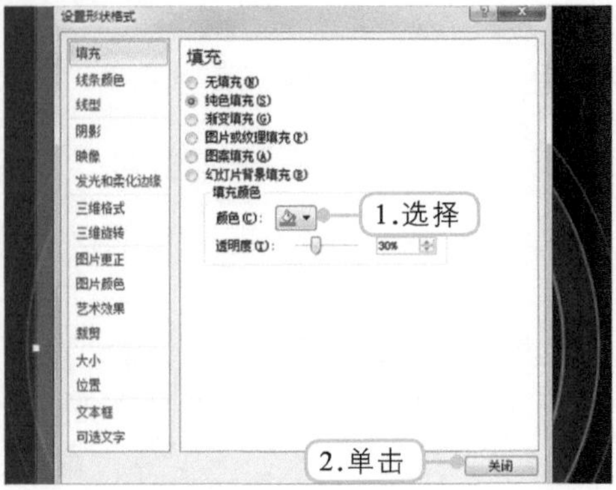

图6-74　继续设置矩形

STEP 05 同时选择两个矩形，将其水平复制到右侧，最终使得4个矩形刚好覆盖幻灯片背景，如图6-75所示。

STEP 06 在【插入】/【文本】组中单击“文本框”按钮，在幻灯片上方拖动鼠标绘制文本框，输入标题文本后，将其字体格式设置为“思源黑体 CN Bold，32，白色”，如图6-76所示。

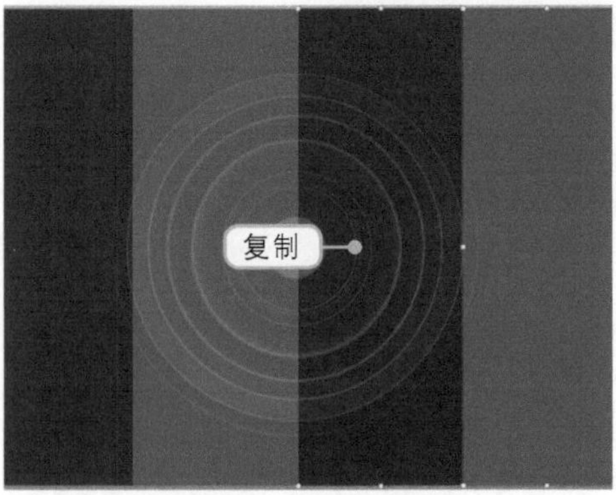

图6-75　复制矩形

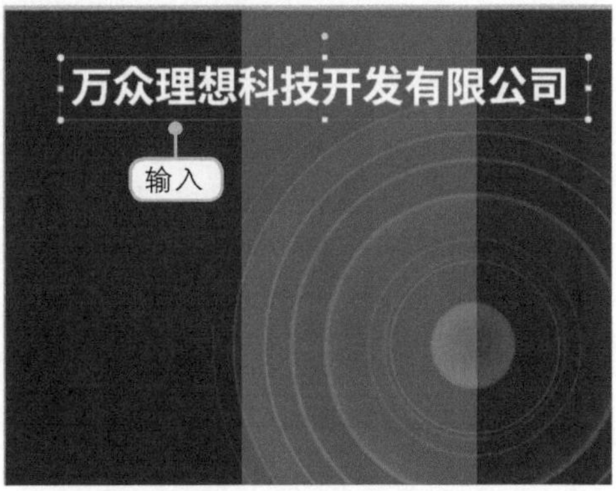

图6-76　输入文本并设置

STEP 07 向下垂直复制文本框，修改文本框内容后，将字号修改为“20”，并适当增加文本框宽度，保证文本呈一行显示，如图6-77所示。

STEP 08 在幻灯片中绘制一个椭圆，然后将其高度和宽度均设置为“4厘米”，使其呈正圆状态显示。将圆形轮廓色设置为“白色”，将粗细设置为“6磅”，将圆形填充色设置为“橙色”，然后利用“形状效果”下拉按钮为正圆添加“水绿色，8pt发光，强调文字颜色5”的发光效果。最后将正圆放置在第一个矩形的中间，如图6-78所示。

STEP 09 在正圆上单击鼠标右键，在弹出的快捷菜单中选择“编辑文字”命令，输入“研发”，并将字体格式设置为“思源黑体 CN Bold，28，白色”，如图6-79所示。

图6-77　输入文本并设置

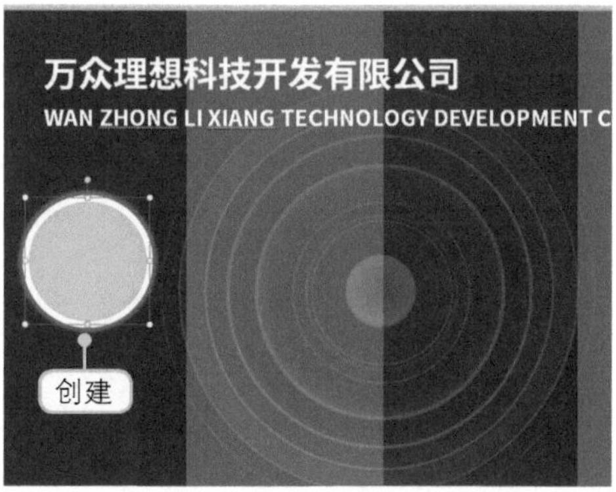

图6-78　创建并设置圆形

STEP 10 复制3次正圆，分别放置在其余3个矩形中间，并修改每个正圆的文本内容，如图6-80所示。

图6-79　输入并设置文本

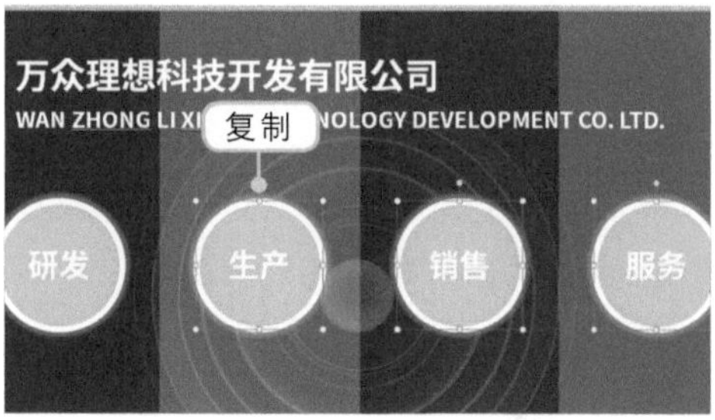

图6-80　复制圆形并修改文本

STEP 11 绘制一条弧线，将其高度和宽度均设置为“5厘米”，将轮廓设置为“白色，2.25磅”，拖动绿色控制点将其旋转到下方，并放置在正圆下方，如图6-81所示。

STEP 12 按住【Shift】键绘制一个垂直方向的直线，将其高度设置为“2厘米”，将轮廓设置为“白色，2.25磅”，放置在弧线下方，如图6-82所示。

图6-81　创建并设置弧线

图6-82　创建并设置直线

STEP 13 同时选择弧线和直线，将其水平复制3次，依次放在其余3个正圆下方，如图6-83所示。

STEP 14 创建文本框，输入适当的文本，将字体格式设置为“思源黑体 CN Bold，14，白色”，并放置在直线下方，如图6-84所示。

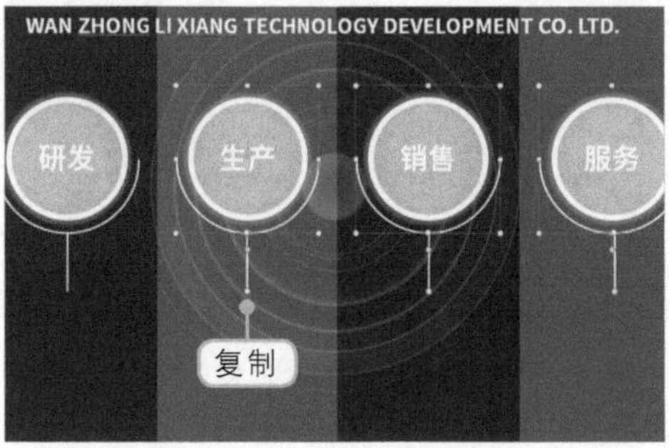

图6-83 复制弧线与直线

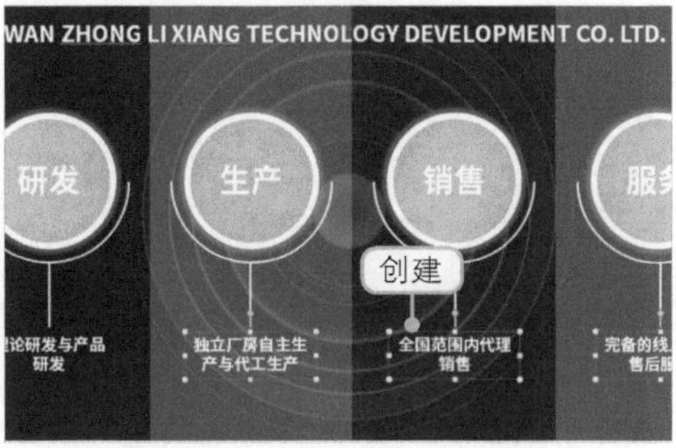

图6-84 创建并复制文本框

高手点拨

创建形状后，最多情况下会出现3种不同颜色的控制点。如绘制梯形时，拖动周围的白色控制点可以调整形状的高度或宽度；拖动绿色控制点可旋转形状；拖动黄色控制点则可调整形状的坡度、弧度等属性。另外，形状的轮廓包括颜色、粗细、线型等属性，形状可以填充颜色、图片、渐变或纹理，形状效果则包括阴影、映像、发光、柔化边缘、棱台、三维旋转等。通过对这些属性进行设置，就可以创建出美轮美奂的形状对象。

2. 将形状作为版面延伸的工具

除此以外，现有形状还可以用来作为版面延伸的工具，将单调乏味的幻灯片变得更加饱满、丰富和立体。以图6-85为例，如果幻灯片中没有矩形、线条和圆形等形状，幻灯片仅由背景图片支撑会显得过于单调。加入这些形状后，整个版面得到延伸与丰富，使得幻灯片封面更有吸引力。

图6-85 用形状来丰富和点缀版面

图6-86所示的转场页幻灯片，将白色矩形置于背景之上，增加了页面的层次感，并利用箭头形状与菱形进一步丰富和点缀矩形，使得整个幻灯片看上去简约大方，又与背景交相辉映。

图6-86　用形状增加版面层次感

图6-87所示的结束页幻灯片，它通过多个大小及颜色不同的菱形将版面划分为左、右两个区域，使得版面内容得以平衡。诸如此类的效果，都是形状能够实现的，设计时只要能够主动思考，就能打造出各种满意的幻灯片效果。

图6-87　用形状平衡版面

6.3.2 高级形状——图标的制作

图标实际上就是各种形状的变形、组合，它能够呈现形状所不能呈现的各种精美效果，是打造赏心悦目的幻灯片的有力武器。

1. 多个形状的管理

各种精美的图标对象往往涉及多个形状的使用，因此介绍图标之前，这里有必要系统说明一下PPT中管理多个形状的方法，主要涉及形状的组合、排列、对齐和叠放顺序等操作。

- 组合：将多个形状组合为图标，可以保证移动、缩放和旋转图标时能够以整体对象进行操作，而不至于变形散架。组合形状的方法为，利用【Shift】键加选多个形状，然后在【绘图工具 格式】/【排列】组中单击“组合”下拉按钮，在弹出的下拉列表框中选择“组合”命令，或直接按【Ctrl+G】组合键快速组合。想要取消组合的形状时，可以单击“组合”下拉按钮，在弹出的下拉列表框中选择“取消组合”命令，或直接按【Ctrl+Shift+G】组合键。如果形状没有组合，则缩小后得到的效果与组合后缩小的效果是完全不同的，如图6-88所示。

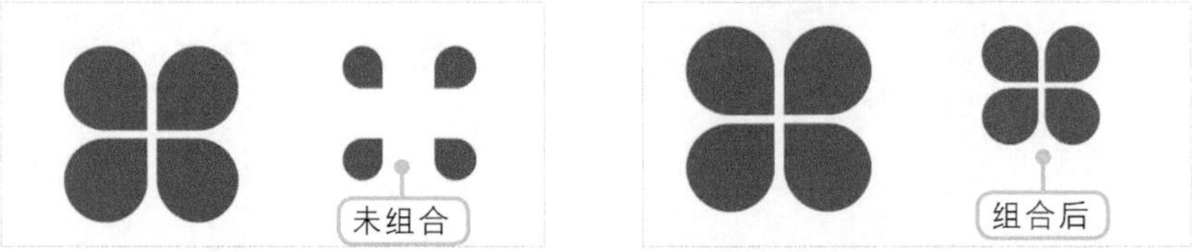

图6-88 未组合与组合后的形状缩小后的效果对比

- **排列**：当创建了多个相同的形状后，往往会将其等距离排列在幻灯片中，此时就可以使用排列功能进行精确排列。其方法为，选择需要排列的多个形状，在【绘图工具 格式】/【排列】组中单击“对齐”下拉按钮，在弹出的下拉列表框中选择“横向分布”或“纵向分布”命令即可。前者可以在水平方向等距离排列形状，后者可以在垂直方向等距离排列形状。
- **对齐**：选择多个形状，在【绘图工具 格式】/【排列】组中单击“对齐”下拉按钮，在弹出的下拉列表框中选择相应的对齐命令即可快速精确对齐形状，包括左对齐、左右居中对齐、右对齐、顶端对齐、上下居中、底端对齐等命令。
- **叠放顺序**：叠放顺序会根据形状绘制的先后顺序放置。比如先绘制一个圆形，然后在圆形之上绘制一个更大的矩形，则矩形就会遮挡圆形。如果想要在矩形上显示圆形，则就要调整形状的叠放顺序。其方法为，选择形状后，在【绘图工具 格式】/【排列】组中利用“上移一层”按钮或“下移一层”按钮即可调整叠放顺序。也可以直接在形状上单击鼠标右键，在弹出的快捷菜单中利用“置于顶层”或“置于底层”命令及其子命令来调整。

下面便通过创建形状并进行组合、排列、对齐等操作，制作图6-89所示的幻灯片效果，具体操作如下。

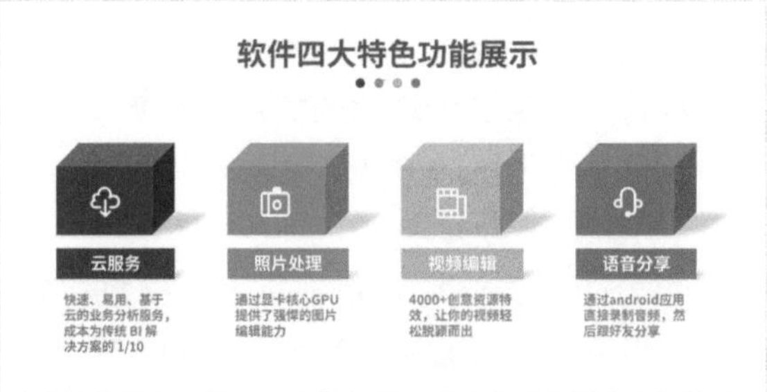

图6-89 使用形状制作的幻灯片效果

STEP 01 打开素材文件“产品特色.pptx”演示文稿（素材参见：素材文件\第06章\产品特色.pptx）。

扫一扫观看视频

STEP 02 创建文本框并输入文本，将字体格式设置为“思源黑体 CN Bold，28，黑色—文字1—淡色35%”。选择文本框对象，在【绘图工具 格式】/【排列】组中单击“对齐”下拉按钮，在弹出的下拉列表框中选中“对齐幻灯片”选项，然后选择“左右居中”选项，如图6-90所示。

STEP 03 创建一个高度和宽度均为“0.3厘米”的圆形，去掉轮廓，并将填充色设置为“红:57，绿:71，蓝:84”，将其放置于文本框下方，如图6-91所示。

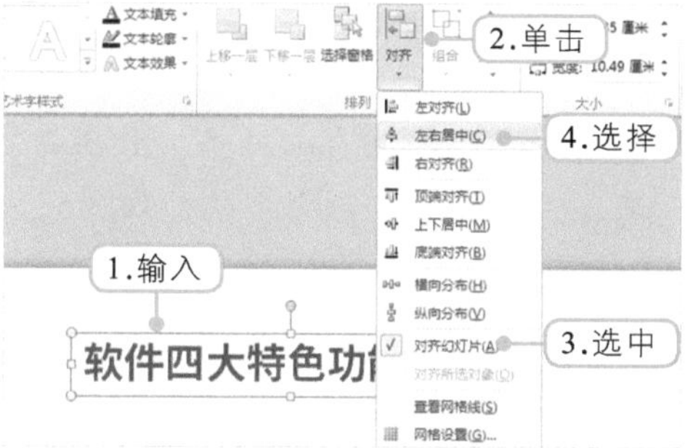

图6-90　以幻灯片为参照左右居中

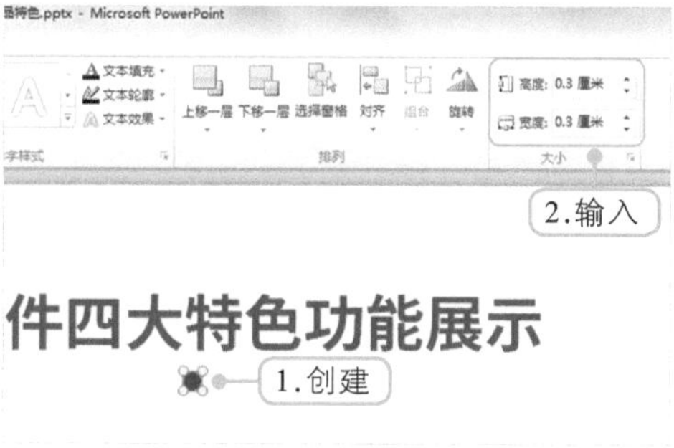

图6-91　创建圆形并设置

STEP 04 复制出另外3个圆形，将其颜色分别填充为“红:0，绿:147，蓝:159”“红:246，绿:170，蓝:38”和“红:234，绿:85，蓝:43”，如图6-92所示。

STEP 05 选择4个圆形，在【绘图工具 格式】/【排列】组中单击“对齐”下拉按钮，在弹出的下拉列表框中选中“对齐所选对象”选项，然后选择“上下居中”选项，如图6-93所示。

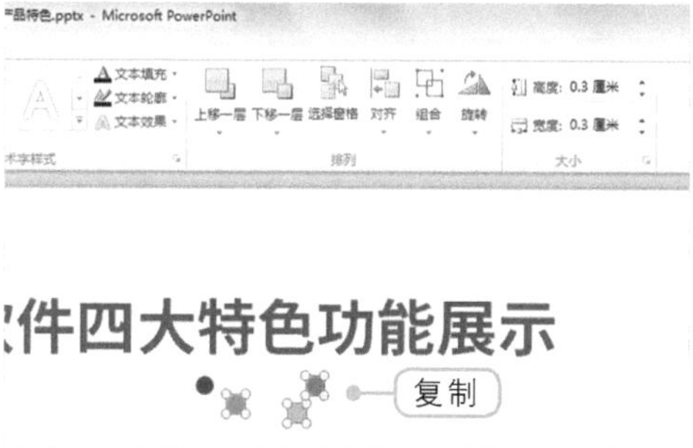

图6-92　创建其他圆形

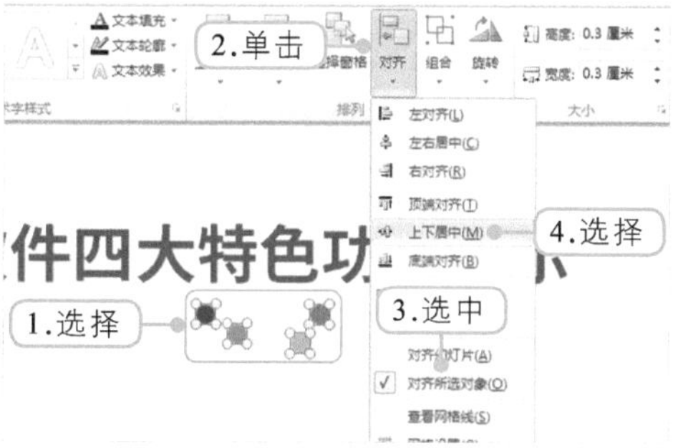

图6-93　以所选对象为参照上下居中

STEP 06 继续单击“对齐”下拉按钮，在弹出的下拉列表框中选择“横向分布”选项，

PPT将以所选对象两端为参照横向均匀排列对象，如图6-94所示。

STEP 07 保持圆形的选择状态，按【Ctrl+G】组合键将其组合，然后加选上方的文本框，单击“对齐”下拉按钮，在弹出的下拉列表框中选择“左右居中”选项，如图6-95所示。

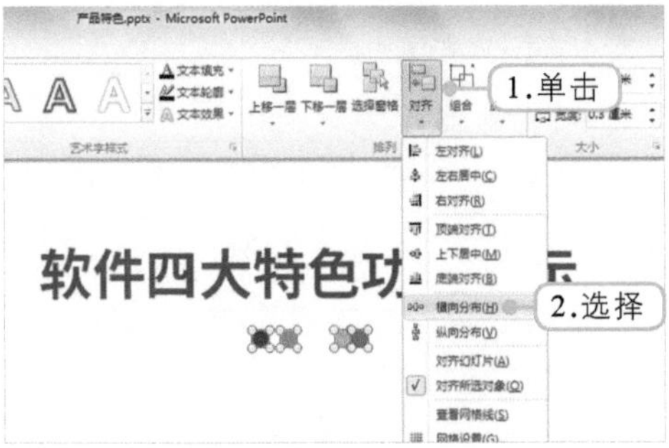

图6-94　横向分布4个圆形

图6-95　组合圆形并与文本框左右居中

STEP 08 创建一个立方体，高度为“3厘米”，宽度为“4厘米”，去掉轮廓，填充前面使用过的深灰色，并添加“右上对角透视”阴影效果，如图6-96所示。

STEP 09 选择幻灯片左侧的云图标，将其移动到立方体中央，为其填充白色，然后在其上单击鼠标右键，在弹出的快捷菜单中选择“置于顶层”命令，如图6-97所示。

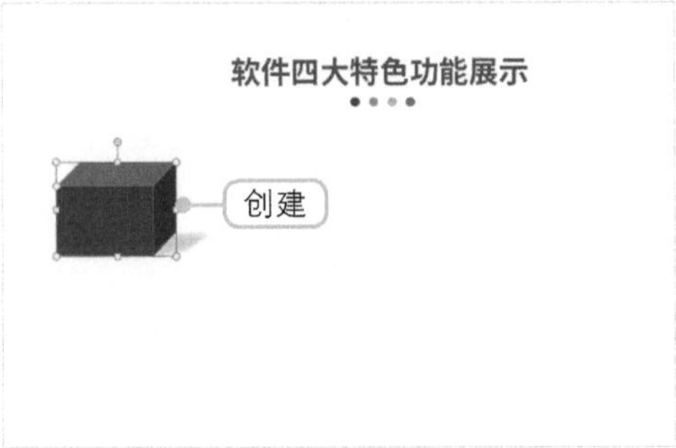

图6-96　创建立方体并设置

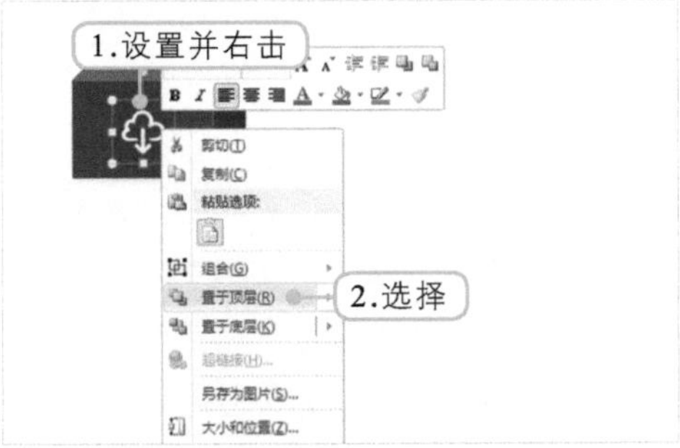

图6-97　调整图标颜色和叠放顺序

STEP 10 向下垂直复制立方体形状，然后在【绘图工具 格式】/【插入形状】组中单击“编辑形状”下拉按钮，在弹出的下拉列表框中选择“更改形状”选项，在弹出的子列表中选择“矩形”选项。然后为矩形添加文本，并将文本格式设置为“思源黑体 CN Bold，16，白色”，如图6-98所示。

STEP 11 在矩形下方创建文本框，输入文本，并将文本格式设置为“思源黑体 CN Bold，12，黑色-文字1-淡色50%”，如图6-99所示。

图6-98　添加文本并设置

图6-99　创建文本框并设置

STEP 12 拖动鼠标框选创建的立方体、矩形和文本框，向右水平复制3次所选的对象。然后为复制的对象依次填充使用过的蓝色、黄色和橙色效果，并依次将对应的图标填充为白色，将叠放顺序设置为“置于顶层”，放置在对应的立方体上，最后修改矩形和文本框中的文本内容，如图6-100所示。

STEP 13 依次组合4组对象，然后同时选择这4组对象，将其设置为“横向分布”即可，如图6-101所示。

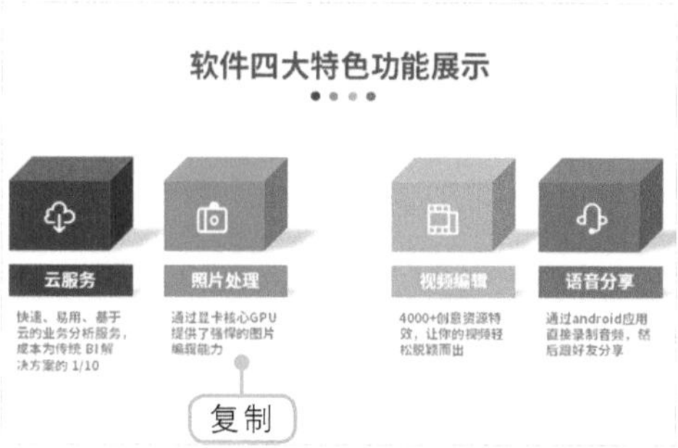

图6-100　复制并修改对象

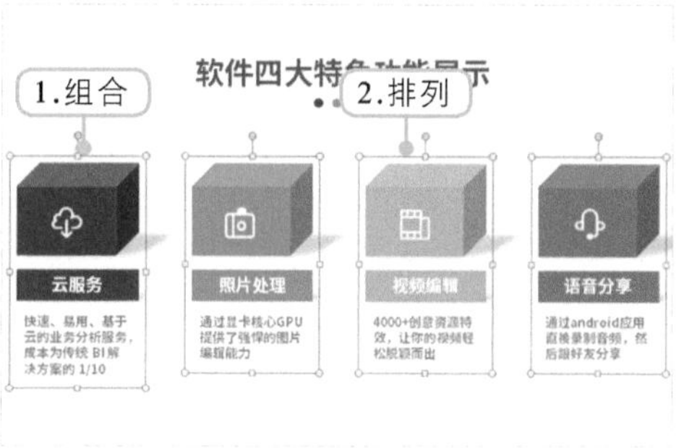

图6-101　组合并横向分布对象

2. 布尔计算

布尔计算（也称布尔运算）是使用PPT编辑图标时非常有用的工具，使用时需要先将这几个按钮添加到功能区中，具体方法前面已经做过介绍，这里不重复叙述了。

布尔计算涉及的4个按钮分别是“形状剪除”“形状交点”“形状联合”与“形状组合”。这4个按钮的功能独特，具体含义和用法如下。

- 形状剪除：此功能可以将形状重叠的区域剪除，并保留首先选择形状的剩余部分。比如将两个圆形重叠放置，一个圆形为黄色，一个圆形为绿色。此时先选择黄色圆形，再选择绿色圆形，执行“形状剪除”操作后，得到的将是黄色圆形剩余的部分形状；反之，如果先选择绿色圆形，再选择黄色圆形，执行“形状剪除”操作后，则得到的将是绿色圆形剩余的部分形状，如图6-102所示。

图6-102　剪除图形与选择顺序相关

- 形状交点：此功能可以保留两个或多个形状重叠的区域，而删除所有形状没有重叠的部分。若想快速得到树叶形状，可将两个圆形适当相交，然后选择这两个形状，执行“形状交点”操作，将得到的形状适当旋转，即可得到需要的形状，如图6-103所示。

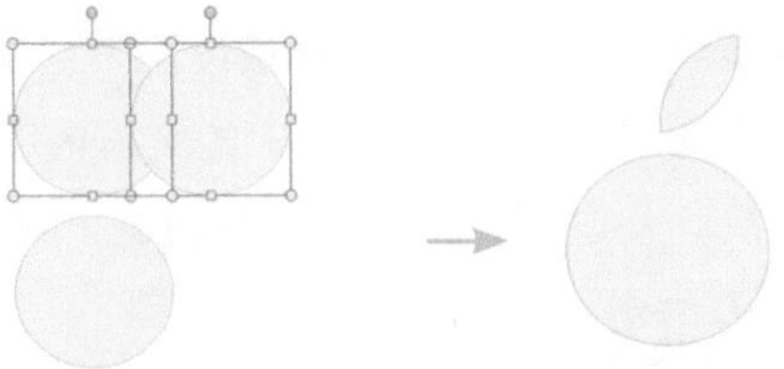

图6-103　保留重叠区域的形状

- 形状联合：此功能可以将所有形状组成一个新的形状，如果形状有重叠区域，则该区域保留并成为新形状的区域。图6-104所示便是将一个圆环和圆角矩形通过“形状联合”操作后得到的放大镜图标效果。

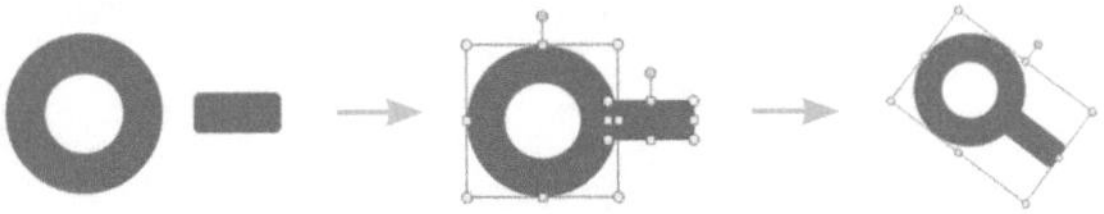

图6-104　多个形状联合为一个新形状

- 形状组合：与形状联合不同，形状组合时，重叠的区域将被挖空处理。首先创建一个十二角星和稍小的圆形，将两个形状左右且上下居中，然后依次选择圆形和十二角星，执行“形状交点”操作。再绘制一个稍小的圆形，并与得到的形状左右且上下居中，选择两个形状（不论先后），执行“形状组合”操作，此时圆形重叠区域将被挖空，从而得到一个类似齿轮的图标效果，如图6-105所示。

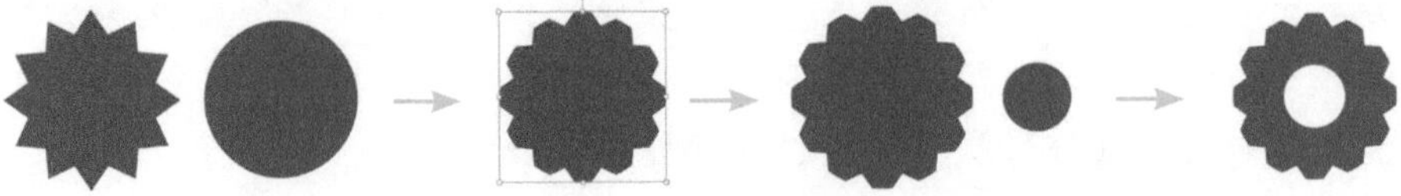

图6-105　通过形状组合处理得到齿轮图标

3. 编辑形状顶点

在布尔计算下，可以通过编辑形状顶点来进一步获取更加形象生动的图标对象。在形状上单击鼠标右键，在弹出的快捷菜单中选择“编辑顶点”命令即可进入顶点编辑状态，如图6-106所示。

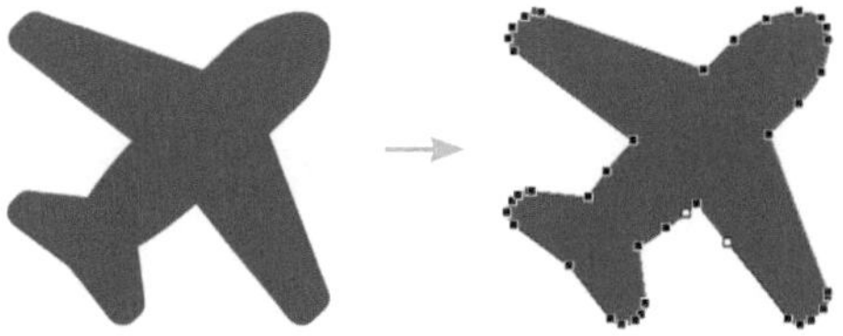

图6-106　顶点编辑状态

下面介绍几种常用的顶点操作方法。

- **拖动顶点：** 拖动黑色顶点可以调整顶点位置，从而改变顶点两侧线条的形状。
- **拖动控制柄：** 选择顶点后，顶点左右两侧将出现白色控制柄，默认情况下（在平滑顶点或直线点状态下），拖动任意控制柄会同时调整另一控制柄的方向和长度，从而调整线条形状。若想只调整一个控制柄，则可在按住【Alt】键的同时进行拖动调整。
- **关闭顶点类型：** 选择某个顶点后，可在其上单击鼠标右键，在弹出的快捷菜单中选择命令来更改顶点类型，包括“平滑顶点”“直线点”“角部顶点”3种类型。平滑顶点两侧为相同长度的线条，拖动该顶点的任意控制柄会同时调整另一控制柄的状态；直线点的两侧为不同长度的线条，拖动该顶点的任意控制柄也会同时调整另一控制柄的状态；角部顶点的两侧为不同方向的线条，拖动该顶点的任意控制柄不会影响另一控制柄的状态。
- **添加与删除顶点：** 顶点编辑状态下，形状上的红色线条代表路径，按住【Ctrl】键的同时在路径上单击鼠标即可添加顶点，若按住【Ctrl】键并单击已有的某个顶点，则可将该顶点从路径上删除。也可在路径上或顶点上单击鼠标右键，在弹出的快捷菜单中选择“添加顶点”或“删除顶点”命令来实现顶点的添加与删除操作。
- **退出顶点编辑状态：** 按【Esc】键或单击形状以外的其他区域即可退出顶点编辑状态。

高手点拨

制作图标时，首先应尽量利用现有的基本形状，如果通过多个形状组合就能得到图标，那么这是最高效快捷的方法。然后可以考虑利用布尔计算来相对快速地得到图标，最后才考虑通过编辑顶点的方法进行制作。

下面综合利用布尔计算和编辑形状顶点的方法，制作图6-107所示幻灯片中的3个图标对象，具体操作如下。

图6-107　在幻灯片中创建的图标效果

STEP 01 打开素材文件“工作项目.pptx”演示文稿（素材参见：素材文件\第06章\工作项目.pptx）。

扫一扫观看视频

STEP 02 在幻灯片中绘制一个高度与宽度为“4厘米”的十二角星，然后绘制一个高度与宽度为“3.5厘米”的正圆，如图6-108所示。

STEP 03 将两个形状进行左右居中和上下居中处理，然后选择两个形状，执行“形状交点”操作，如图6-109所示。

图6-108　创建形状

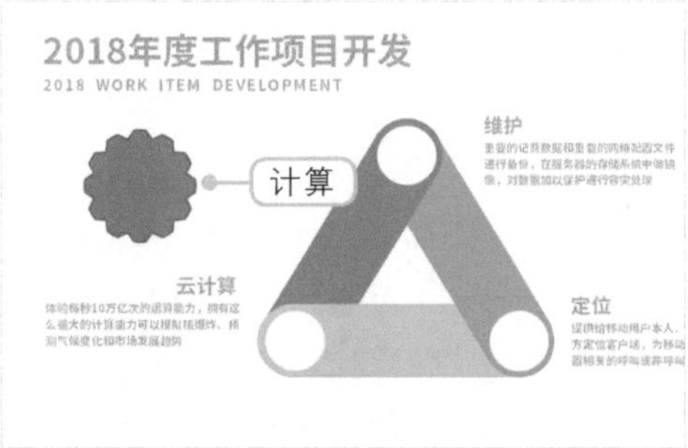

图6-109　执行“形状交点”操作

STEP 04 继续绘制两个正圆，大小分别是“2厘米”和“1厘米”，将3个形状进行左右居中和上下居中处理，如图6-110所示。

STEP 05 选择3个形状，执行“形状组合”操作，得到图6-111所示的齿轮图标对象。

STEP 06 将得到的齿轮图标的高度和宽度均设置为“1.5厘米”，去掉轮廓线，将其填充色设置为“红:0，绿:133，蓝:172”，然后放置到图6-112所示的位置。

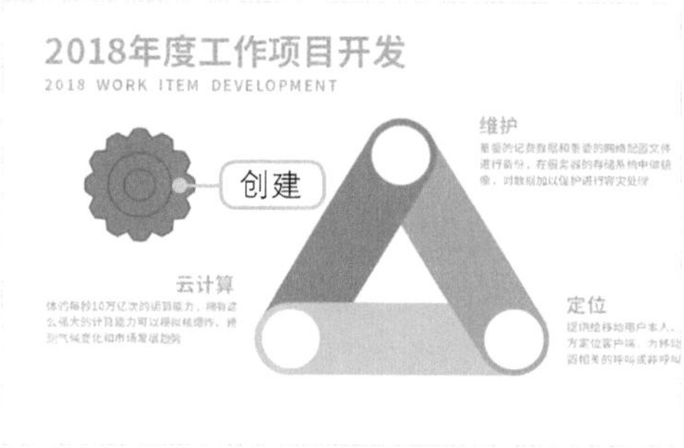

图6-110　创建形状并调整

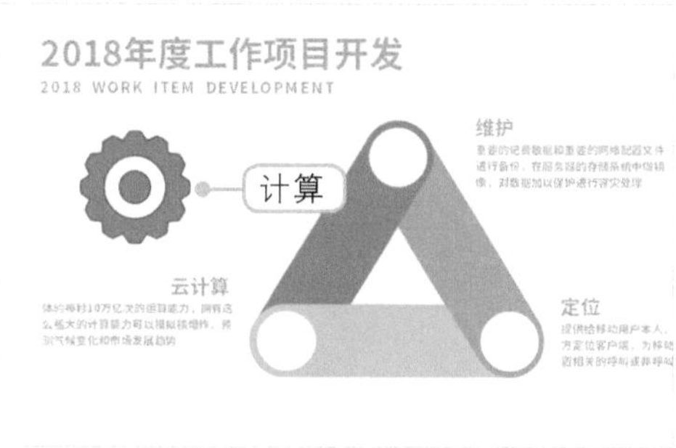

图6-111　执行“形状组合”操作

STEP 07 在幻灯片中绘制4个圆形，大小分别为“1厘米”“2厘米”“3厘米”和“2厘米”，将4个圆形按图6-113所示的效果排列，然后执行底端对齐操作，接着绘制一个高度为“1.5厘米”、宽度为“4”厘米的矩形。

图6-112　设置形状并调整位置

图6-113　创建形状

STEP 08 将绘制的矩形移至4个圆形下方，选择5个形状对象，执行“形状联合”操作，如图6-114所示。

STEP 09 绘制一个大小为“2厘米”的下箭头形状，将其移至所得形状中央，选择两个形状，执行“形状组合”操作，得到图6-115所示的图标。

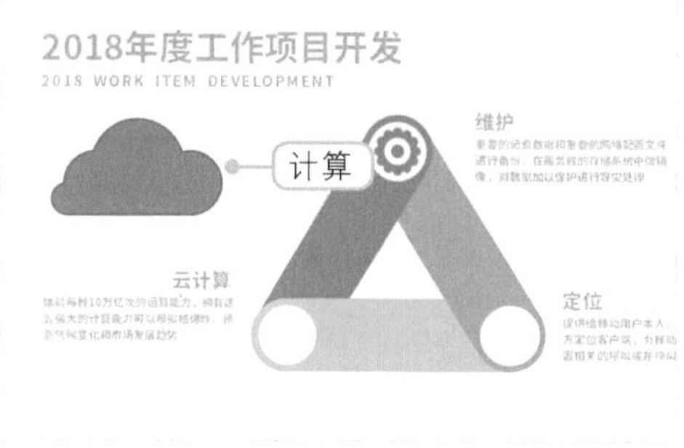

图6-114　执行“形状联合”操作

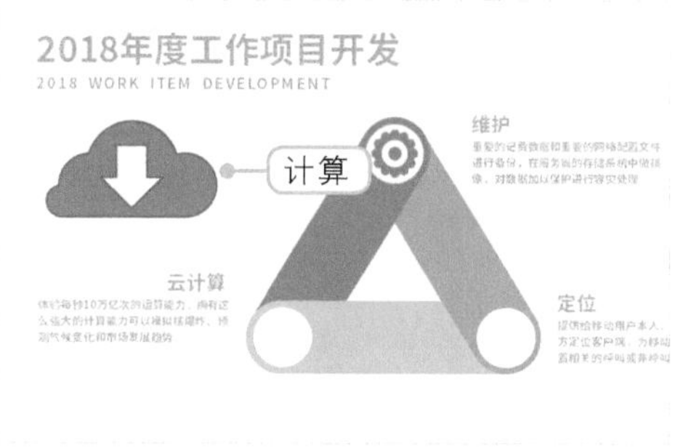

图6-115　执行“形状组合”操作

STEP 10 将得到的图标的高度和宽度分别设置为“1厘米”和“1.5厘米”，去掉轮廓线，将其填充色设置为“红:116，绿:204，蓝:209”，然后放置到图

6-116所示的位置。

STEP 11 在幻灯片中绘制一个高度为“3厘米”、宽度为“2厘米”的等腰三角形，并绘制一个大小为“2厘米”的圆环，如图6-117所示。

图6-116　设置形状

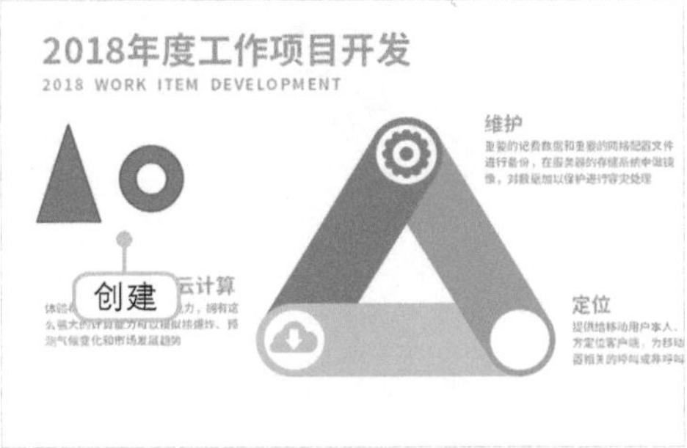

图6-117　创建形状

STEP 12 将圆环放置到等腰三角形下方，然后在等腰三角形上单击鼠标右键，在弹出的快捷菜单中选择“编辑顶点”命令，按住【Ctrl】键的同时在露出圆环区域的路径上单击鼠标添加顶点，向上拖动顶点将其隐藏到圆环后面，如图6-118所示。

STEP 13 按【Esc】键退出顶点编辑状态，选择两个形状，执行“形状联合”操作，并将所得到的形状旋转180°，如图6-119所示。

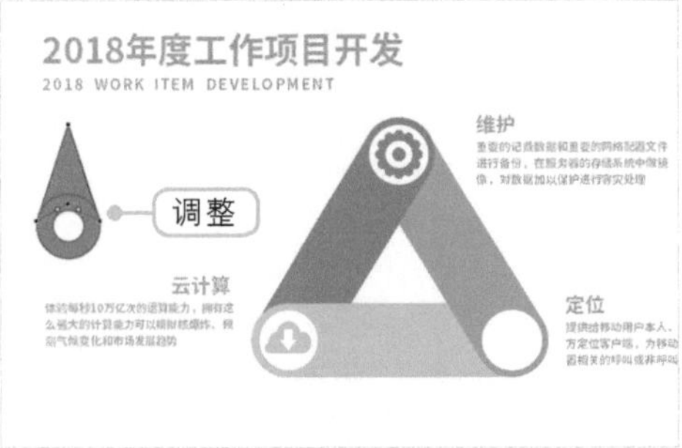

图6-118　添加顶点

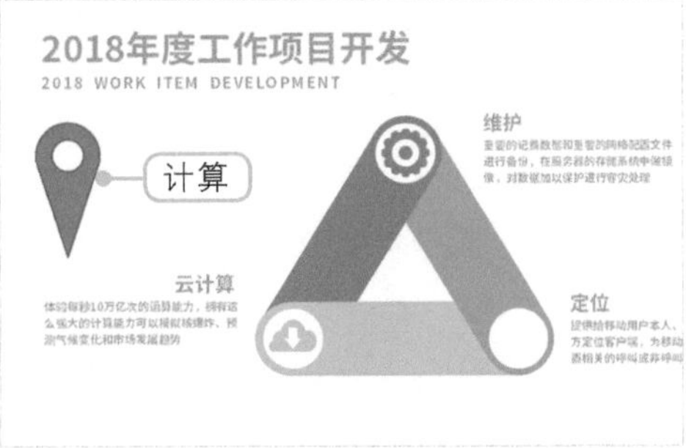

图6-119　执行“形状联合”操作并旋转

高手点拨

选择形状对象后，在【绘图工具 格式】/【排列】组中单击“旋转”下拉按钮，在弹出的下拉列表框中可实现对形状的旋转或翻转操作。另外，按住【Shift】键不放的同时拖动形状上的绿色控制点，可以按一定角度旋转形状。

STEP 14 在得到的形状上单击鼠标右键，在弹出的快捷菜单中选择“编辑顶点”命令，继续在最下方的顶点上单击鼠标右键，在弹出的快捷菜单中选择“平滑顶点”命令。适当向上拖动该顶点，缩小形状高度，然后拖动顶点任意一侧的控制柄，调整线条弧度，参考效果如图6-120所示。

STEP 15 退出顶点编辑状态，将得到的齿轮图标的高度和宽度分别设置为“1.5厘米”和“1厘米”，去掉轮廓线，将其填充色设置为“红:0，绿:169，蓝:211”，然后放置到图6-121所示的位置。

图6-120　编辑顶点后的效果

图6-121　设置形状

6.4 拓展课堂

熟悉PPT的用户对SmartArt并不陌生，使用时一般遵循选择SmartArt类型→输入文本→设置格式的顺序。但这里要介绍的是逆向使用SmartArt，即将各种对象转换为SmartArt再进行设置的方法。

1. 使用SmartArt制作目录页

首先，SmartArt具备各种表现关系，如列表、流程、循环等，因此目录页幻灯片往往可以利用它的这种特性来快速制作。先在幻灯片中创建文本框，输入各目录的文本内容，用【Enter】键分段。然后选择文本框对象，在【开始】/【段落】组中单击“转换为SmartArt”下拉按钮，在弹出的下拉列表框中选择某种SmartArt类型，或选择“其他SmartArt图形”命令，在打开的对话框中选择其他类型的SmartArt对象。转换完成后再对该SmartArt进行格式设置，并添加其他形状、文本框等对象，就能快速制作出简洁美观的目录页效果，如图6-122所示。

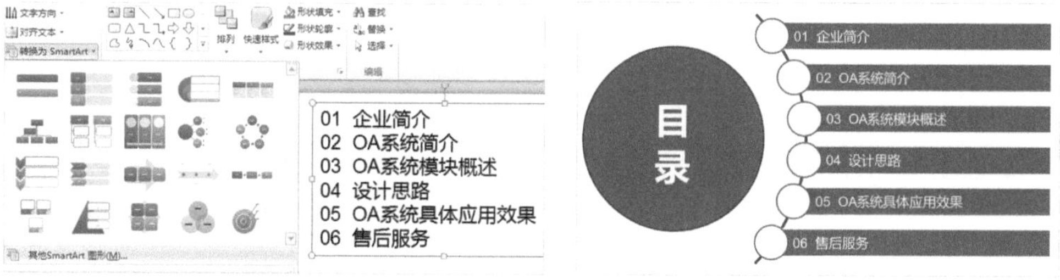

图6-122　将文本框快速转换为SmartArt

2. 使用SmartArt制作内容页

按照相同的思路，可以充分借助SmartArt的各种关系图示来制作精美生动的内容页幻灯片。图6-123所示也是先创建文本框并输入文本内容，然后利用【Enter】键分段，并利用【Tab】键控制段落级别，然后将其转换为SmartArt制作的内容页效果。

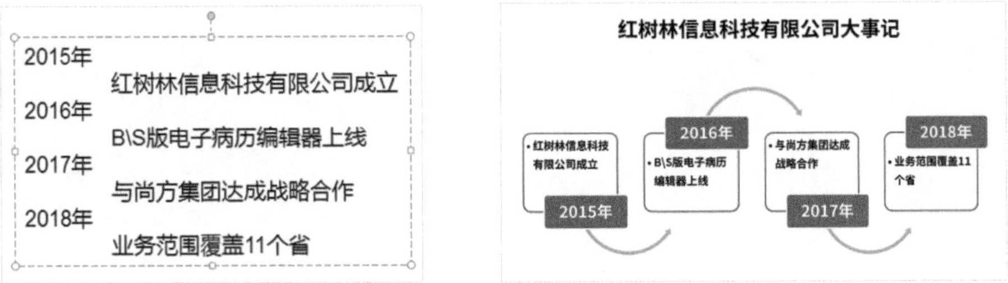

图6-123　不同级别的文本转换为SmartArt

3. 快速统一图片对象

图片也是PPT不可缺少的对象之一，其具体用法将在下一章中进行介绍。这里主要是让大家知道可以利用SmartArt快速处理不同大小的图片，制作成适合团队介绍或产品介绍之类的幻灯片页面。在幻灯片中插入多幅图片后，选择多幅图片，在【图片工具 格式】/【图片样式】组中单击“图片版式”下拉按钮，在弹出的下拉列表框中选择某种SmartArt类型后，将图片处理为统一效果的SmartArt对象，之后在其中进一步丰富内容即可，如图6-124所示。

图6-124　统一处理图片后的SmartArt

高手点拨

除上述案例外，利用SmartArt也可以制作封面页和结束页等幻灯片，只要选择了合适的SmartArt类型，就能得到想要的效果。另外，在SmartArt对象上单击鼠标右键，在弹出的快捷菜单中选择“转换为形状”命令，可将SmartArt转换为一个组合的形状，取消组合后，就能实现对形状的单独利用。

第07章

PPT的筋脉所在——图片

本章导读

都说现在是看“脸”的时代，图片之于PPT的作用，就是PPT的“脸”。人们对图片的信息接收和处理速度天生高于对文字的。图片在PPT中起着举足轻重的作用，它不仅能提升用户体验，还能聚焦内容，引导视觉，渲染气氛，帮助理解。一张好的图片胜过千言万语。

接下来将深入研究在PPT中如何使用优秀的图片，探讨如何获取图片、处理图片和使用图片的思路与技巧，从而快速提升读者在PPT中应用图片的水平。

7.1 做PPT从哪里找图片

图片不是图形，不能直接在计算机上绘制，因此只能通过外部渠道获取。一般来说，最常见的获取图片的方法有下面两种。

- 拍摄：利用数码设备可以拍摄出各种照片，并可将其导入到计算机上成为供PPT使用的图片素材。但对于没有接受过专业摄影培训的人而言，拍摄出的照片效果大多很普通，如果不经过后期处理，只能满足普通的PPT需求。
- 下载：互联网的高速发展，解决了上一种获取图片的弊端，通过在网站下载各种高质量图片，能够轻松得到非常出彩的图片素材。但这种方法也有自身的短板，那就是日益严格的版权管控问题。除非是没有版权或明确可以商用的图片，否则图片下载后不能用在商业用途。

7.2 挑选图片的秘诀

现在的互联网上有许多如何获取图片的文章，且推荐了许多可以使用的高清大图的下载地址，但这并不代表就能找到真正合适的图片。挑选图片时，应该从图片的质量、内容、风格、主题等方面考虑，精挑细选才能得到理想的素材。

7.2.1 挑选高分辨率的图片

图片内容的清晰程度对PPT效果有很大的影响。特别是对于全图型PPT、产品发布会PPT而言，高清大图更是必不可少的元素。图片的清晰程度由其分辨率决定，因此在挑选图片时，一定要挑选分辨率很高的图片。图7-1所示即为低分辨率和高分辨率图片带来的不同体验效果。

图7-1　低分辨率和高分辨率的对比效果

7.2.2　图片内容与主题相匹配

在图片具备高分辨率的前提下，挑选图片时应考虑PPT要演讲的内容，寻找与内容相匹配的图片，否则会显得格格不入。图7-2所示的左图为与校园招聘有关的内容，而图片选用的海岛，这样就使得整个PPT缺少说服力。如果内容为与旅游相关的内容，那么这幅海岛图片就显得非常应景了。

图7-2　图片与PPT内容匹配与否的对比效果

7.2.3　图片整体风格要统一

图片除了要与PPT内容匹配以外，整个PPT需要用到的图片也要在整体风格上保持一定的统一。如果想制作一种高科技产品的发布会PPT，那么可以尽量选用具有科技风的图片，并适当配以产品样品图。所有图片均要体现出统一的风格，如简约、高新或者创意等。图7-3所示的PPT中使用的图片就展现了一种简约、大方的风格。

图7-3　图片统一呈现简约风格

7.2.4　选择有“空间”的图片

无论是全图型PPT，还是其他类型的PPT，图片都应该辅助文字，而不能脱离文字单独使用。因此选择图片时，应考虑如何在图片上添加文字，有没有合适的位置或空间。一般来说，选择图片时应选择有留白区域的图片素材，而不是完全撑满空间的图片，这样才能为后期制作PPT留有余地。图7-4所示即为有留白和没有留白的图片对比，明显左图的效果要好于右图的效果。

图7-4　图片留白与不留白的对比效果

7.3 不要让图片毁了你的PPT

找到符合需要的高质量图片后，图片的尺寸、色泽亮度等都有可能需要重新进行修改调整，这样才能使得图片完美地融入到PPT中，否则即便图片再精美，也可能因为大小、颜色等而使PPT质量大打折扣。

7.3.1 裁剪图片

裁剪图片不仅能够删除图片中无用的部分，如水印、网址等信息，而且可以重新调整图片的布局和结构，这是缩放图片不具备的功能。

1. 使用裁剪框

在PPT中可以利用"裁剪"按钮轻松完成对图片的裁剪操作，其方法为，选择需裁剪的图片，在【图片工具 格式】/【大小】组中单击"裁剪"按钮，此时所选图片上将出现裁剪框，拖动其上的控制点调整裁剪区域后，单击图片范围以外的任意区域即可裁剪。图7-5所示即通过裁剪为图片重新定义了布局，从而使图片左侧留白，以便添加文字内容。

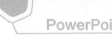

图7-5　通过裁剪留白

2. 将图片裁剪为各种形状

利用裁剪功能还可以将图片裁剪为各种形状，从而打造出更加形象生动的图片效果。下面以将图片裁剪为梯形为例介绍实现的方法，具体操作如下。

扫一扫观看视频

STEP 01 打开素材文件“图片裁剪.pptx”演示文稿（素材参见：素材文件\第07章\图片裁剪.pptx）。

STEP 02 插入提供的图片素材“orange.jpg”（素材参见素材文件\第07章\orange.jpg）。

STEP 03 选择插入的图片，在【图片工具 格式】/【大小】组中单击“裁剪”按钮下方的下拉按钮，在弹出的下拉列表框中选择“裁剪为形状”命令，并在弹出的子列表中选择“梯形”选项，如图7-6所示。

STEP 04 裁剪后适当将图片向左侧移动即可，参考效果如图7-7所示。

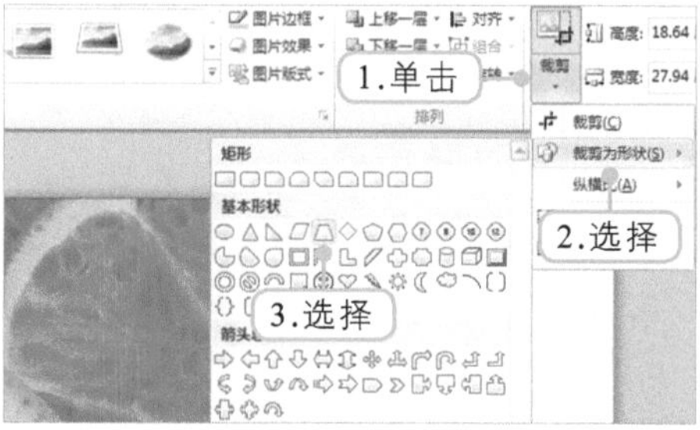

图7-6　选择形状

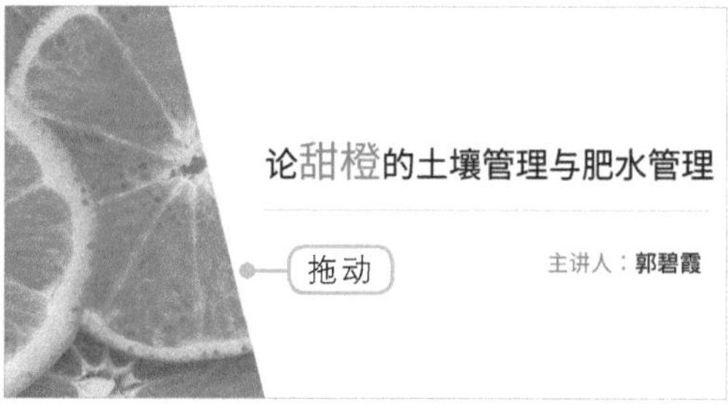

图7-7　移动图片后的效果

高手点拨

选择或绘制某个形状，可以在“设置形状格式”对话框中选择“填充”选项，选中右侧的“图片或纹理填充”单选按钮，然后单击下方的“文件”按钮，可在打开的对话框中选择某张图片，确认后即可将其填充到形状中。此操作与先插入图片，再更改形状的过程刚好相反，适用于将图片设置为圆形等情况。

7.3.2 调整图片色泽度

在实际操作中，收集到的图片素材可能会因为饱和度、色温、亮度、对比度等各种问题影响图片质量，这样就必须在使用之前对图片的色泽度进行修复或处理，使其“旧貌换新颜”。

1. 快速调整图片

利用PPT提供的“颜色”和“更正”功能可以快速对图片进行调整，其方法为：选择图片，在【图片工具 格式】/【调整】组中单击“颜色”下拉按钮或“更正”下拉按钮，在弹出的下拉列表框中选择对应的选项即可。图7-8所示即为降低图片的饱和度、亮度和对比度前后的对比效果。

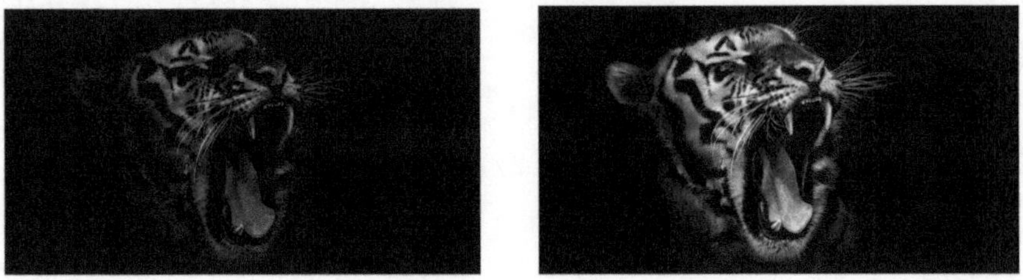

图7-8　调整图片的前后对比效果

2. 为图片添加一层蒙版

借用PPT的形状对象，可以为图片添加一层蒙版，这样不仅可以控制图片的色调，提升图片质感，也能在一定程度上规避图片分辨率不高带来的影响，还能实现无缝拼接图片等效果。下面介绍通过为形状应用渐变填充来实现添加蒙版图层的效果，具体操作如下。

STEP 01 打开素材文件“蒙版.pptx”演示文稿（素材参见：素材文件\第07章\蒙版.pptx），绘制一个与图片大小相同的矩形，并去掉轮廓。

扫一扫观看视频

STEP 02 在【绘图工具 格式】/【形状样式】组中单击“形状填充”下拉按钮，在弹出的下拉列表框中选择【渐变】/【其他渐变】命令，打开“设置形状格式”对话框。

STEP 03 选中“渐变填充”单选按钮，在“类型”下拉列表框中选择“线性”选项，在“方向”下拉列表框中选择图7-9所示的选项，单击“关闭”按钮。

STEP 04 将蒙版图层置于底层，然后将原图片置于底层即可，如图7-10所示。

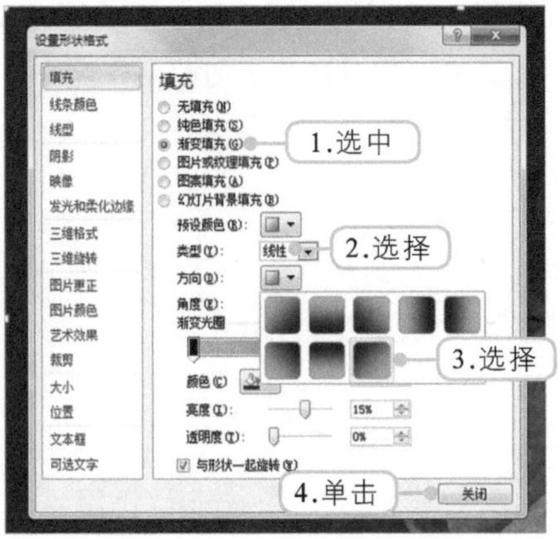

图7-9　设置渐变填充

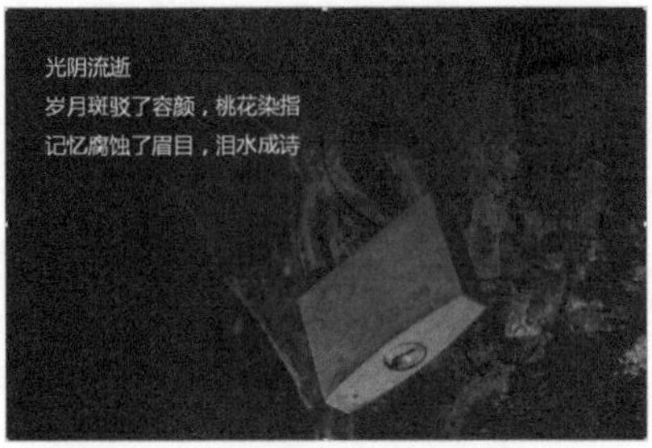

图7-10　调整图层叠放顺序

7.3.3　删除图片中无用的背景

有些图片只需要使用其中的部分内容，对于无用的区域则可以将其删除。其方法为，选择图片，在【图片工具 格式】/【调整】组中单击“删除背景”按钮，此时图片将进入删除背景状态，紫色区域表示将删除的区域。单击“调整”组中的“标记要保留的区域”按钮，依次单击希望保留的图片部分；单击“调整”组中的“标记要删除的区域”按钮，依次单击需要删除的区域进行调整。确认区域调整好以后，单击该组中的“保留更改”按钮即可。图7-11所示为删除了枫叶图片中不需要的背景部分的前后对比效果。

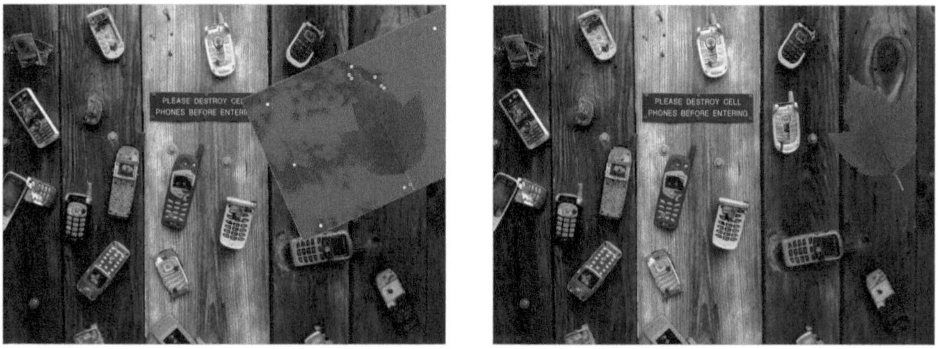

图7-11　删除枫叶图片背景的前后对比效果

7.3.4　让图片尽显艺术范

在PPT中还可以轻松为图片应用各种图片样式和艺术效果，进一步提升图片在幻灯片中的表现力。

1. 应用图片样式

为图片应用图片样式的方法为，选择图片，在【图片工具 格式】/【图片样式】组的下拉列表框中选择某种样式选项即可。图7-12所示即为为图片应用“金属框架”样式的前后对比效果。

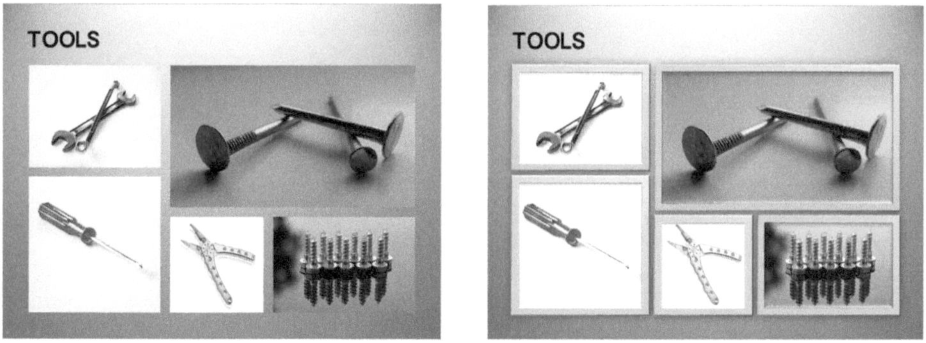

图7-12　为图片应用图片样式的前后对比效果

2. 设置艺术效果

PPT提供了一些图片艺术效果，可在需要美化图片时使用。其方法为：选择图片，在【图片工具 格式】/【调整】组中单击"艺术效果"下拉按钮，在弹出的下拉列表框中选择某种效果选项即可。图7-13所示即为为图片应用"玻璃"效果前后对比效果。

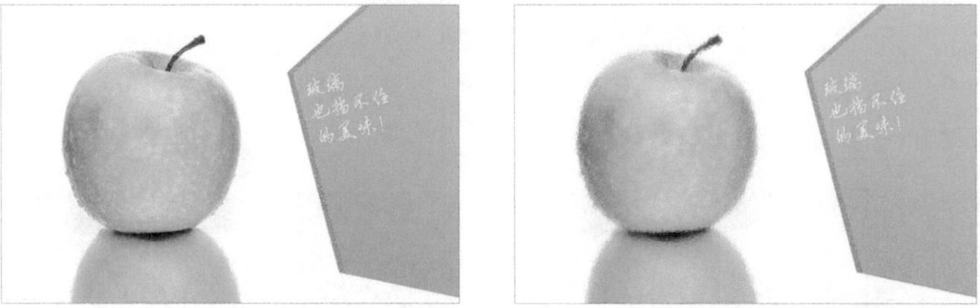

图7-13　为图片应用艺术效果的前后对比效果

7.4 多图排版与图文混排技巧

许多用户虽然拥有了高质量的图片素材，但应用到幻灯片中后，也无法呈现出想要的效果。造成这种情况，归根结底就是没有掌握并运用多图及图文混排的技能。

7.4.1 多图排列应视线齐平

我们知道，当幻灯片中包含多张图片时，对齐并均衡分布排列是一种很好的排版方式。但需要注意，如果图片涉及的是人物，图片不仅要对齐分布，人物眼睛也应当处于同一水平线上。这样可以确保幻灯片重心稳定，内容集中。图7-14所示即为这种处理效果。

图7-14　图片处于同一水平线上

7.4.2 利用色块平衡图片

当多张图片都缺乏鲜明的特点，且排列起来也显得平庸时，不妨使用色块来打破这种单调，让图片变得鲜活起来。图7-15所示即为色块的两种运用方法。彩色色块的运用，能够平衡多张图片带来的呆板和平淡。需要注意的是，色块的面积不一定非常大，有时一个彩色圆圈或线条就能起到画龙点睛的作用。

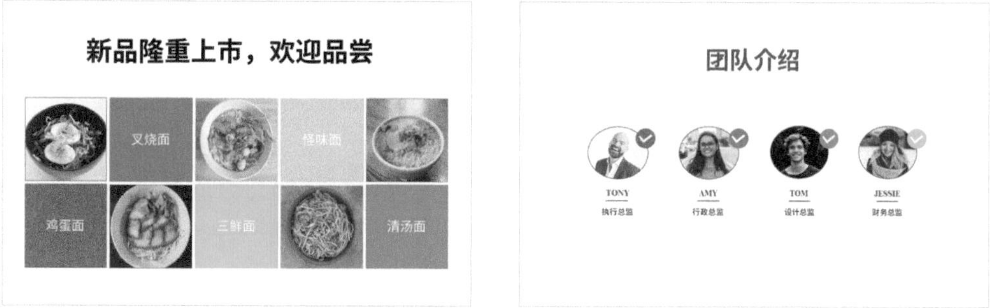

图7-15 色块与图片的结合

7.4.3 学会用局部来表现整体

当图片内容不足以支撑起整张幻灯片内容时，可以考虑截取局部图片内容来表现幻灯片。图7-16左图中利用全图型表现方式，其效果远达不到右图中通过局部来表现整体的效果。

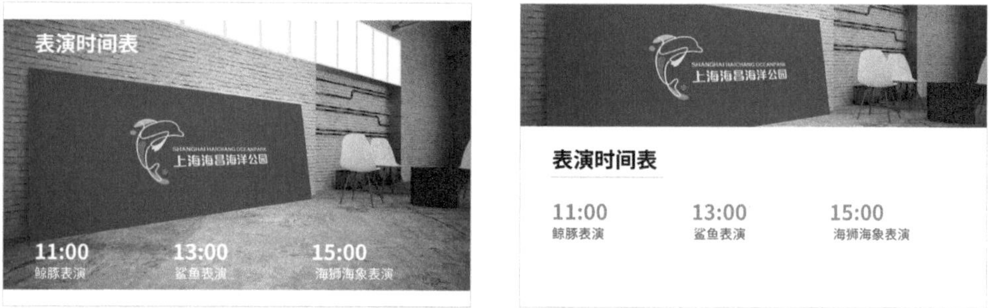

图7-16 局部表现整体

7.4.4 合理利用图片引导内容

当图片内容具有明显或潜在的引导信息时，完全可以充分利用这个优势更好地实现图文混排的效果。图7-17左图中利用了人眼朝向，右图中利用了道路的延伸方向。这些信息可以潜移默化地将观众的视线吸引到相应的方向上去，如果将文字安排在其他位置反而不妥。

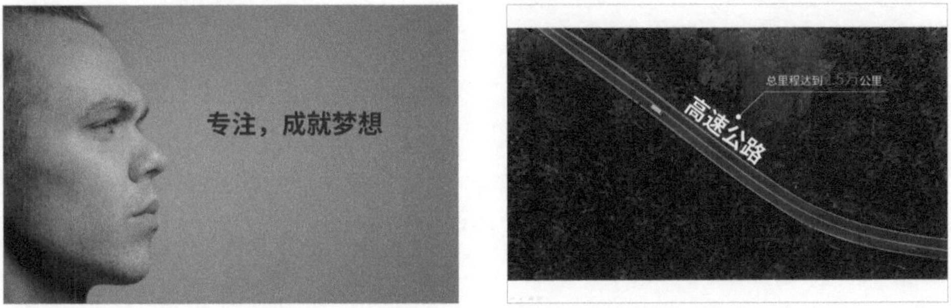

图7-17　利用图片引导文字内容的效果

7.4.5　文字较多时背景应简洁

阅读型PPT往往包含更多的文字内容，遇到这种情况时，应尽量选择简洁的图片素材以突出文字对象。图7-18左图中背景过于复杂，即便为文字添加了透明图层，也无法较好地体现文字的可读性和观赏性，而右图中使用简洁的图片则得到了完全不一样的效果。

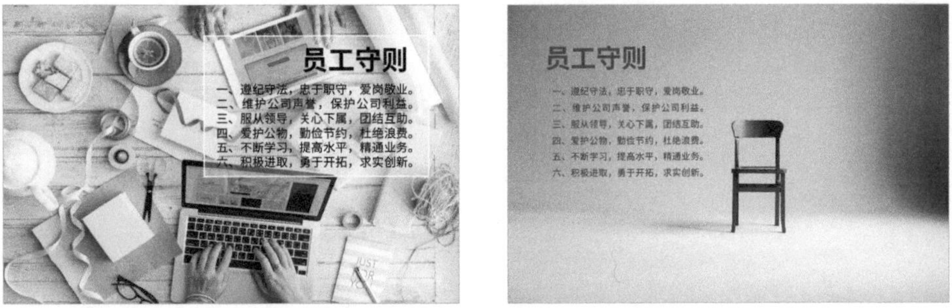

图7-18　简洁的背景能更好地突出文字

7.5 全图型PPT轻松搞定

全图型PPT的特点非常鲜明，其幻灯片背景为一张高质量图片，图片分辨率极高，能给人以极大的视觉冲击力。图片之上只有极度精简的文字内容，文字与图片相辅相成，非常适合知识分享、产品发布、团队建设等。下面分别从图片的选择、文字的设计，以及版面的排布来介绍全图型PPT的精髓。

7.5.1　图片选择有方法

图片的选择需要以文字内容为基点，并通过一定的想象和延伸来筛选出极具冲击力的素材。比如关于呼吁和平、反对战争的宣传PPT，如果需要使用全图型方式来展现，选择和平鸽这类代表和平的图片是很普遍的。但如果通过反面来强化主题，如选择与战争武器、场面等相关的图片来作为背景，感染力自然会得到提升。再进一步延伸，战争最能触动人心的就是泪水、儿童之类的主题，因此使用一张儿童哭泣的图片，又会再次提升感染力。这就是全图型图片选择的方法，图7-19所示的3张幻灯片的感染力从上往下逐步提升。

图7-19　不同的图片有不同的表现力

7.5.2　文案设计有创意

这里说的文案就是全图型PPT中的文字，它们的特点是精简、有深度、有内涵。有些PPT没有图片，仅仅通过文案就能得到震撼人心的效果。图7-20所示为某手机企业产品发布会上使用的全图型PPT，实际上该张PPT直击人心的就是文案内容，背景图片仅仅是衬托的底纹。

图7-20 强调产品销量火爆

那么应该如何写好文案呢？方法是多种多样的，如以直截了当的方式说明核心内容。例如，某家居卖场举行惠民活动，全场商品5折优惠。那么如果手上有一张好的图片，内容为各种家具且贴上了5折的标签，此时应该如何写文案内容呢？有的会写“××周年，钜惠全城”“店家同庆，献礼中秋”之类的文案，有的会写“回笼资金，厂价直销”之类的内容。但IKEA宜家用的文案则非常简单直接：打折，就是打折。看似平淡无奇的内容，却非常受人青睐，诚恳度十足。

另外，也可以采用借鉴的方式。图7-21所示的文案中为了倡导远离网络，爱上读书的理念，借用了“facebook”这个词语，通过添加一个字母“a”，就变为了“faceabook”（面对一本书），既能让人们明白文案内容，又给人恍然大悟、豁然开朗之感。

图7-21 借用家喻户晓的文字来改编文案

总之，好的文案是全图型PPT必备的元素，而文案设计并不是一成不变的，它需要设计者有丰富的阅历，对产品敏感，创意十足等。只有不断地进行尝试、设计和修改，积累大量的经验，才能设计并制作出优秀的文案内容。

7.5.3 内容排版有目的

全图型PPT的内容很少，因此排版对象主要针对的就是文案，采用的方法一般都是左对齐或居中对齐。另外，也可以有目的地对文字大小、颜色、粗细、对齐等属性进行调整，强调内容并改善版面效果。图7-22所示即通过加粗和标红的处理，强调了“准备”二字，可将其看成该极限品牌“ZEBE”的谐音，从而引起人们对品牌的关注。

图7-22 强调文字

7.6 拓展课堂

图片是组成幻灯片的重要元素之一，提高图片的表现力，就能提高PPT的质量。下面再介绍两种创意图片的制作方法，以满足对图片效果的更多需求。

1. 创建组合图形来填充图片

PPT提供了大量的图形对象，借助它们可以使图片呈现出各种不同的创意效果。图7-23所示即利用多个矩形来创建的创意图片。

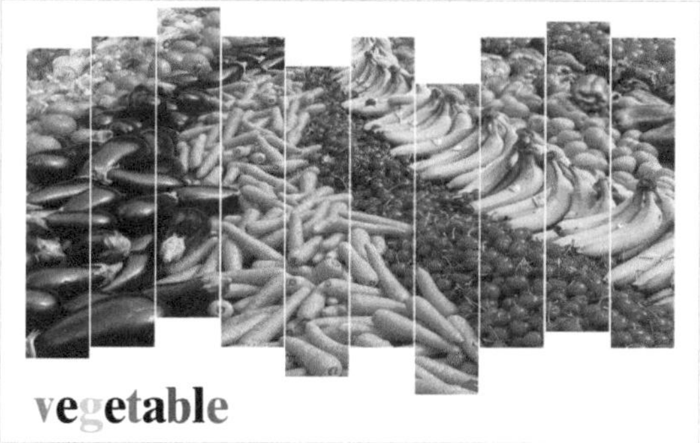

图7-23 依附在形状上的图片

实现以上效果的操作方法为，绘制一个长条矩形，去掉轮廓，复制多个矩形并调整位置，将多个矩形组合为一个对象，然后利用“形状填充”工具填充需要的图片即可。

2. 利用表格让图片呈现网格效果

表格中不仅可以输入文字，还能填充图片，而且设置表格边框后，就能得到极具创意的图片效果，如图7-24所示。

实现该效果的操作方法为，在幻灯片中创建3行3列的表格并调整大小和位置，将表格边框设置为白色细线效果，然后利用表格工具中的“底纹”工具填充所需的图片，此时图片将重复出现在每个单元格中。在表格边框上单击鼠标右键，在弹出的快捷菜单中选择“设置形状格式”命令，在打开的对话框中选中“将图片平铺为纹理”复选框即可，如图7-25所示。

图7-24　表格中的图片

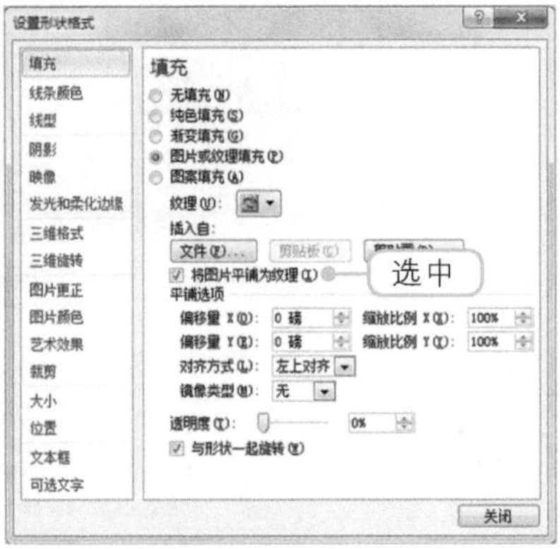

图7-25　平铺图片

另外，如果在填充了图片的表格上添加多种不同颜色的透明色块，则又可以提升图片的表现力，参考效果如图7-26所示。

图7-26　添加透明色块后的效果

第08章

让PPT炫起来——动画与多媒体

本章导读

无论PPT的版式如何好看，配色如何精美，内容如何丰富与生动，只要PPT没有动画，整个演示文稿就会像尚未点睛的巨龙一样，总是让人觉得缺少最关键的一个环节和核心。

PPT动画并不是“鸡肋”，反而是真正将PPT区别于其他文档、报告、纸张、信件的“灵魂”。有不少用户会觉得PPT动画可有可无，实际上，动画能调动观众热情，吸引观众眼球，活跃现场气氛，这是其他PPT对象所不具备的。

本章将介绍在PPT中使用动画多媒体的一些原则、技巧和方法。通过学习，读者能进一步区分各种动画的作用，从而制作出赏心悦目的动画效果。

8.1 PPT动画制作基本法则

PPT动画包括幻灯片切换动画和对象动画两大类，而对象动画又有进入、强调、退出和路径动画之分。在设计时应该怎样使用动画才能提升PPT放映效果呢？这里有4个动画制作基本法则可供参考。

8.1.1 宁缺毋滥

PPT毕竟不是专业的动画制作软件，虽说动画是幻灯片的点睛之笔，能够将静态事物以动态的形式展示，但如果不能很好地使用动画，则可以考虑放弃动画。虽然少了动态效果加以点缀，但静态对象（如版面、颜色、文字、表格、图表、形状）的生动直观、丰富多彩，也能让PPT展现出美观的一面。特别对于一些极为商业的PPT而言，宁缺毋滥这个法则更应当重视。

8.1.2 繁而不乱

一些精美PPT的片头动画或片尾动画，虽然幻灯片中可能存在很多个动画，但整体效果却相得益彰，美轮美奂。反之，一些只有几个动画的幻灯片，可能呈现出的动画效果却是杂乱无章、混乱不堪的。究其原因，就是乱用动画的结果。在使用动画时，无论动画效果数量多少，都要秉承统一、自然、适当的理念。动画效果的使用数量随情况决定，但一定不能让动画不受控制，这样不仅会降低PPT质量，还会让观众反感。

8.1.3 突出重点

动画的作用不仅仅是让PPT变得生动形象，更重要的是通过动画演示，能够让观众接收PPT需要传达的重点内容。因此在设计动画时，一定要遵循突出重点这个法则，有目的地使动画为内容服务，而不单单是为了愉悦观众。比如要强调今年销售额突破新高，则可以在最高数值处添加强调动画，进一步引导观众发现这个数据的重要性和意义。

8.1.4 适当创新

PPT仅有的几种动画类型，单独使用起来是非常单调乏味的。要想设计出让人耳目一新的动画效果，就需要借助这些简单的动画进行创新。比如巧妙地组合进入动画、退出动画、强调动画或路径动画，并通过触发器、计时等功能的运用，多加思考、留心细节，就能制作出更加富有新意的动画效果。

8.2 动画制作的基本功

任何高级或富有创意的动画，都是由最基础的动画效果演变而来的，因此要想制作出精美的动画效果，就需要具备扎实的动画制作基本功。下面从PPT的动画类型和动画效果设置入手，详细介绍它们的含义、作用和使用方法，进而为制作更好的动画效果打下基础。

8.2.1 动画类型

对幻灯片中的各种对象而言，可以有进入、强调、退出或动作路径等多种类型的动画效果进行选择，当然也可以在一个对象上使用多种不同类型的动画。不同类型的动画效果有不同的特点和使用方法，这是设计PPT动画必须掌握的知识。

1. 进入动画

进入动画的特点是从无到有，即在放映幻灯片时，开始并不会出现应用了进入动画的对象，而需要在特定时间或特定操作下（如显示了指定的内容，或单击鼠标后）才在幻灯片中以动画方式显示出该对象，如图8-1所示。

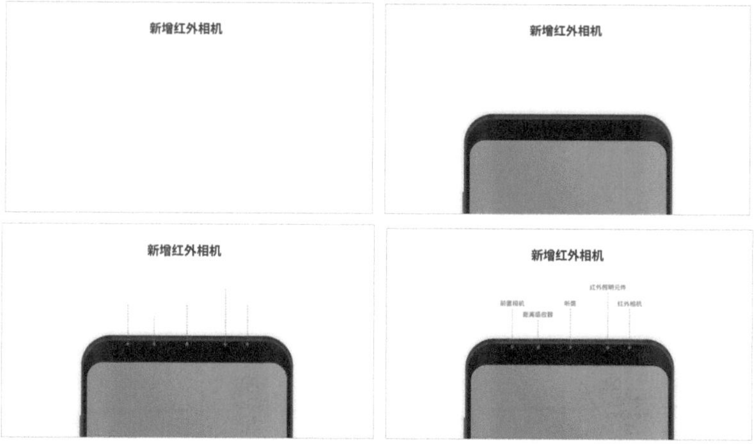

图8-1 进入动画的放映效果

下面介绍进入动画的添加和设置方法，具体操作如下。

扫一扫观看动画

STEP 01 打开素材文件“手机介绍.pptx”演示文稿（素材参见：素材文件\第08章\手机介绍.pptx）。

STEP 02 选择幻灯片中的图片对象，在【动画】/【动画】组的“样式”下拉列表框中选择“进入”栏中的“飞入”选项，在“计时”组的“开始”下拉列表框中选择

“上一动画之后”选项，如图8-2所示。

STEP 03 选择图片上最左侧的形状对象，同样为其应用“进入—飞入”选项，并单击“效果选项”下拉按钮，在弹出的下拉列表框中选择“自顶部”选项，在“计时”组中将“开始”设置为“上一动画之后”，将“延迟”设置为“01.00”，如图8-3所示。

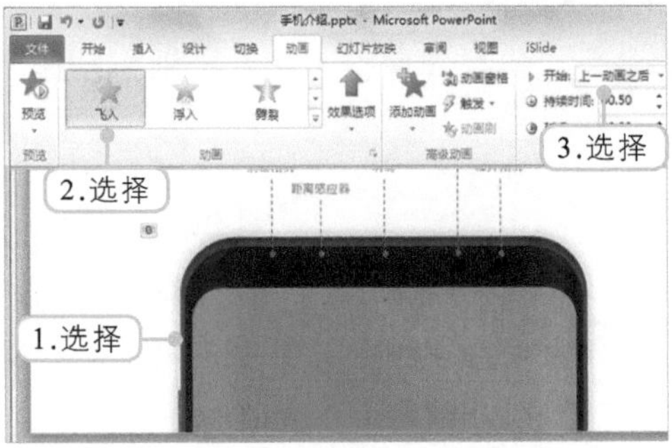

图8-2　为图片添加进入动画

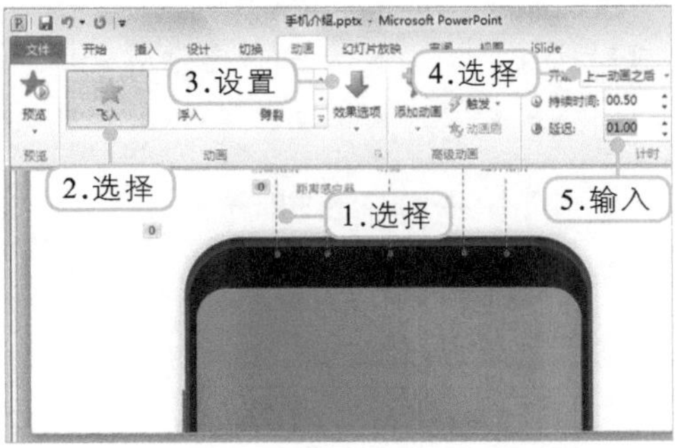

图8-3　为形状添加进入动画

STEP 04 按住【Shift】键同时选择剩余的4个形状对象，为其应用与第1个形状相同的动画效果，然后将“开始”设置为“与上一动画同时”，即5个形状同时由上至下出现的效果，如图8-4所示。

STEP 05 选择最左侧的文本框对象，为其应用“进入—飞入—自顶部”选项，在“计时”组中将“开始”设置为“上一动画之后”，将“延迟”设置为“01.00”，如图8-5所示。

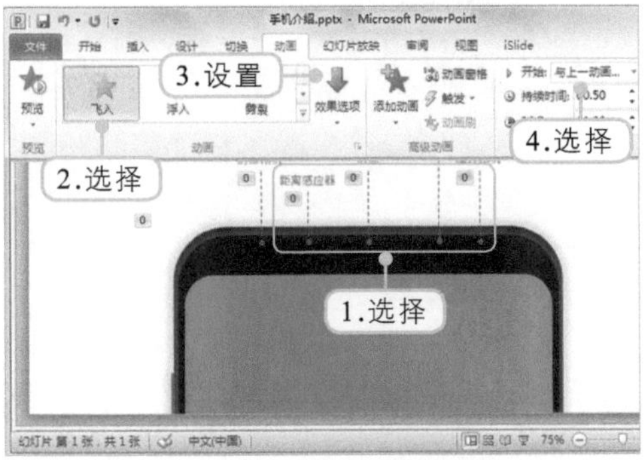

图8-4　为形状添加进入动画

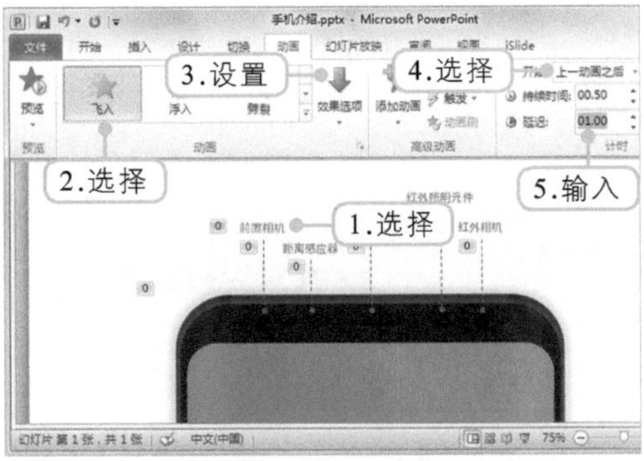

图8-5　为文本框添加进入动画

STEP 06 按住【Shift】键的同时选择剩余的4个文本框对象，为其应用与第1个文本框相同的动画效果，然后将“开始”设置为“与上一动画同时”，即5个文本框同时由上至下出现，如图8-6所示。最后按【Shift+F5】组合键播放动画效果。

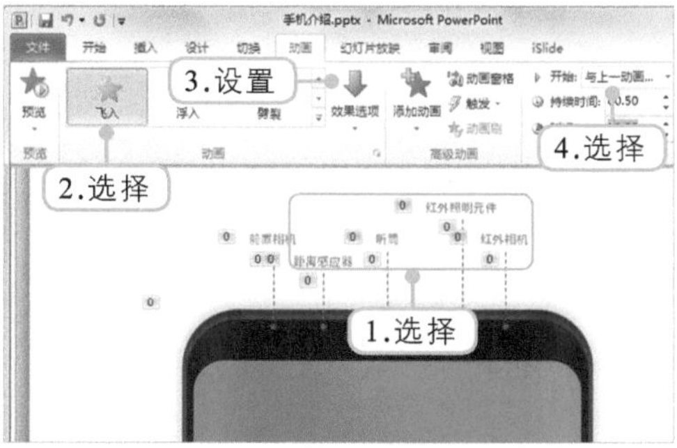

图8-6 为文本框添加进入动画

高手点拨

动画放映的“开始”有3种选项，分别是“单击时”“与上一动画同时”和“上一动画之后”。前一种需要单击鼠标才会播放，后两种则会根据上一动画的播放情况自动播放。另外，持续时间指的是整个动画的放映时间，延迟则指的是从开始时间起推迟多久播放动画。

2. 强调动画

强调动画的特点是放映时通过指定方式强调显示添加了动画的对象。无论是动画放映前、放映中，还是放映后，应用了强调动画的对象始终是显示在幻灯片中的。图8-7左图所示即为左侧的圆形添加了“陀螺旋”强调动画，右图所示即为形状上的文本框添加了“跷跷板”强调动画。放映时，这两个对象已经出现在幻灯片中，通过单击鼠标触发动画内容，这时就开始放映动画。动画播放完后，对象也恢复为最初的状态。

图8-7 强调动画的放映效果

3. 退出动画

退出动画的特点与进入动画刚好相反，是通过动画使幻灯片中的某个对象消失。图8-8所示是为标题上的矩形对象添加了“退出-飞出”动画，放映幻灯片时，该对象首先是存在于幻灯片中的，单击鼠标触发动画后，矩形飞出幻灯片，实现消失退出的效果。

图8-8 退出动画的放映效果

4. 动作路径动画

动作路径动画的特点就是能够使对象在放映动画时产生位置的变化，并能控制具体的变化路线。图8-9所示是为线条形状添加水平直线方向的动作路径动画，放映时，该对象将从起始位置移动到结束位置。另外，在绘制的动作路径上，绿色箭头代表起始位置和运动方向，红色箭头代表结束位置。拖动它们均可调整路径的方向和距离。

图8-9 动作路径动画的放映效果

小知识栏

在【动画】/【动画】组的“样式”下拉列表框中选择下方的其他命令，可以在打开的对话框中选择更多的进入、强调、退出和动作路径动画效果。另外，选择“自定义路径”选项，则可实现手动绘制动作路径的操作。

8.2.2 动画效果

动画效果并不是默认不变的，可以根据需要进行设置，使其在放映时更加自然流畅、生动形象。

1. 设置效果选项

通过设置效果选项，可以设置所选动画的方向、开始与结束状态，以及不同的增强动画效果。当然，不同的动画，对应的效果选项参数可能会有所不同，但设置操作是完全相似的，其方法为，选择添加了动画的对象，在【动画】/【动画】组中单击右下角的按钮，此时将打开对应动画的效果设置对话框。图8-10

所示为“飞入”对话框，打开“效果”选项卡，在其中就可对飞入方向、开始与结束状态（平滑或弹跳），放映时是否有声音，放映后对象的状态等属性进行设置。

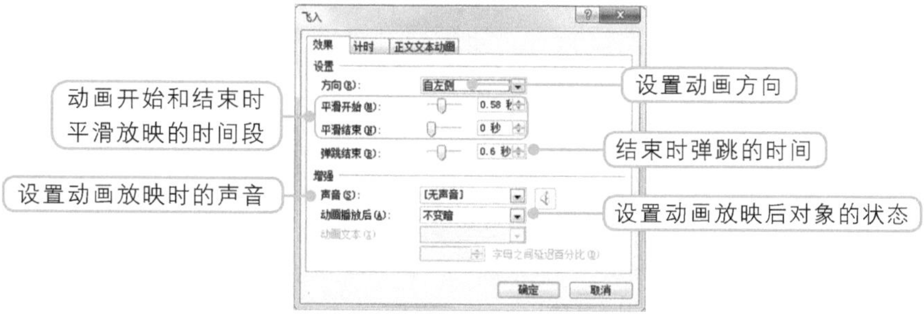

图8-10　设置效果选项

2. 计时

除了在【动画】/【计时】组中控制动画放映的开始时间、持续时间和延迟时间外，在设置动画效果的对话框中也可对计时进行设置。打开添加了某个动画的效果设置对话框，打开“计时”选项卡，即可对计时进行精确设置，如图8-11所示。

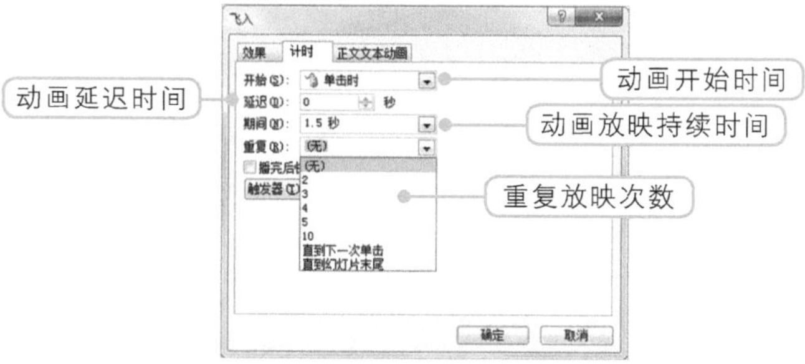

图8-11　设置动画计时

3. 触发器

在图8-11中单击“触发器”按钮，可进一步控制动画计时。所谓触发器，指的是该动画需要在触发了指定的操作后才能播放。下面综合利用效果、计时和触发器等功能，制作网页中导航下拉按钮的动画效果，具体操作如下。

STEP 01 打开素材文件“健身计划.pptx”演示文稿（素材参见：素材文件\第08章\健身计划.pptx）。

STEP 02 绘制一个无轮廓且填充色为白色的矩形，将其放置在图8-12所示的位置，大小刚好遮挡下方的文本框即可。

STEP 03 选择矩形，为其添加“退出—飞出”动画，单击【动画】/【动画】组右下角的按钮，打开“飞出”对话框，打开“计时”选项卡，设置“开始”为“单击时”，“延迟”为

扫一扫观看视频

“0秒”，“期间”为“非常快（0.5秒）”，“重复”为“（无）”；然后单击“触发器”按钮，选中“单击下列对象时启动效果”单选按钮，在右侧的下拉列表框中选择“矩形8：Step 01”选项，最后单击“确定”按钮，如图8-13所示。按【Shift+F5】组合键放映幻灯片，此时只要单击“Step 01”矩形对象，就能得到弹出下拉菜单的动画效果。

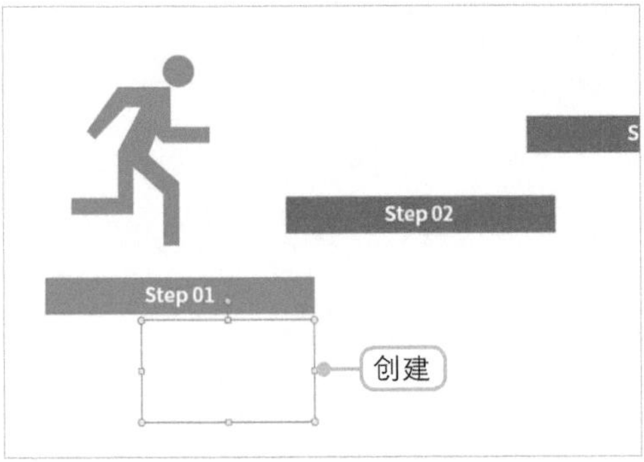

图8-12　创建矩形

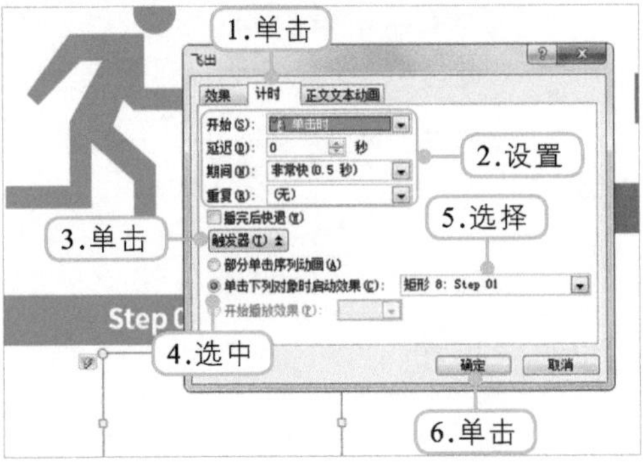

图8-13　设置动画计时和触发器

4. 动画刷

动画刷是复制动画效果的有效工具，如果需要为对象应用当前幻灯片或演示文稿中已有的某个形状上的动画效果，只需选择添加了动画的形状，然后单击【动画】/【高级动画】组中的“动画刷”按钮，接着单击需要应用该动画效果的对象即可。如果双击“动画刷”按钮，则可持续为多个对象应用相同的动画效果，直到按【Esc】键退出动画复制状态。

5. 动画窗格

在【动画】/【高级动画】组中单击“动画窗格”按钮，将在幻灯片左侧显示“动画窗格”任务窗格，如图8-14所示，其中将显示当前幻灯片中所有的动画效果情况。

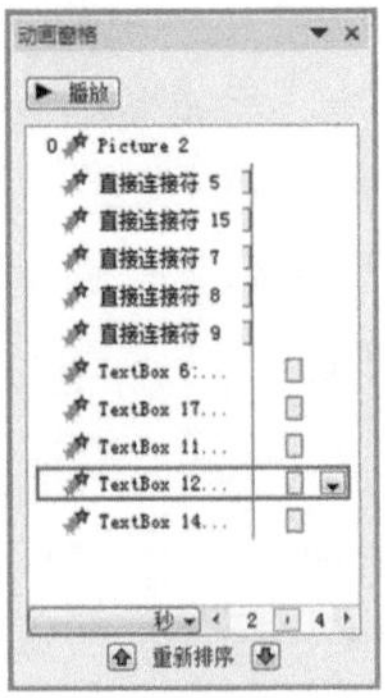

图8-14　动画窗格

利用动画窗格可以实现以下操作。

- **删除动画**：选择其中的某个动画选项，按【Delete】键可以将其删除。
- **调整动画播放顺序**：选择某个动画选项，单击导航窗格下方“重新排序”栏中的两个方向按钮，可以调整该动画在幻灯片中的放映顺序。
- **设置动画效果**：在某个动画选项上单击鼠标右键，或选择动画选项后，单击其右侧的下拉按钮，均可在弹出的菜单中选择“效果选项”命令，以便在打开的对话框中对动画效果、计时等属性进行设置。

高手点拨

为某个对象添加了动画效果后，可以在“高级动画”组中单击“添加动画”下拉按钮继续为该对象添加多个动画，使该对象同时拥有多个动画效果，从而打造出更多精彩的动画。

8.3 PPT动画效果大集结

具备动画制作与操作的能力后，通过发散思维和创新就能制作出更为精美与复杂的高级动画效果。本节将以不同的幻灯片页面作为标准，介绍各类页面的动画效果制作思路与方法。读者可以此为参考，举一反三、灵活运用就可以掌握和学会其他动画的设计技巧。

8.3.1 封面页动画效果

封面页最重要的就是标题对象，因此制作动画效果时就需要考虑如何通过动画让标题更加引人注目。

1. 叠影字动画效果

叠影字动画能够让标题产生多重影子的效果，当看到标题周围出现影子后，观众就易被标题所吸引。因此，叠影字动画是封面页中处理标题的常用动画效果。图8-15所示为叠影字动画效果的播放情况，标题先从屏幕下方缩小到屏幕中心，再发出影子。

图8-15　叠影字动画效果

图8-15　叠影字动画效果（续）

下面介绍该动画的制作方法，具体操作如下。

扫一扫观看动画

STEP 01 打开素材文件“叠影字效果.pptx”演示文稿（素材参见：素材文件\第08章\叠影字效果.pptx）。

STEP 02 选择文本框对象，为其添加“进入—更多进入效果—基本缩放—从屏幕底部缩小”动画，将“开始”设置为“与上一动画同时”；然后利用“添加动画”按钮继续为该对象添加“退出—淡出”动画，将“开始”设置为“上一动画之后”，将“延迟”设置为“0.5秒”，如图8-16所示。

STEP 03 复制文本框，然后将两个文本框左右对齐且上下居中对齐。选择复制的文本框，在【动画】/【动画】组的“样式”下拉列表框中选择“进入”栏的“出现”选项，将原有动画替换为“进入—出现”动画，将“开始”设置为“与上一动画同时”，将“延迟”设置为“0.5秒”；继续为该对象添加“强调—放大/缩小—较大—与上一动画同时—延迟0.5秒”和“退出—淡出—与上一动画同时—延迟0.5秒”动画效果，如图8-17所示。

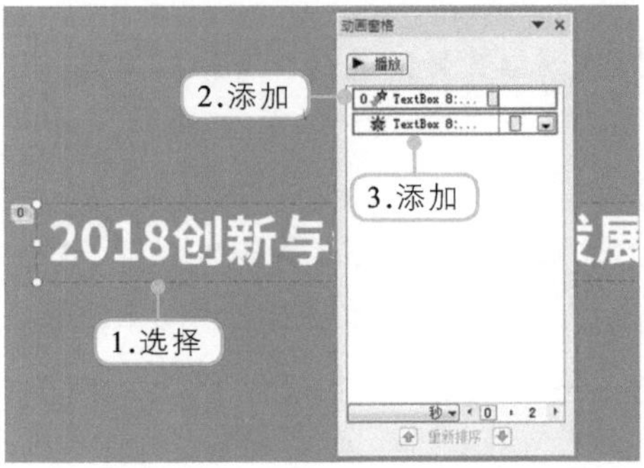

图8-16　添加进入和退出动画

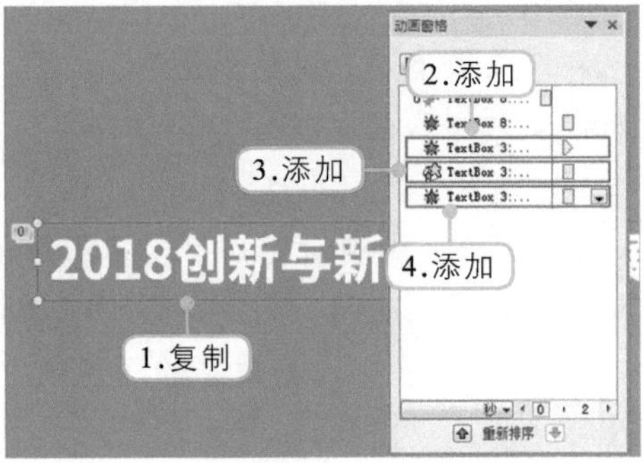

图8-17　添加进入、强调和退出动画

STEP 04 复制刚添加了动画效果的文本框，在动画窗格中选择第3个文本框中的3个动画选项（利用【Ctrl】键依次单击），将“延迟”修改为“0.6秒”，如图8-18所示。

STEP 05 按相同方法再次复制文本框，将3个动画效果的“延迟”修改为“0.7

秒”，如图8-19所示。

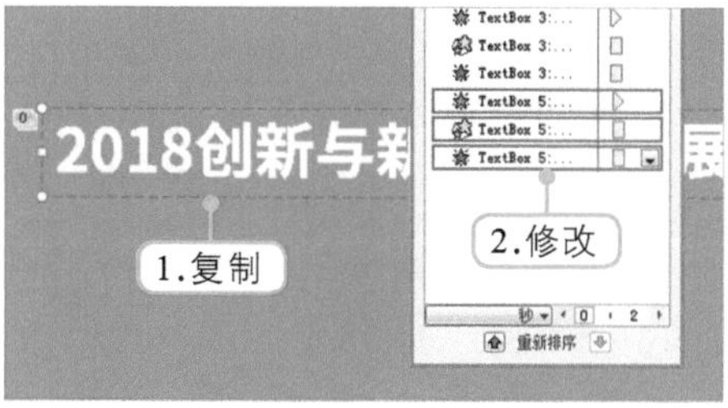

图8-18　复制文本框并修改延迟时间

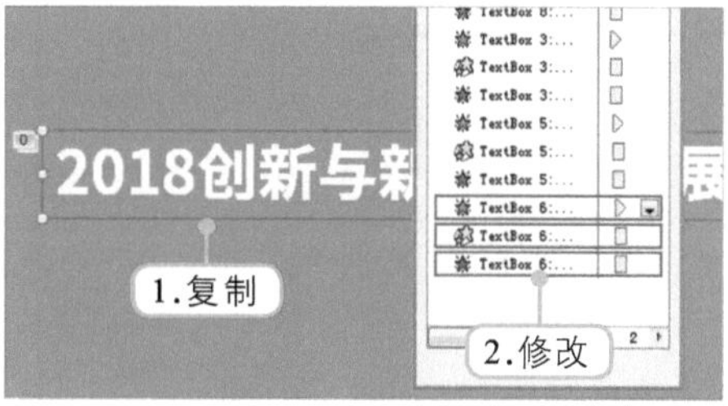

图8-19　继续复制文本框并修改延迟时间

STEP 06 最后再复制一个文本框，为其应用“进入—淡出—与上一动画同时—延迟0.7秒”的动画效果，如图8-20所示；最后按【Shift+F5】组合键放映动画效果即可。此动画的关键在于，为不同文本框应用不同的延迟，最终呈现叠影字动画。

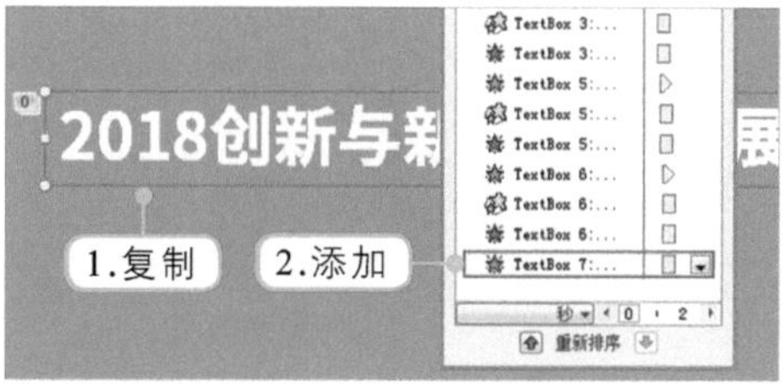

图8-20　应用动画

2. 飞驰穿越动画效果

飞驰穿越动画适合存在多个标题的封面页幻灯片，可以呈现出交错穿越的动画效果，让观众将注意力集中在多个标题上。图8-21所示为飞驰穿越动画效果，两段标题分别从左右向中央汇聚，然后继续往相反方向穿越消失，其视觉效果干脆利落。

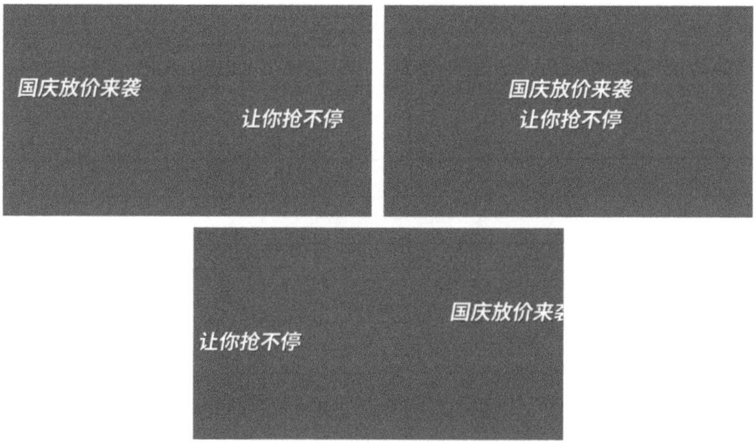

图8-21　飞驰穿越动画效果

下面介绍此动画效果的制作方法，具体操作如下。

STEP 01 打开素材文件“飞驰穿越效果.pptx”演示文稿（素材参见：素材文件\第08章\飞驰穿越效果.pptx）。

扫一扫观看动画

STEP 02 选择文本框，分别为其添加“进入—飞入—自左侧—与上一动画同时”“动作路径—直线—右—上一动画之后—持续时间2秒”和“退出—飞出—到右侧—上一动画之后”3个动画效果，如图8-22所示。其中添加“动作路径”时需要利用【Shift】键将距离沿水平方向缩小，使其挤压到一起。

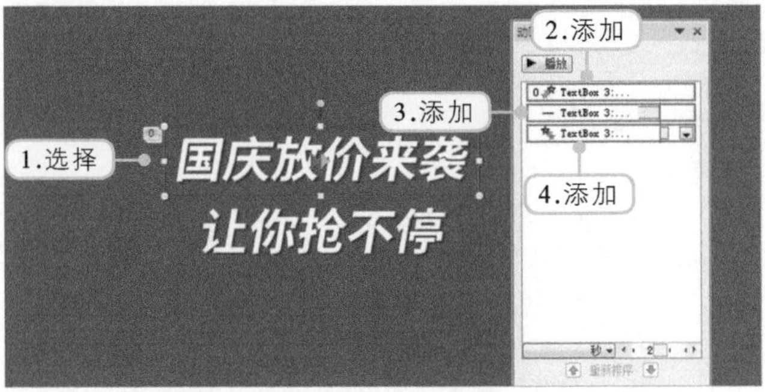

图8-22　添加并设置动画

STEP 03 利用“动画刷”按钮将上一个标题的动画复制到下一个标题对象，将进入和退出动画方向修改为相反方向后，在动画窗格中将动画播放顺序调整为图8-23所示的状态，并将第2个标题的强调动画和退出动画修改为“与上一动画同时”即可。

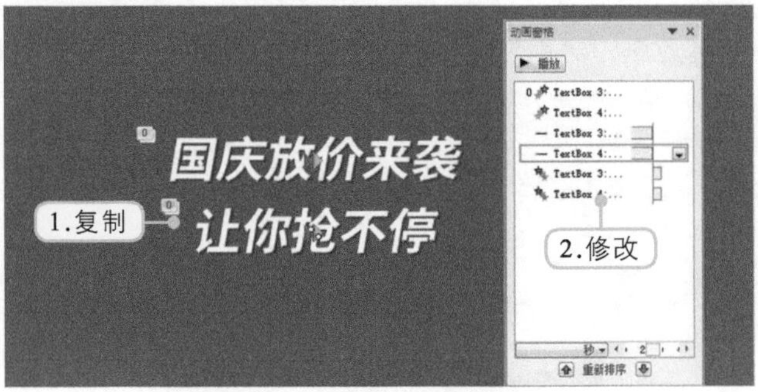

图8-23　复制并修改动画

高手点拨

如果想要让上例中的标题更具有吸引力，还可以为标题添加更多的强调动画，如脉冲、彩色脉冲等，以起到更加突出和强调标题的作用。无论如何设计，梳理好各个动画效果的播放顺序和时间才是动画制作的关键。

3. 逐个放大动画效果

逐个放大动画指的是让动画以标题内容的文字为标准，逐字放大后再消失的动画效果。由于该动画紧紧围绕标题发生，因此使得标题成为动画核心，最终达到吸引注意力的效果。图8-24所示为逐个放大动画效果，两段标题同时以文字为单位逐字放大后消失，最终保留标题对象。

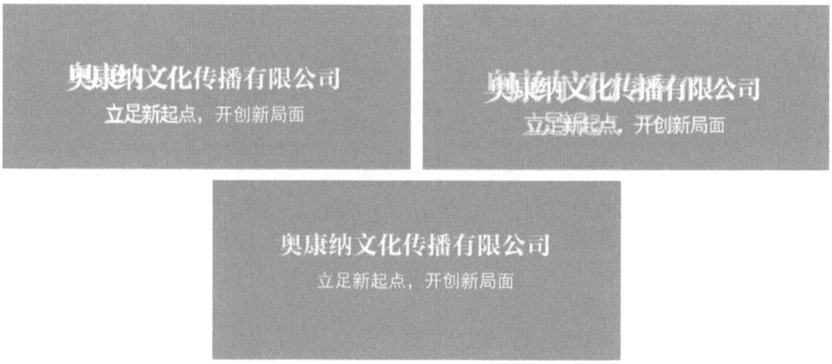

图8-24　逐个放大动画效果

下面介绍此动画效果的制作方法，具体操作如下。

STEP 01 打开素材文件“逐个放大效果.pptx”演示文稿（素材参见：素材文件\第08章\逐个放大效果.pptx）。

STEP 02 复制两个标题文本框，并与原来的标题对象重合。

STEP 03 选择上方的标题文本框，分别为其添加“强调—放大/缩小—右—上一动画之后—持续时间2秒”和“退出—淡出—与上一动画同时—持续时间2秒—延迟1.6秒”两个动画效果，然后在动画窗格中选择强调动画对应的选项，单击“动画”组右下角的 按钮，在打开对话框的“效果”选项卡中，将“动画文本”参数设置为“按字母”选项，单击“确定”按钮，如图8-25所示。

扫一扫观看动画

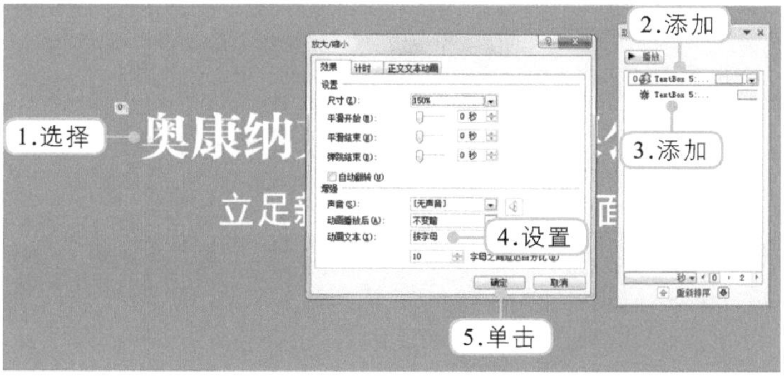

图8-25　添加并设置动画

STEP 04 利用“动画刷”按钮将上方的标题动画复制到下方的标题对象上，在动画窗格中将动画播放顺序调整为图8-26所示的状态即可。此动画的关键在于，需要让对象按字母的方式放映，才能实现逐字放大的效果。

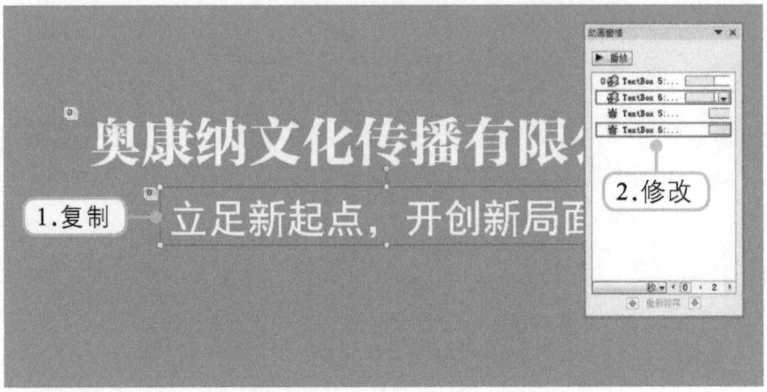

图8-26　复制并修改动画

8.3.2　目录页动画效果

目录页的功能是显示演示文稿的内容框架，因此它的动画设计要点就是如何展示这些框架内容，一般可以采取同时显示或逐个显示两种方案。具体使用哪种或哪些动画效果，可以根据需要自行制作。图8-27所示的目录页，它的动画效果显示顺序可以设计为黄色形状→橙色形状→目录→同时显示4个编号→逐个显示编号对应的内容文本框。

图8-27　目录页幻灯片

下面就介绍该动画的制作方法，具体操作如下。

STEP 01 打开素材文件“目录页效果.pptx”演示文稿（素材参见：素材文件\第08章\目录页效果.pptx）。

STEP 02 选择黄色形状对象，为其添加“进入—飞入—自顶部—与上一动画同时—持续时间1秒”的动画，如图8-28所示。

扫一扫观看动画

STEP 03 选择橙色形状对象，为其添加“进入—飞入—自顶部—与上一动画同时—持续时间1秒—延迟0.3秒”的动画，如图8-29所示。

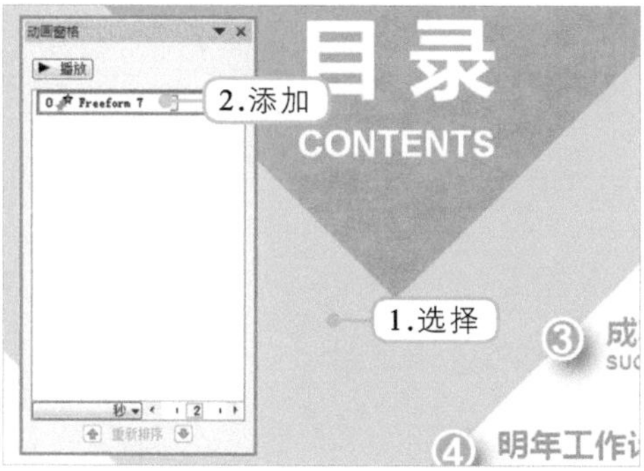

图8-28　为黄色形状添加动画

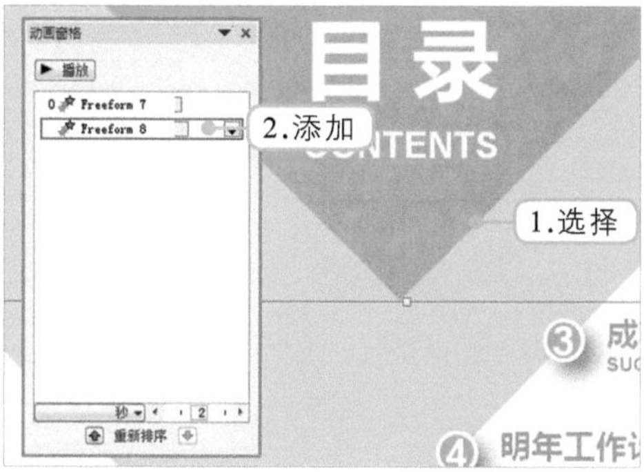

图8-29　为橙色形状添加动画

STEP 04 选择目录文本框组合对象，为其添加“进入—切入—自底部—上一动画之后”的动画，如图8-30所示。

STEP 05 利用【Shift】键逐个选择编号1～4的圆形对象，为其添加“进入—弹跳—上一动画之后”的动画，然后将编号2～4的动画“开始”调整为“与上一动画同时”，如图8-31所示。

图8-30　为文本框添加动画

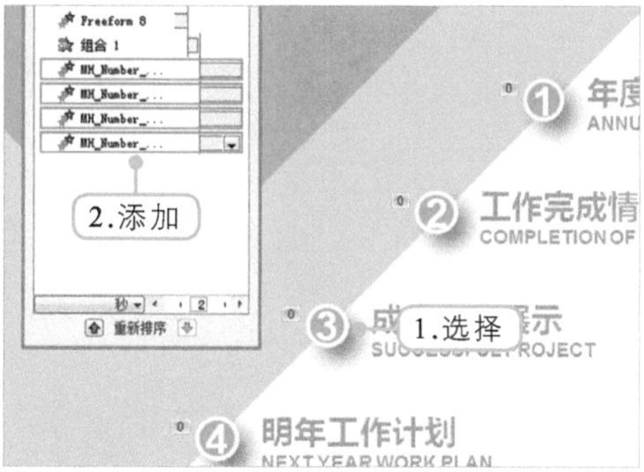

图8-31　为4个圆形添加动画

STEP 06 利用【Shift】键逐个选择编号1～4的圆形对象对应的文本框，为其添加“进入—飞入—自右侧—上一动画之后”的动画即可，如图8-32所示。

图8-32　为4个文本框添加动画

高手点拨

转场页动画的制作思路与目录页相似，都是为了显示演示文稿的内容框架。但是转场页的设计可以更加生动一点，因为它的出现次数更多，过于单调就显得整个PPT呆板，无新意。

8.3.3 内容页动画效果

内容页动画效果的设计因内容不同而不同，需要全面考虑文字、形状、表格、图表和图片等对象。它的设计思路没有固定模式，但有一点需要强调，有些用户为了省事，会经常使用动画刷为相同属性的对象应用相同的动画效果，虽然这样提高了效率，但展示出来的动画效果由于过度统一而容易使人产生审美疲劳。因此，内容页动画效果的设计应当以内容为依据，有的放矢，才能制作出让人目不转睛的动画效果。

图8-33所示的内容页幻灯片，其主要内容是要表现公司第一季度的营业收入情况。该幻灯片主要由文字和图表两大部分组成。其中，图表是由形状建立的，而不是利用柱形图建立的，因此它形似图表，却不是图表。采取这种处理方法就是为了更好地通过动画来显示图表信息，以辅助文字说明。因此对于这张幻灯片的动画而言，可以首先显示标题，然后依次显示纵坐标轴和代表收入额的各个数据系列，接着呈现右侧的文字，最后呈现图例和毛利润数据系列。通过这种顺序，可以充分在图表的动态演示下配以文字说明，让观众能更加清楚收入情况、收入总额和利润情况等信息。

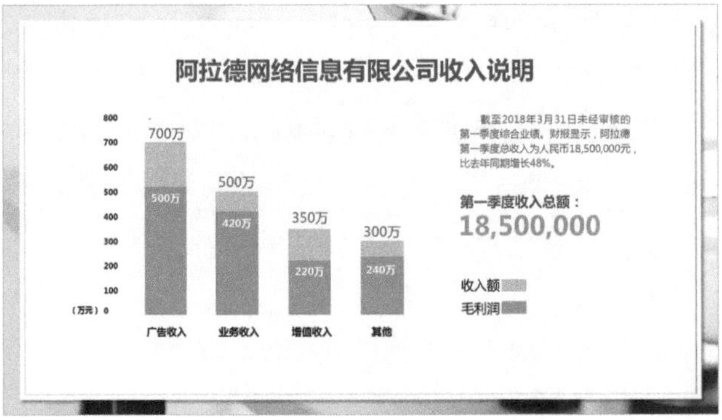

图8-33 内容页幻灯片

下面介绍该幻灯片动画效果的制作方法，具体操作如下。

STEP 01 打开素材文件“内容页效果.pptx”演示文稿（素材参见：素材文件\第08章\内容页效果.pptx）。

扫一扫观看动画

STEP 02 选择标题对象，为其添加“进入—飞入—自左侧—与上一动画同时—持续时间1秒”的动画，然后打开动画选项设置对话框，将“弹跳结束”设置为“0.5秒”，单击“确定”按钮，如图8-34所示。

STEP 03 选择图表左侧的坐标轴组合对象，为其添加“进入—飞入—自底部—与上一动画同时—持续时间1秒—延迟0.5秒”的动画，如图8-35所示。

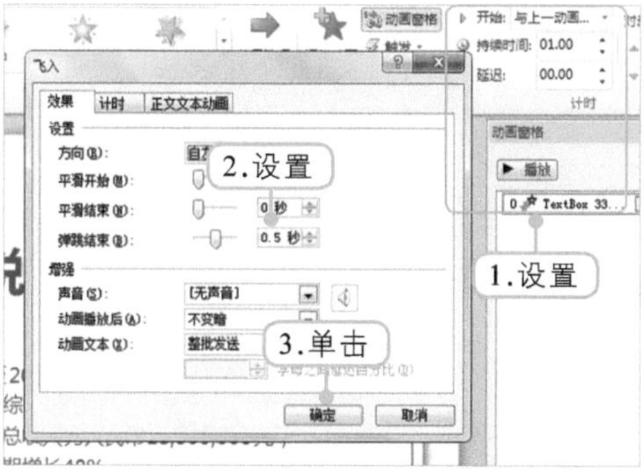

图8-34 为标题添加动画

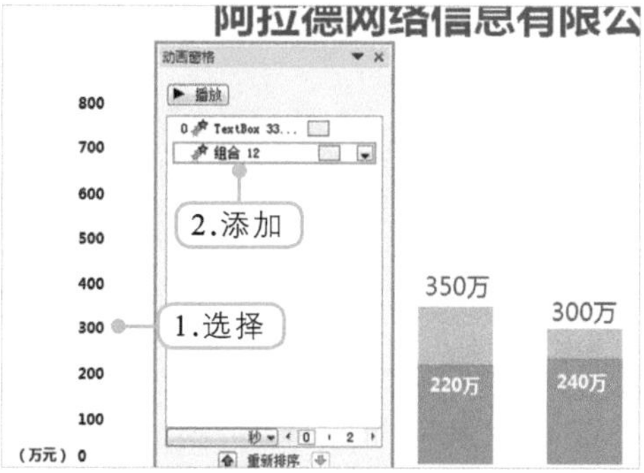

图8-35 为坐标轴添加动画

STEP 04 选择“广告收入”文本框，为其添加“进入—淡出—上一动画之后”动画。选择对应的灰色矩形对象，为其添加“进入—擦除—自底部—上一动画之后”动画。继续选择灰色矩形上方的文本框对象，为其添加“进入—飞入—自顶部—上一动画之后”的动画，并将“弹跳结束”设置为“0.2秒”，如图8-36所示。

STEP 05 利用动画刷工具依次将同类对象的动画效果复制到图表的另外3个对应的系列上，并调整动画播放顺序，使其按从左至右的顺序依次以显示收入类型文本框、灰色矩形和对应收入额文本框的方式放映，如图8-37所示。

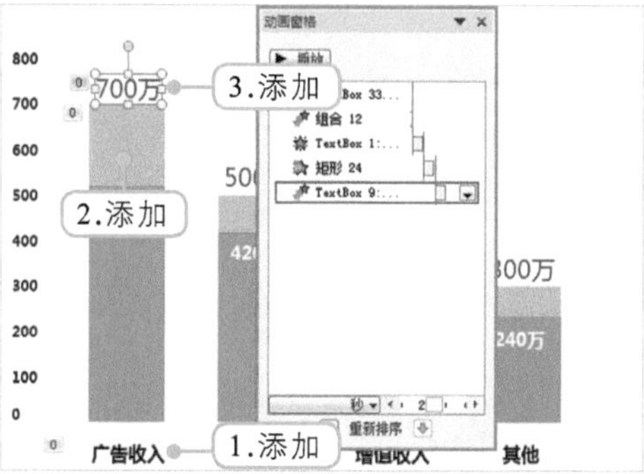

图8-36 为图表数据系列添加动画

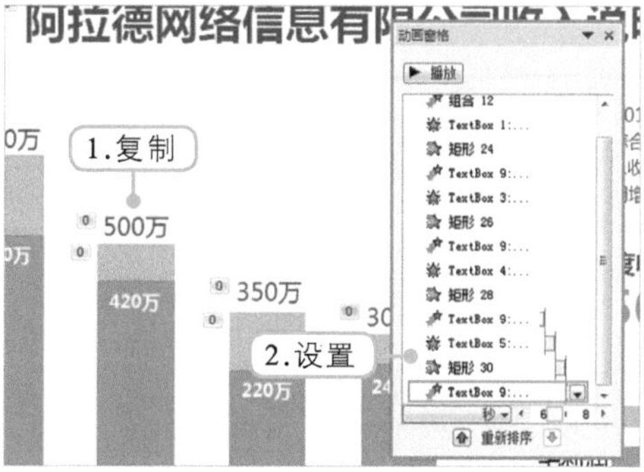

图8-37 复制并修改动画

STEP 06 选择收入介绍文本框，为其添加“进入—飞入—自右侧—上一动画之后”

动画，并将“弹跳结束”设置为“0.2秒”。继续选择下方的“第一季度收入总额”文本框，为其添加“进入—淡出—上一动画之后”动画。然后选择收入数额文本框对象，为其添加“进入—飞入—自顶部—上一动画之后”的动画，并将“弹跳结束”设置为“0.3秒”，如图8-38所示。

STEP 07 同时选择“收入额”和“毛利润”文本框，为其添加“进入—飞入—自右侧—与上一动画同时—延迟0.5秒”动画。继续选择灰色矩形图例，为其添加“进入—飞入—自右侧—上一动画之后”动画。然后选择橙色矩形图例，为其添加“进入—飞入—自右侧—与上一动画同时”动画，如图8-39所示。

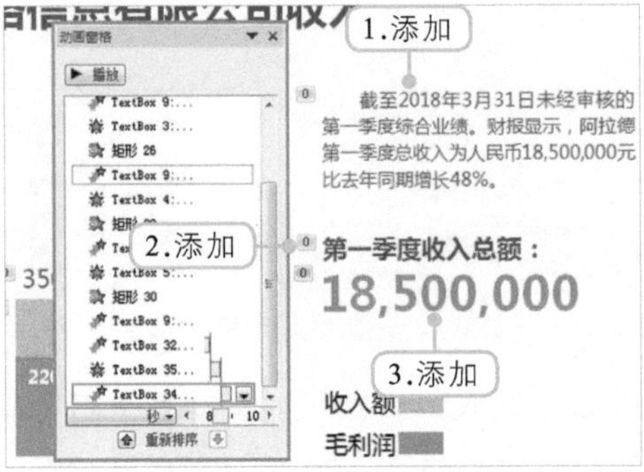

图8-38 为文本框添加动画

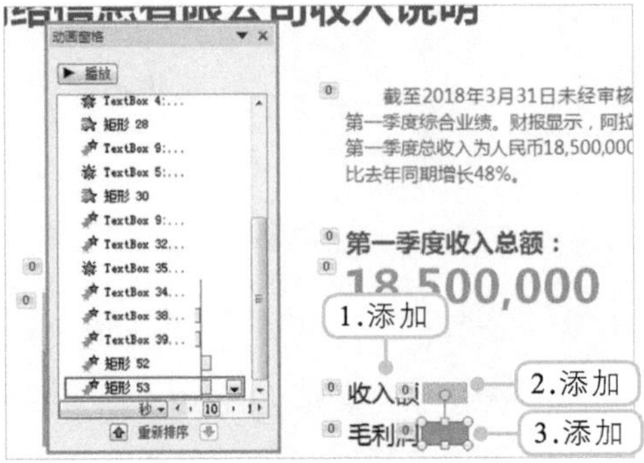

图8-39 为图例添加动画

STEP 08 按处理灰色数据系列的方法对图表橙色数据系列进行动画设置，即从左至右依次显示橙色矩形和对应利润额文本框。其中，橙色矩形的动画为“进入—擦除—自底部—上一动画之后”，利润额文本框的动画为“进入—淡出—上一动画之后”，如图8-40所示。

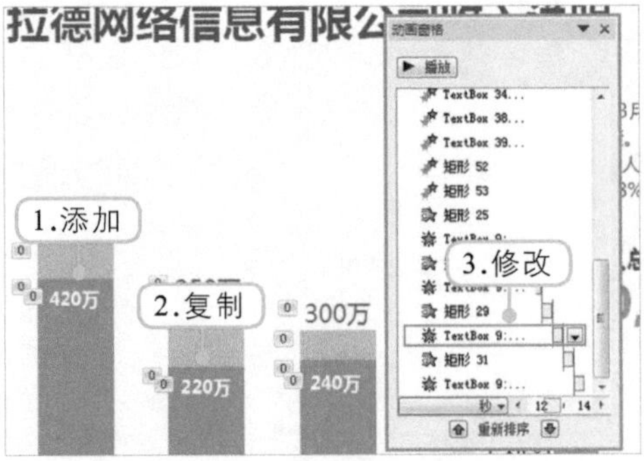

图8-40 为图表数据系列添加动画

8.3.4 结束页动画效果

结束页幻灯片的内容通常可以归纳为两个方面：一方面是对观众表示感谢和致意，如“谢谢观看”“再见”之类的文字；另一方面是体现公司Logo和理念的内容。因此结束页动画效果的制作也可以分以下两种情况来设计。

1. 致谢文本动画效果

如果结束页的内容是向观众致谢的文本，则设计时可以考虑制作一些自然、流畅、平静和舒服的动画效果，这样可以慢慢平复观看完整个演示文稿后的心情。

图8-41所示便是将每个字母独立为一个文本框，交错应用上浮和下浮的动画效果，并通过调整延迟时间来得到上下错落的动画。

图8-41　上下错落的动画效果

下面介绍该幻灯片动画的设置方法，具体操作如下。

STEP 01 打开素材文件“致谢文字效果.pptx”演示文稿（素材参见：素材文件\第08章\致谢文字效果.pptx）。

STEP 02 选择“T”文本框对象，为其添加“进入—浮入—上浮—与上一动画同时”动画，如图8-42所示。

STEP 03 选择“H”文本框对象，为其添加“进入—浮入—下浮—与上一动画同时”动画，并延迟0.2秒，如图8-43所示。

扫一扫观看动画

图8-42　为“T”文本框添加动画

图8-43　为“H”文本框添加动画

STEP 04 按相同的方法依次交替为各文本框添加上浮和下浮动画，每个对象的动画延迟时间均增加0.2秒即可，如图8-44所示。

图8-44　为其他文本框添加动画

2. Logo动画效果

有些演示文稿的结束页往往会体现企业的Logo标志和企业理念文本，此时就需要考虑将动画效果设置得更生动活泼，让观众对Logo和经营理念印象深刻。

图8-45所示的Logo结束页幻灯片，其动画效果为，Logo图标以弹跳方式进入页面中央，然后散发绿色光芒来吸引观众注意，接着Logo适当上移，并显示出横线和理念文本，最后理念文本通过脉冲动画来显示光亮效果，以加深观众印象。

图8-45　Logo结束动画效果

下面介绍该幻灯片的动画制作方法，具体操作如下。

STEP 01 打开素材文件“Logo效果.pptx”演示文稿（素材参见：素材文件\第08章\Logo效果.pptx）。

STEP 02 选择Logo图标对象，为其添加“进入—弹跳—与上一动画同时”动画，如图8-46所示。

STEP 03 选择透明圆形对象，依次为其添加“进入—淡出—上

扫一扫观看动画

一动画之后”“强调—放大/缩小—巨大—与上一动画同时—持续时间1秒”和“退出—淡出—与上一动画同时—延迟0.5秒”动画，如图8-47所示。

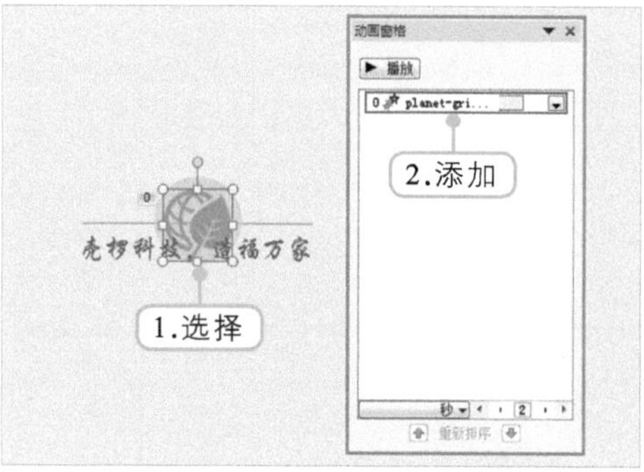

图8-46 为Logo图标添加动画

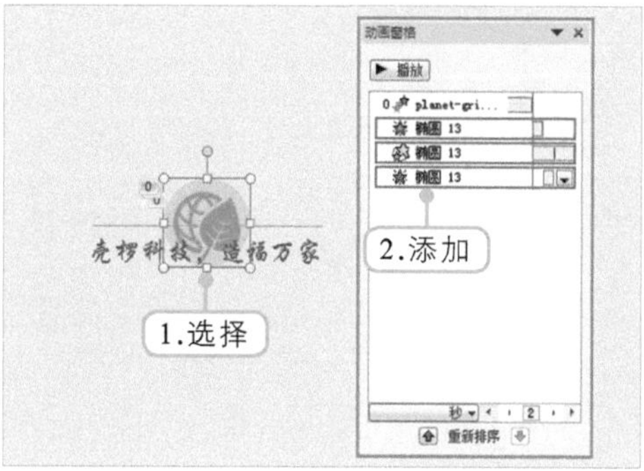

图8-47 为圆形添加动画

STEP 04 选择Logo图标对象，为其添加“动作路径—直线—上—上一动画之后”动画，并适当调整路径，如图8-48所示。

STEP 05 选择水平直线对象，为其添加“进入—形状—缩小—与上一动画同时—延迟1秒”动画，如图8-49所示。

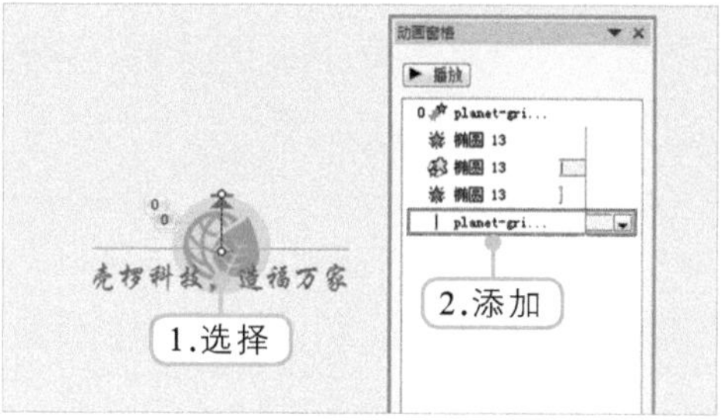

图8-48 为图标添加动作路径动画

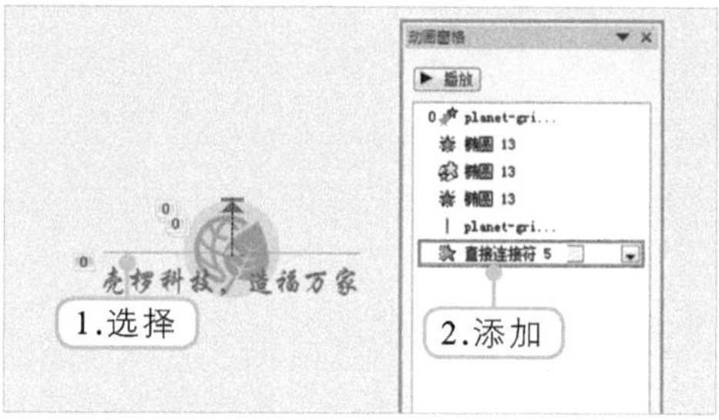

图8-49 为直线添加动画

STEP 06 选择文本框对象，依次为其添加“进入—擦除—自底部—与上一动画同时—延迟2秒”和“强调—彩色脉冲—上一动画之后”动画，并将彩色脉冲的颜色设置为“浅绿色”，将“期间”设置为“非常快（0.5秒）”，将“重复”设置为“2”，单击“确定”按钮，如图8-50所示。

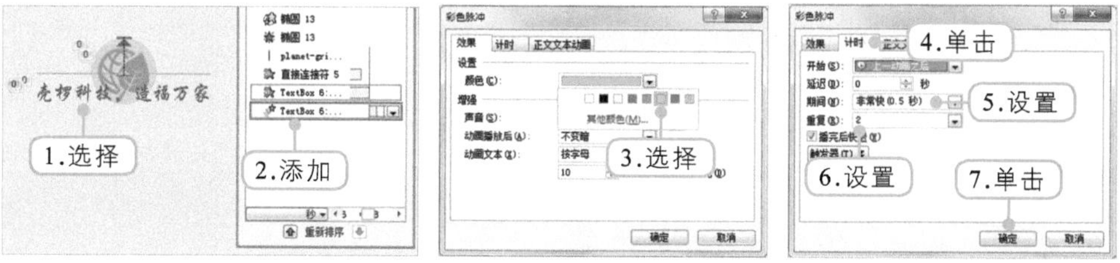

图8-50 为文本框添加动画

8.3.5 幻灯片切换动画效果

幻灯片切换动画效果是指在放映演示文稿时，一张幻灯片切换到下一张幻灯片的转场过渡效果。当幻灯片背景不同时，如果不添加切换动画，就会让放映过程变得生硬；添加了切换动画，则能使幻灯片之间的衔接更加自然、生动和有趣。

为幻灯片添加切换动画的方法为，选择幻灯片，在【切换】/【切换到此幻灯片】组的“样式”下拉列表框中选择某个效果选项即可，如图8-51所示。

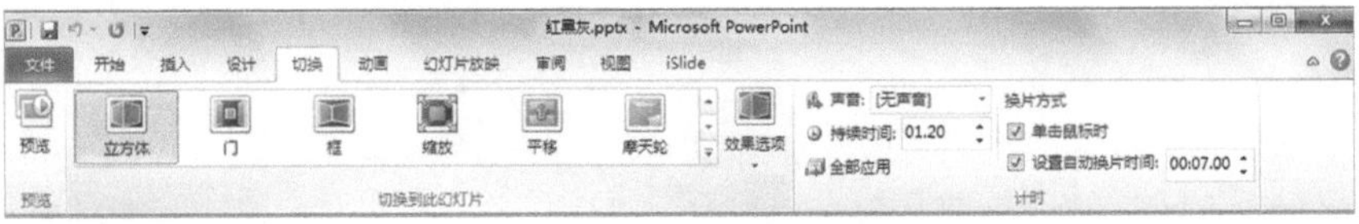

图8-51 幻灯片切换效果参数设置

添加切换动画效果后，还可以进一步对该切换动画进行调整。常用的操作方法有以下几种。

- 设置切换效果：在【切换】/【切换到此幻灯片】组中单击“效果选项”下拉按钮，在弹出的下拉列表框中可选择所需的效果选项，以调整切换方向、位置等参数。
- 添加切换声音：在“计时”组的“声音”下拉列表框中可选择某种切换音效。
- 设置切换时间：在“计时”组的“持续时间”数值框中可设置该切换动画效果的持续时间。
- 设置换片方式：若需要单击鼠标切换幻灯片，则可在“计时”组中选中“单击鼠标时”复选框；若需要按指定时间自动切换幻灯片，则可选中“设置自动换片时间”复选框，并在右侧的数值框中设置具体的触发时间。

8.4 插入多媒体的方法

在PPT中可以使用音频、视频、Flash等多媒体对象。适当运用这些对象，可以让PPT变得更加有声有色，能够进一步丰富演示文稿。Flash动画效果实际上也可以利用PPT制作，而且能够完美融合，因此不推荐在PPT中插入Flash对象。下面重点介绍在PPT中使用音频和视频对象的方法。

8.4.1 在PPT中插入音频对象

当需要在幻灯片中使用背景音乐或插入提前准备好的录音文件时，就会涉及音频对象的使用。实际上，在PPT中插入音频对象的方法很简单，只需在【插入】/【媒体】组中单击“音频”按钮，并在打开的对话框中双击音频文件即可。所选音频文件将通过音频图标的形式出现在当前幻灯片中，将该图标移至幻灯片以外，放映时就不会显示了。

插入音频对象后，选择该音频对象，可在“音频工具 播放”选项卡中对其进行参数设置，如图8-52所示。

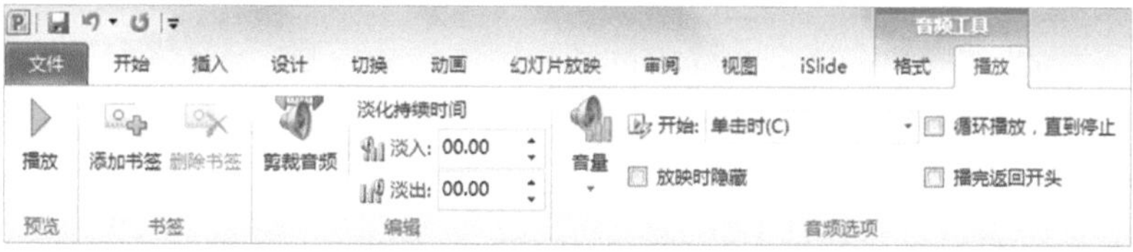

图8-52　音频对象的播放设置参数

常用设置方法如下。

- 剪裁音频：在“编辑”组中单击“剪裁音频”按钮，将打开“剪裁音频”对话框，通过拖动绿色和红色滑块设定音频的起始位置及终止位置，单击“确定”按钮即可完成剪裁操作，如图8-53所示。放映幻灯片时则只会播放保留的部分音频内容。

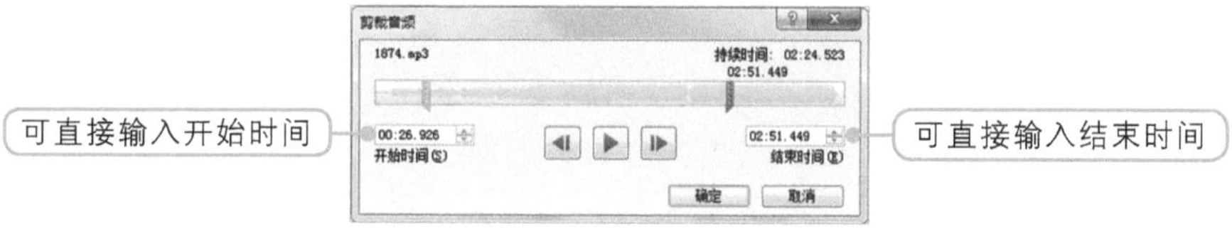

图8-53　剪裁音频

- 淡化处理：为不使音频播放时和结束时显得突兀，可以在“编辑”组的“淡入”和“淡出”数值框中设置音频开始和结束时逐渐淡入及淡出的时间，使音频更加自然平顺地播放。
- 音量与播放控制：在“音频选项”组中单击“音量”下拉按钮，在弹出的下拉列表框中可设置音量大小；在“开始”下拉列表框中可设置音频开始播放的触发条件；选中“放映时隐藏”复选框，可在放映时隐藏音频图标；想要循环播放音频，则可选中“循环播放，直到停止”复选框。

高手点拨

音频只是辅助PPT放映的对象，因此使用时不能喧宾夺主、本末倒置。另外，音频文件特别是录音文件，建议分段使用，即插入的音频对象最好不要跨幻灯片使用，以便于修改和控制。

8.4.2 在PPT中插入视频对象

现在，许多人会在产品发布PPT中添加视频对象来进一步吸引观众眼球。适当地使用视频对象来点缀PPT，可以使PPT更加生动形象。在PPT中插入视频对象的方法为：在【插入】/【媒体】组中单击“视频”按钮，并在打开的对话框中双击视频文件即可。

插入视频后，其尺寸大小为原视频的默认大小，可以按调整形状的方法调整视频对象的位置和大小。另外，也可按设置音频文件的方法，在“视频工具 播放”选项卡中对视频对象进行剪裁、淡化处理、音量控制、播放控制。图8-54所示即为在放映PPT时播放的视频效果。

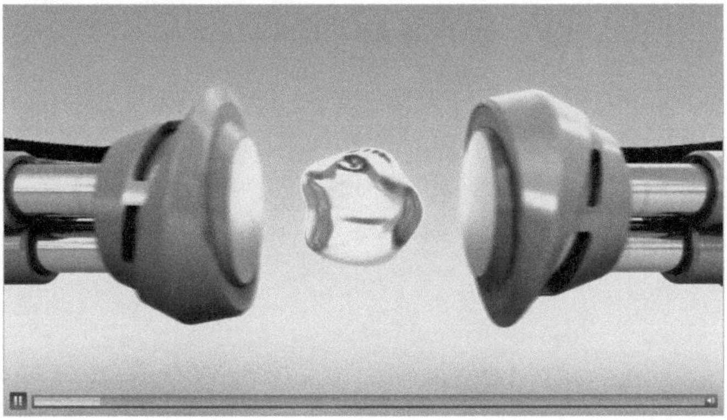

图8-54　视频播放状态

高手点拨

在PPT中插入音频或视频后，相当于插入了一个动画效果，可通过动画窗格进行调整和设置，控制音频或视频的播放时间、顺序、触发条件等。其方法与设置普通的动画效果一样。

8.5 拓展课堂

在具备动画制作能力后，用户就可以充分发挥想象来制作各种创意动画了。这里再补充介绍一下图表动画和自定义动作路径动画的使用，它们也是使用率较高的对象。

1. 图表动画

PPT中的图表是一个整体，除非利用形状和文本框等对象来制作图表，否则这种整体对象的动画效果一般是不容易制作的。因此需要制作图表动画时，可以按照本书介绍的内容页动画制作的方法，以形状组成图表，对形状进行动画设置，从而来达到实现精美图表动画的效果。另外，也可以采用以下简单的操作来进行设置。

选择图表，为其添加一个动画效果，如“进入—擦除”动画，然后打开动画效果设置对话框，切换到“图表动画”选项卡，在“组合图表”下拉列表框中选择某个选项后单击“确定”按钮，如图8-55所示。这种方法可以将图表识别为由系列、分类或元素组成的对象，从而更加生动、形象。

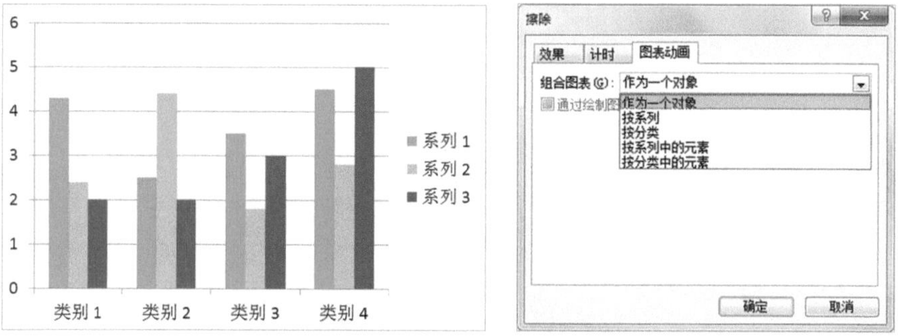

图8-55 设置图表动画

其中，各选项对应的动画效果分别如下。

- 作为一个对象：将图表视作整体对象应用动画效果。
- 按系列：以图表数据系列为单位，首先显示图表背景，然后依次按系列1、系列2、系列3来显示内容，各系列数据同时显示。
- 按分类：以图表类别为单位，首先显示图表背景，然后依次按类别1、类别2、类别3和类别4来显示内容，各类别数据同时显示。
- 按系列中的元素：以图表数据系列为单位，首先显示图表背景，然后依次按系列1、系列2、系列3逐个显示内容。
- 按分类中的元素：以图表类别为单位，首先显示图表背景，然后依次按类别1、类别2、类别3和类别4逐个显示内容。

2. 自定义动作路径动画

为对象添加自定义动作路径动画，可以控制对象按照需要的路径运动，并产生相应的动画效果。例如下雨、下雪、烟花、树叶飘落等精致的动画效果，就可以通过自定义动作路径动画来实现。

自定义动作路径动画的关键在于路径的创建与编辑，其方法为：选择对象，为其添加“动作路径—自定义路径”动画，此时鼠标指针将显示为十字改变状态，选择以下任意一种操作均可创建路径。

- **单击法：** 单击鼠标确定起点，将鼠标指针移至目标位置，单击鼠标可创建一段路径，继续单击其他目标位置，便可创建连续的动作路径。此路径由多段直线组成。
- **拖动法：** 在起点位置按住鼠标左键不放并拖动鼠标可绘制各种形状的路径。

完成后双击鼠标或按【Esc】键，即可创建动作路径。图8-56所示则是为多个圆形形状创建的自定义动作路径的效果。

图8-56　自定义路径动画

创建自定义路径后，可以根据需要对路径形状进行修改，其方法为，在路径上单击鼠标右键，在弹出的快捷菜单中选择“编辑顶点”命令，此时就可按照编辑形状顶点的方法对路径进行调整，使其更符合动画需要。图8-57所示即为调整路径顶点的效果。实际上，在使用动作路径时，也可以直接应用已有的某种路径形状，然后通过修改顶点来快速得到需要的路径对象。

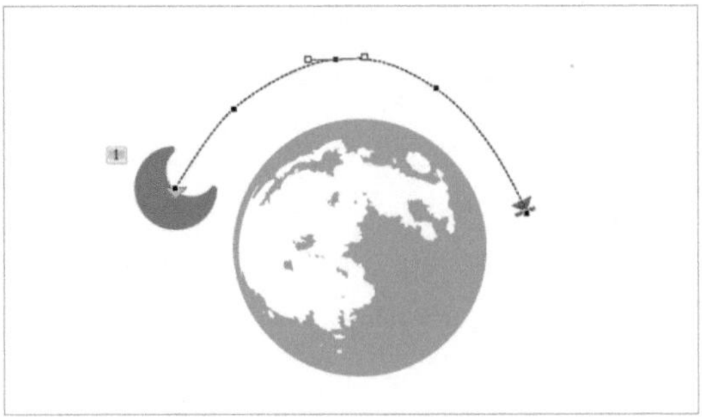

图8-57　编辑路径顶点

第09章

Show出你的PPT

本章导读

不管是演讲型PPT，还是阅读型PPT，都会涉及放映环节，这也是制作PPT的最终环节，是实现PPT功能和作用的最后步骤。

本章不仅会介绍如何管理制作好的PPT，还将告诉大家PPT放映现场需要注意的问题，放映及管理PPT的各种技巧。

9.1 管理好制作完的PPT

PPT制作完成后，在放映前可以对其进行设置和转换，以实现保护PPT数据，以及将PPT转换为其他对象的目的。这样可以充分共享PPT数据，增加幻灯片的利用率。

9.1.1 保护PPT

PPT数据，特别是商业PPT数据，是非常重要且机密的文件。为了防止他人非法篡改或使用，可以对PPT进行加密保护处理。其方法为，打开需要加密的演示文稿文件，选择“文件”选项卡，选择“信息”选项，然后单击“保护演示文稿”下拉按钮，在弹出的下拉列表框中选择“用密码进行加密”命令，然后输入密码并确认输入相同的密码即可，如图9-1所示。当以后需要打开此演示文稿时，会先打开“密码”对话框，要求输入正确的密码才能访问，如图9-2所示。

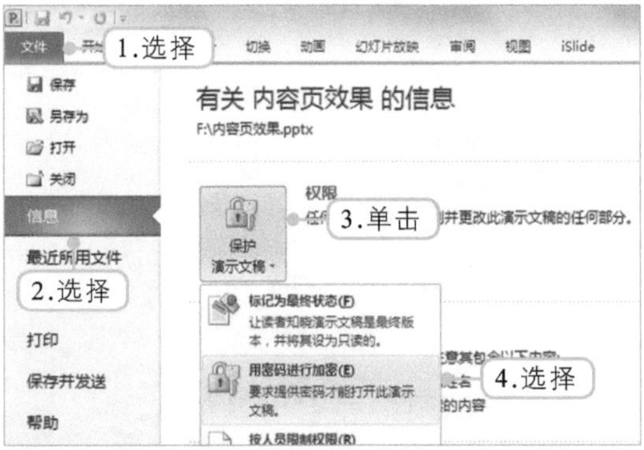

图9-1　加密演示文稿

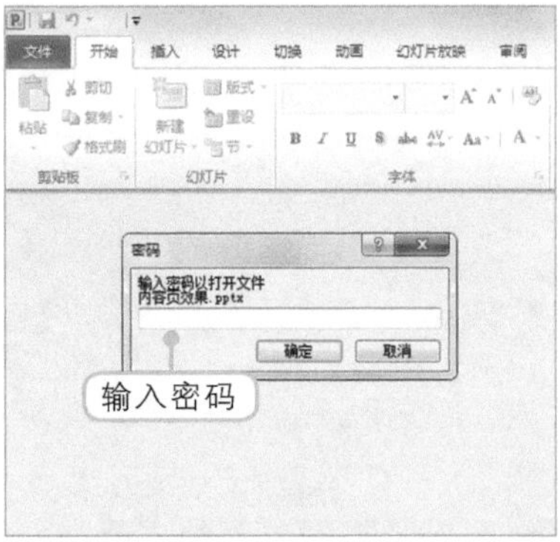

图9-2　输入密码访问内容

小知识栏

若要取消密码保护，可执行图9-1所示的相同操作，在打开的对话框中删除其中的密码即可。

9.1.2 把PPT转换为PDF对象

PDF是一种便携式文档格式。将PPT转换为PDF文件后，能够为文件提供更为清晰的打印效果，同时还便于文件在互联网上传播、查看。将PPT转换为PDF对象，实际上是利用“另存为”功能而实现的，其方法为：打开演示文稿，选择“文件”选项卡，然后选择“另存为”选项，打开“另存为”对话框，在“保存类型”下拉列表框中选择“PDF(*.pdf)”选项，然后设置文件名称和保存位置即可。如果在“另存为”对话框中单击“选项”按钮，则还可在打开的“选项”对话框中进一步设置转换范围、控制转换内容等参数，如图9-3所示。

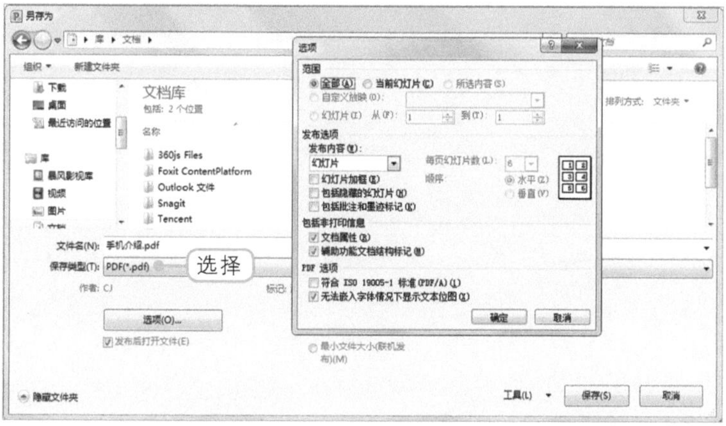

图9-3 保存并设置PDF

9.1.3 将PPT创建为视频对象

还可将PPT创建为视频对象，以供视频播放器进行播放展示。其创建方法为：打开演示文稿，选择“文件”选项卡，选择左侧的“保存并发送”选项，然后选择“创建视频”命令，此时可以在界面右侧设置每章幻灯片的放映时间，确认后单击“创建视频”按钮，在打开的“另存为”对话框中设置文件名称和保存位置即可，如图9-4所示。

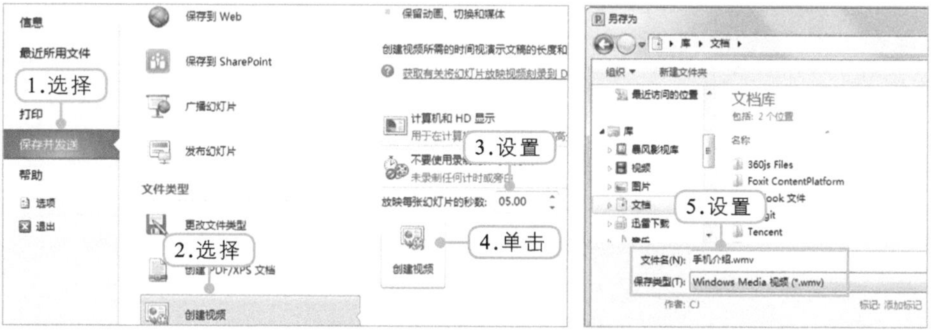

图9-4 将PPT创建为WMV视频文件

9.1.4 将PPT导出为图片

PPT中的每张幻灯片都可以作为图片存储，将其导出为图片的方法也很简单，只需打开“另存为”对话框，在“保存类型”下拉列表框中选择JPG图片格式对应的选项，然后设置文件名称和保存位置即可。另外，单击“保存”按钮后，

PowerPoint会打开提示对话框，在其中可以选择仅保存当前幻灯片还是所有幻灯片，如图9-5所示。

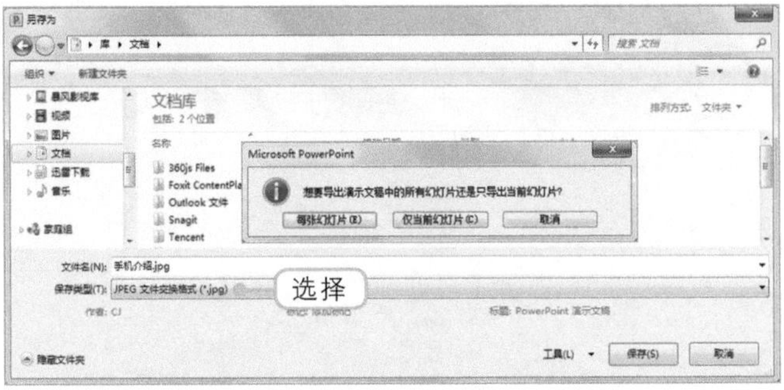

图9-5　将PPT保存为图片

9.2 PPT现场演示需注意哪些问题

放映PPT并不单单涉及演示文稿中幻灯片的放映问题，为了确保成功放映，进行全方位的检查非常有必要，如检查放映设备、文件格式、演示效果等。

9.2.1 检查设备

放映PPT时会使用到许多硬件设备，主要包括主设备和辅助设备两大类。检查这些设备是否正常运转，以确保PPT放映的顺利进行。

1. 主设备的检查

放映PPT的主设备主要有计算机、投影仪和投影屏幕。对于这些设备，需要检查以下几个方面的情况。

- **计算机**：无论是台式计算机还是便携式计算机，首先需要检查计算机中是否存储好了待放映的PPT文件，其次需要检查计算机能否正常工作。对于便携式计算机而言，如果没有外接电源，则一定要保证电池的续航时间能够完全支撑整个放映过程，不至于中途断电。
- **投影仪**：检查投影仪能否正常工作，投影出的图像是否正好在屏幕上合适的位置。
- **投影屏幕**：主要检查投影屏幕是否完好无损，投影屏幕上的瑕疵是否影响画面质量，投影屏幕位置的放置是否恰当等。另外，投影屏幕的尺寸比例也要考虑，由于目前的液晶显示器都是宽屏比例，因此PPT页面大小应当设置为16:9或16:10的宽屏样式。但如果投影屏幕是正方形的，则这种宽屏样式的PPT

就不太合适，应设置为4:3的默认比例。设置方法为：在【设计】/【页面设置】组中单击“页面设置”按钮，在打开的对话框中设置幻灯片大小这个参数即可。

高手点拨

除此以外，计算机与投影仪接口是否兼容也需要进行检查。投影仪接口一般常用VGA接口或HDMI高清接口。对于苹果便携式计算机而言，可以使用VGA线直接连接VGA接口；如果没有VGA线，则可以使用TYPE-C VGA线转换。如果是高清接口，则可以使用HDMI线连接；如果没有HDMI线，则用TYPE-C HDMI线转换。如果是非苹果便携式计算机，则可使用VGA线或HDMI-VGA线连接VGA接口，或使用HDMI线、VGA-HDMI线连接HDMI接口。

2. 辅助设备的检查

放映PPT时，还可能会用到音响、激光笔等辅助设备。根据放映需要，应检查是否携带了这些设备，各设备是否能够正常使用等。

9.2.2 检查文件格式

PowerPoint 2010生成的文件格式为PPTX，此文件格式可以在Windows系统的计算机中正常放映。但如果是苹果公司的iOS系统，则需要安装MAC版的Office程序。另外，还需要在该系统中检查PPT中的配色、形状、动画等效果是否正常，检查完毕后方可放映。

9.2.3 检查演示效果

放映PPT之前，需要检查演示效果，这样可以确保页面、字体、动画、图形对象、媒体文件等是否正常。比如字体对象，在制作该PPT的计算机中能够正常显示，但如果放映时使用的是另一台计算机，如果该计算机上没有安装相应的字体文件，就会造成字体变形或出现乱码的情况。

高手点拨

针对不同的PPT类型、放映场景和观众类型，放映PPT之前建议整理不同风格的演讲措辞。比如用于散发思维、团队培训等的PPT，可以使用较为风趣的语言来提高观众注意力；针对领导、客户等观众放映的PPT，语言风格应更加专业、沉稳。

9.3 放映演示文稿的方法与技巧汇总

放映演示文稿同样需要方法与技巧，如采用哪种方式进入放映模式，怎样设置放映类型，能不能放映指定的幻灯片，如何控制放映进程等。

9.3.1 进入放映模式

在PPT中进入放映模式可以选择从头放映或从当前幻灯片放映两种方式。

1. 从头开始放映

从头开始放映幻灯片即从第1张幻灯片开始，依次放映演示文稿中的每张幻灯片，这种放映方式的实现方法有以下两种。

- 在【幻灯片放映】/【开始放映幻灯片】组中单击“从头开始”按钮。
- 按【F5】键。

2. 从当前幻灯片开始放映

在演示文稿中选择某张幻灯片，然后执行以下操作之一，就可实现从所选幻灯片开始往后放映。

- 在状态栏中单击“幻灯片放映”按钮。
- 在【幻灯片放映】/【开始放映幻灯片】组中单击“从当前幻灯片开始”按钮。
- 按【Shift+F5】组合键。

小知识栏

在放映状态下按【Esc】键可随时退出放映模式，也可通过单击鼠标将演示文稿内容放映完成后自动退出。

9.3.2 设置放映类型

PowerPoint提供了3种放映类型，即演讲者放映方式、观众自行浏览放映方式、在展台浏览放映方式。在【幻灯片放映】/【设置】组中单击“设置幻灯片放映”按钮，在打开的“设置放映方式”对话框的“放映类型”栏中即可进行选择，如图9-6所示。各放映类型的作用如下。

- 演讲者放映：该方式为默认的放映类型，放映时幻灯片呈全屏显示，在整个放映过程中，演讲者具有全部控制权，可以采用手动或自动的方式切换幻灯片和动画，还可对幻灯片中的内容做标记，甚至可以在放映过程中录制旁白。此方式具有很强的灵活性，因此又被称为手动放映方式。
- 观众自行浏览：该方式是一种让观众自行观看幻灯片的放映类型。此放映类型将在标准窗口中显示幻灯片的放映情况，观众可以通过提供的菜单进行翻页、打印、浏览，但不能单击鼠标进行放映，只能自动放映或利用滚动条进行放映，因此又被称为交互式放映方式。

- 在展台浏览：该方式同样以全屏显示幻灯片，与演讲者放映类型下显示的界面相同，但是在放映过程中，除了保留鼠标指针以用于选择屏幕对象进行放映外，其他功能将全部失效，终止放映也只能使用【Esc】键。这种类型通常用于展览会场或会议中无人管理幻灯片放映的场合，因此又被称为自动放映方式。

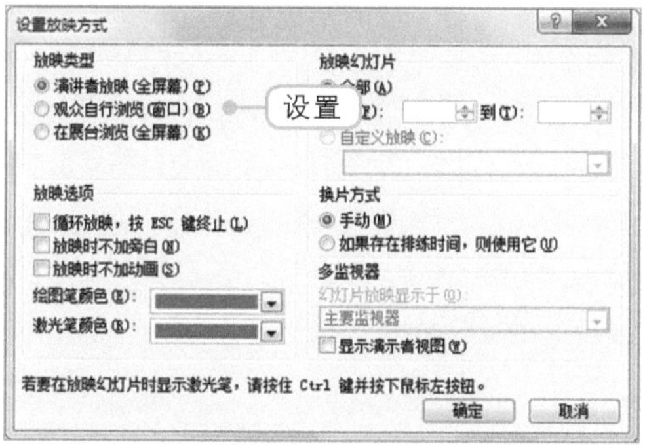

图9-6　设置放映类型

9.3.3　放映指定的幻灯片

无论是从头开始放映，还是从当前幻灯片开始放映，PowerPoint都会执行连续放映直至结束的模式。如果想要放映演示文稿中指定的幻灯片，则可通过自定义放映或隐藏幻灯片的操作来实现。

1. 自定义放映

自定义放映功能可以创建一个放映对象，对象为指定的幻灯片。当选择这个放映对象时，就能放映其中指定的幻灯片对象。

设置自定义放映的方法为：在【幻灯片放映】/【开始放映幻灯片】组中单击“自定义幻灯片放映”下拉按钮，在弹出的下拉列表框中选择“自定义放映”命令，打开“自定义放映”对话框；继续单击其中的“新建”按钮，打开“定义自定义放映”对话框，如图9-7所示。此时可以在“幻灯片放映名称”文本框中输入所创建的放映对象的名称，并可将“在演示文稿中的幻灯片”列表框中的幻灯片利用“添加”按钮添加到“在自定义放映中的幻灯片”列表框，完成后确认设置即可。

此后只需在【幻灯片放映】/【开始放映幻灯片】组中单击“自定义幻灯片放映”下拉按钮，在弹出的下拉列表框中选择相应的放映对象即可实现放映，如图

9-8所示。

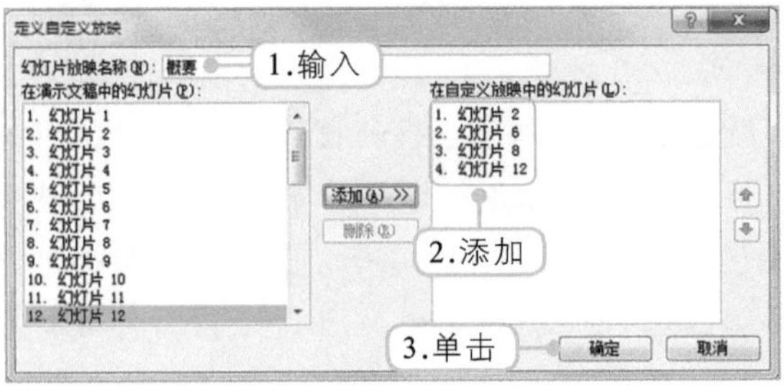

图9-7　添加需放映的幻灯片

图9-8　选择放映对象

2. 隐藏与显示幻灯片

如果想放映指定的幻灯片，可以通过隐藏和显示幻灯片的方法来实现，被隐藏的幻灯片不会放映。这种操作更加灵活，其实现方法为：在“幻灯片”窗格中按住【Ctrl】键的同时选择多张不需要放映的幻灯片，在所选的任意幻灯片上单击鼠标右键，在弹出的快捷菜单中选择“隐藏幻灯片”命令，如图9-9所示。被隐藏的幻灯片编号将显示特有的隐藏标记。

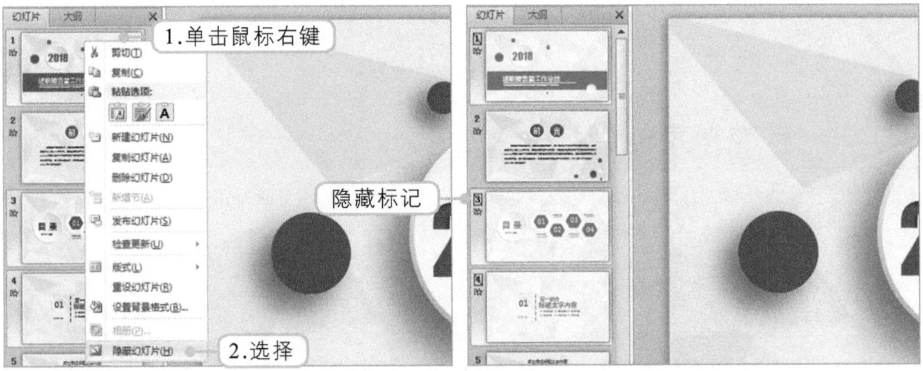

图9-9　隐藏幻灯片

9.3.4 控制放映进程

PPT为了方便用户在放映演示文稿时更好地控制放映进程，会在放映模式左下角的位置显示“上一张”按钮和“下一张”按钮（默认为浅灰色状态），单击它们可以实现切换到上一张幻灯片或下一张幻灯片的操作。为了更好地控制放映对象，下面介绍两种控制放映进程的方法。

1. 利用菜单和快捷键控制

在放映状态下，鼠标和键盘的功能并没有被屏蔽（“在展台浏览”这种放映类型除外），因此可以充分利用这两种方式来控制放映进程。

- **鼠标控制放映进程：**在放映状态下单击鼠标右键，在弹出的快捷菜单中可选择相应的命令来控制放映。其中，选择“下一张”命令可切换到下一张幻灯片；选择“上一张”命令可切换到“上一张”幻灯片；选择“定位至幻灯片”命令，则可在弹出的子菜单中进一步指定目标幻灯片，如图9-10所示；选择“自定义放映”命令，可在弹出的子菜单中选择创建的放映对象进行放映。

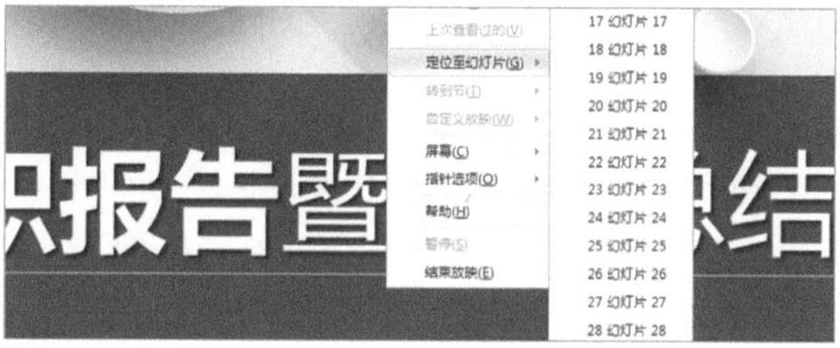

图9-10 快速定位到指定的幻灯片

- **键盘控制放映进程**：在放映幻灯片的过程中，按【Page Up】键、【↑】键、【←】键、【Backspace】键或【P】键，可切换到上一张幻灯片；按空格键、【Enter】键、【Page Down】键、【→】键、【↓】键、【N】键，或单击鼠标左键可切换到下一张幻灯片；按【Esc】键、【-】键或【Ctrl+PauseBreak】组合键可结束放映。

2. 巧用动作按钮控制

动作按钮是一种具备超链接功能的形状对象，它不仅可以丰富幻灯片页面的内容，而且还能实现在放映时控制放映进程的目的。创建动作按钮的方法为，在【插入】/【插图】组中单击“形状”下拉按钮，在弹出的下拉列表框中选择“动作按钮”栏下的某种形状选项，然后在幻灯片中的目标位置创建形状，此后将自动打开“动作设置”对话框，如图9-11所示，在其中可设置“单击鼠标”和“鼠标移过”时产生的动作状态。放映幻灯片时，单击鼠标或将鼠标指针移过该按钮，就会执行相应的操作。

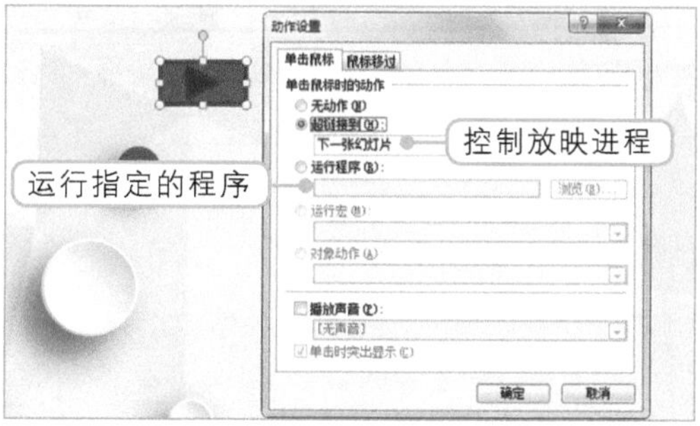

图9-11 设置动作按钮的动作

9.3.5 放映时标记内容

在放映PPT时，特别是演讲型的PPT，演讲者往往会一边演讲一边对幻灯片进行注释、标记，以便圈出重点，给出提示。PowerPoint为了满足用户对这方面的需求，也提供了丰富的标记工具，如放映箭头、激光笔、荧光笔，以及黑屏和白屏等。

1. 放映箭头和激光笔

放映箭头即鼠标指针，是PowerPoint默认的标记工具，进入放映状态时就会显示该对象。通过移动箭头，可以让观众的视线随着箭头位置的变化而转移。

但是，若放映箭头与鼠标指针完全一样，就可能会吸引不了观众的注意力，此时如果按住【Ctrl】键再操作鼠标，就会发现箭头变为了激光笔工具，如图9-12所示。它的作用虽然与放映箭头一样，但由于更加精美的外观和突出的色彩，更能引起观众的注意。

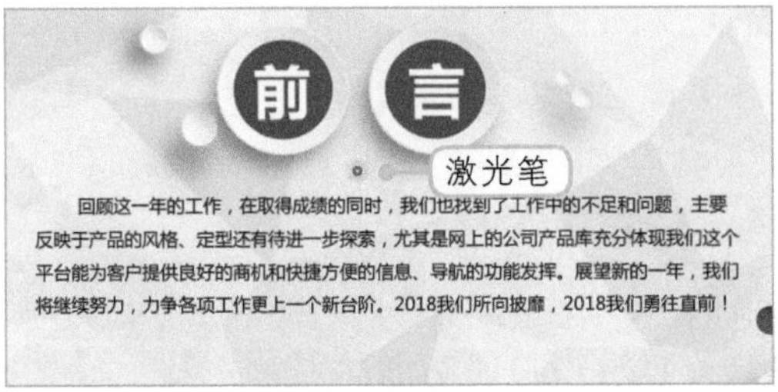

图9-12 激光笔效果

2. 放映笔与荧光笔

无论是放映箭头还是激光笔，都不会在幻灯片上产生标记。因此PowerPoint还提供了笔和荧光笔这两种工具，专门用于实现添加标记所用。在放映状态下单击鼠标右键，在弹出的快捷菜单中选择【指针选项】/【笔】命令，或【指针选项】/【荧光笔】命令，即可切换到对应的工具。

- 笔：此工具的外观为圆点形态，按住鼠标左键并拖动即可在幻灯片上添加标记。另外，单击鼠标右键，在弹出的快捷菜单中选择“墨迹颜色”命令，也可在弹出的子列表中选择指定的颜色进行标记。
- 荧光笔：此工具的外观为矩形形态，按住鼠标左键并拖动也可为幻灯片添加标记，但标记是透明的，不会遮挡幻灯片内容，如图9-13所示。

特别需要注意的是，如果在幻灯片放映时进行了标记操作，则在退出放映状态后，PowerPoint会打开提示对话框，询问是否保留墨迹注释，单击“保留”按钮将保留标记并退出放映，单击“放弃”按钮将不保留标记并退出放映，如图9-14所示。

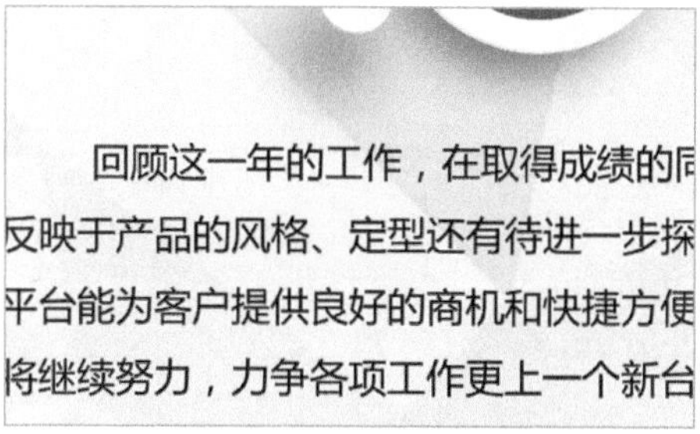

图9-13　荧光笔标记效果

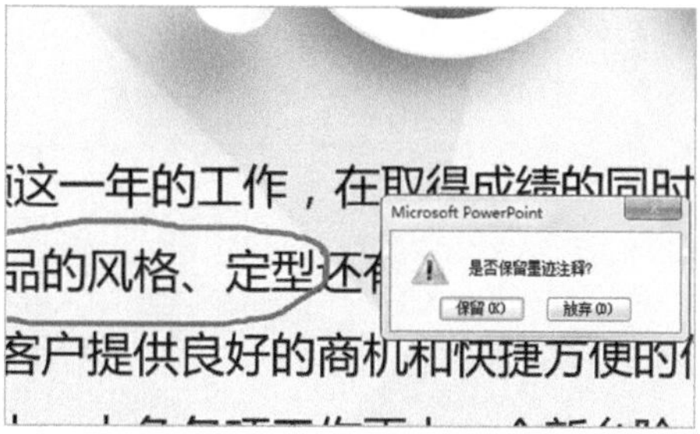

图9-14　是否保留标记

高手点拨

如果保留标记内容，则PowerPoint会将其以形状存储到幻灯片中，因此保留的标记不但具有形状的各种属性，而且可以进一步在“墨迹书写工具 笔”选项卡中对笔或荧光笔的颜色、粗细等进行设置。采用这种方法就能实现将默认的黄色荧光笔修改为其他颜色的目的。

3. 黑屏与白屏

黑屏与白屏可以在放映时将整个屏幕显示为黑色或白色，对于需要暂停放映或不需要显示当前幻灯片内容的时候，就可以让放映屏幕以黑屏或白屏的状态显示。除了利用右键菜单选择“屏幕”命令下相应的命令来实现黑屏或白屏效果外，更合理的操作方法为，按【W】键显示白屏，再次按【W】键恢复白屏前的状态；或按【B】键显示黑屏，再次按【B】键恢复黑屏前的状态。

9.4 拓展课堂

动作按钮是控制放映进程的有效手段，它的作用原理与接下来要介绍的对象非常相似，这个对象就是超链接。两者都可以通过设定目标动作或位置，实现对单击操作的反馈，即执行指定动作或跳转到目标位置等。

合理使用动作按钮和超链接，就能够更加自主地对放映进程进行控制。而实际上，在PowerPoint中并不仅仅只能对动作按钮添加动作或超链接，其他形状、文本框、图片，甚至文字本身，也都可以进行添加。其方法为，选择需添加超链接的对象，在【插入】/【链接】组中单击“超链接”按钮，此时将打开“插入超链接”对话框，如图9-15所示。如果想实现与动作相同的效果，则可单击左侧列表框中“本文档中的位置”按钮，在右侧的列表框中指定目标幻灯片，最后单击

“确定”按钮。放映时只要单击该对象，就能跳转到指定的幻灯片了。

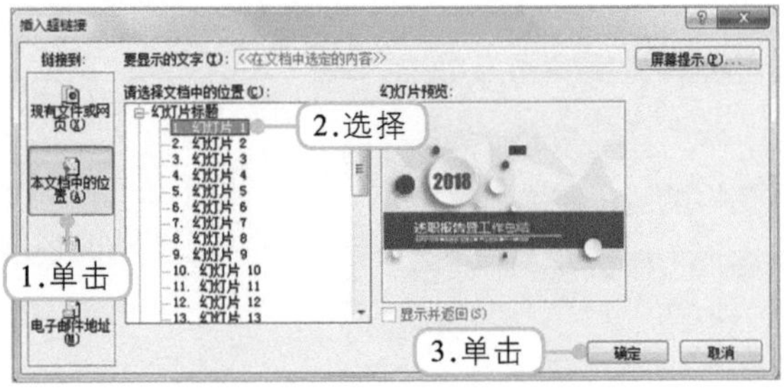

图9-15　插入超链接

除了实现动作的效果外，超链接还具备其他更多的使用功能。比如在“插入超链接”对话框中单击左侧列表框中的“现有文件或网页”按钮，就可在右侧的列表框中指定目标文件，如图9-16所示。放映时单击该对象就能实现打开指定文件的操作。

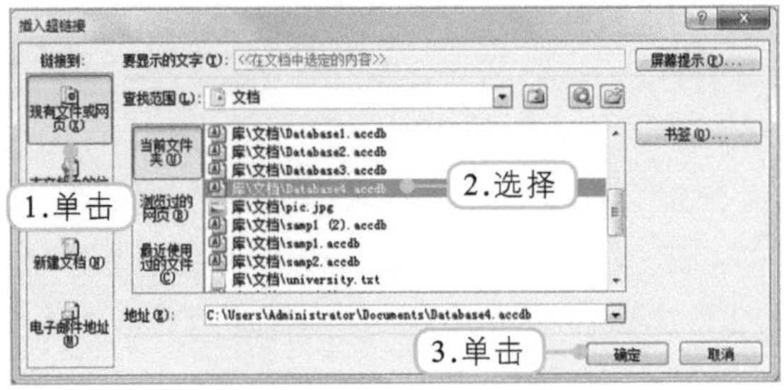

图9-16　插入超链接

除此以外，利用超链接还可实现新建文档、启动电子邮件软件并发送电子邮件等功能。

另外，如果要重新编辑超链接，可在已有超链接的对象上单击鼠标右键，在弹出的快捷菜单中选择“编辑超链接”命令，在打开的对话框中重新设置。如果在快捷菜单中选择“删除超链接”命令，则可将超链接从对象上删除。

高手点拨

放映幻灯片时，如果鼠标指针移至某个对象上并变为手形状态，则表示此对象添加了动作或超链接。在插入超链接时，在其中的对话框中单击“屏幕提示”按钮，则可输入合适的提示文本，以便在放映幻灯片时将鼠标指针移至对象上，显示对应的提示信息，以提醒单击鼠标后可能产生的效果。